国家科学技术学术著作出版基金资助出版

油菜结实器官与产量形成

官春云 主编

科学出版社

北 京

内 容 简 介

本书根据编者多年来从事教学、科研和生产的经验，学习和借鉴了近年来各地在油菜栽培方面研究的新成果、新技术，结合我国油菜生产各区域特点编写而成。本书汇聚了国内外在油菜结实器官和产量形成方面的研究进展和国家油菜产业体系栽培与营养研究方向的最新研究成果，主要探讨了油菜的结实器官及其影响因素（花芽分化、生长发育、营养状况、生长调控物质、生物和非生物灾害、栽培措施），揭示了结实器官和油菜产量形成的关系，并有针对性地提出了促进结实器官形成的主要措施。

本书结合我国油菜生产实际，围绕直播油菜全程机械化高效生产展开，对油菜各生育期特点进行总结，适于从事教学科研和农业技术推广人员，以及广大从事油菜生产的人员参考，可以推动提高油菜科研人员、大专院校及农技推广人员解决生产实际的问题。

图书在版编目（CIP）数据

油菜结实器官与产量形成/官春云主编. —北京：科学出版社, 2017.2
ISBN 978-7-03-051690-9

Ⅰ. ①油⋯　Ⅱ. ①官⋯　Ⅲ. ①油菜–植物器官–研究 ②油菜–产量形成–研究　Ⅳ. ①S634.3

中国版本图书馆 CIP 数据核字(2017)第 017231 号

责任编辑：李　悦　赵小林 / 责任校对：张怡君
责任印制：张　伟 / 封面设计：刘新新

科 学 出 版 社 出版
北京东黄城根北街 16 号
邮政编码：100717
http://www.sciencep.com

北京东华虎彩印刷有限公司 印刷
科学出版社发行　各地新华书店经销
*

2017 年 2 月第 一 版　开本：B5 (720×1000)
2017 年 2 月第一次印刷　印张：14 3/4
字数：300 000

定价：88.00 元

（如有印装质量问题，我社负责调换）

《油菜结实器官与产量形成》
编写人员名单

第一章　官春云　王　峰

第二章　官春云　官　梅

第三章　张春雷　李　俊　马　霓

第四章　张冬青　华水金

第五章　蒯　婕　周广生

第六章　鲁剑巍　王　寅　陆志峰

第七章　胡立勇　杨特武　罗　涛　张　静

第八章　宋来强　邹小云

第九章　张书芬　朱家成　曹金华

第十章　左青松　冷锁虎　吴江生

前　　言

　　国家油菜产业体系 7 位岗位专家连续 4 年围绕油菜结实器官与产量形成的问题进行系统研究，获得了大量资料，形成了大量创新的结论：如油菜的结实器官数与产量呈极显著正相关；油菜单位面积上角果数越多，油菜产量越高；角果数的多少与花芽分化的迟早、有效花芽数的多少有关，与前期生长发育和栽培管理水平有关，特别是与盛花期叶面积大小和油菜成熟时角果皮面积大小有关，即盛花期叶面积大，成熟时角果皮面积也大，油菜产量就高。在通常情况下，油菜角果皮面积指数往往比盛花期最大叶面积指数小，主要原因是油菜后期叶片脱落快，根、茎、叶中的营养物质转运到角果中的营养物质少，不能满足角果分化和形成对营养物质的需要，导致角果皮面积指数比盛花期叶面积指数小。但这一问题不是不能解决的：在获得适宜的最大叶面积基础上，通过栽培方法和调控，也可以形成最大角果皮面积指数，从而达到提高产量的目的。本书围绕这些新观点和国内外学者的最新研究，对生理学、生态学、生物化学、栽培学等领域的理论加以提高和整理，其理论性、实践性均很强。

　　全书分 10 章，各章的重点突出，内容新颖，图文并茂，适于大专院校师生、广大科研人员和技术人员阅读，也适合广大农技人员阅读。

　　本书初稿写成后先由周广生同志统稿，再由主编审稿定稿。由于编写时间仓促，书中不足之处在所难免，敬请批评指正。

官春云

2016 年 1 月 30 日

目　　录

第一章　油菜的结实器官 ……………………………………………………… 1

第一节　油菜角果 …………………………………………………………… 1

一、角果的外部形态 ……………………………………………………… 1

二、角果的解剖结构 ……………………………………………………… 2

第二节　油菜种子 …………………………………………………………… 3

一、油菜种子的外部形态 ………………………………………………… 3

二、油菜种子的解剖结构 ………………………………………………… 3

三、油菜种子的化学成分 ………………………………………………… 4

主要参考文献 ………………………………………………………………… 10

第二章　油菜结实器官的形成 ………………………………………………… 11

第一节　被子植物的生命周期 …………………………………………… 11

第二节　油菜的生长发育过程 …………………………………………… 12

第三节　油菜角果和种子的形成 ………………………………………… 13

一、油菜角果的发育 ……………………………………………………… 13

二、油菜种子的发育 ……………………………………………………… 13

三、油菜的角果和种子在产量形成中的作用 ………………………… 14

主要参考文献 ………………………………………………………………… 18

第三章　油菜光合器官与结实器官形成 …………………………………… 19

第一节　油菜冠层对太阳辐射的截获 …………………………………… 19

一、叶片的生命周期 ……………………………………………………… 19

二、油菜植株叶面积扩展构成因素 …………………………………… 19

三、油菜冠层发育 ………………………………………………………… 22

四、冠层构建与太阳辐射截获 …………………………………………… 24

第二节　光合作用与光呼吸 ……………………………………………… 26

一、作物高光效 …………………………………………………………… 26

二、光合作用过程 ………………………………………………………… 27

三、非叶器官光合作用 …………………………………………………… 36

四、水分胁迫与光合作用 ………………………………………………… 39

五、氮素与光合作用 ……………………………………………………… 41

第三节　理想株型构建与促进结实器官形成的综合措施 …………… 41

　　一、通过育种改变个体株型结构，调控群体冠层构建的措施 ⋯⋯⋯⋯⋯ 42

　　二、农艺措施构建理想株型与促进结实器官形成的综合措施 ⋯⋯⋯⋯⋯ 42

　　三、化学调控 ⋯⋯⋯⋯⋯⋯⋯⋯⋯⋯⋯⋯⋯⋯⋯⋯⋯⋯⋯⋯⋯⋯⋯⋯⋯ 44

　主要参考文献 ⋯⋯⋯⋯⋯⋯⋯⋯⋯⋯⋯⋯⋯⋯⋯⋯⋯⋯⋯⋯⋯⋯⋯⋯⋯⋯ 44

第四章　油菜花芽分化与结实器官形成 ⋯⋯⋯⋯⋯⋯⋯⋯⋯⋯⋯⋯⋯⋯⋯⋯ 49

　第一节　油菜花芽分化特点 ⋯⋯⋯⋯⋯⋯⋯⋯⋯⋯⋯⋯⋯⋯⋯⋯⋯⋯⋯⋯ 49

　第二节　油菜花芽分化形成时期 ⋯⋯⋯⋯⋯⋯⋯⋯⋯⋯⋯⋯⋯⋯⋯⋯⋯⋯ 52

　第三节　油菜花芽分化消长关系 ⋯⋯⋯⋯⋯⋯⋯⋯⋯⋯⋯⋯⋯⋯⋯⋯⋯⋯ 54

　第四节　油菜花芽分化与结实器官的形成 ⋯⋯⋯⋯⋯⋯⋯⋯⋯⋯⋯⋯⋯⋯ 57

　第五节　油菜花芽分化调控措施 ⋯⋯⋯⋯⋯⋯⋯⋯⋯⋯⋯⋯⋯⋯⋯⋯⋯⋯ 60

　　一、选择花芽分化潜力大、无效花芽数目少的品种 ⋯⋯⋯⋯⋯⋯⋯⋯⋯ 60

　　二、合理施用氮肥 ⋯⋯⋯⋯⋯⋯⋯⋯⋯⋯⋯⋯⋯⋯⋯⋯⋯⋯⋯⋯⋯⋯⋯ 60

　　三、适期播种 ⋯⋯⋯⋯⋯⋯⋯⋯⋯⋯⋯⋯⋯⋯⋯⋯⋯⋯⋯⋯⋯⋯⋯⋯⋯ 61

　　四、合理密植 ⋯⋯⋯⋯⋯⋯⋯⋯⋯⋯⋯⋯⋯⋯⋯⋯⋯⋯⋯⋯⋯⋯⋯⋯⋯ 61

　　五、生长调节剂 ⋯⋯⋯⋯⋯⋯⋯⋯⋯⋯⋯⋯⋯⋯⋯⋯⋯⋯⋯⋯⋯⋯⋯⋯ 62

　主要参考文献 ⋯⋯⋯⋯⋯⋯⋯⋯⋯⋯⋯⋯⋯⋯⋯⋯⋯⋯⋯⋯⋯⋯⋯⋯⋯⋯ 63

第五章　油菜生长发育与结实器官形成 ⋯⋯⋯⋯⋯⋯⋯⋯⋯⋯⋯⋯⋯⋯⋯⋯ 64

　第一节　油菜生长和发育 ⋯⋯⋯⋯⋯⋯⋯⋯⋯⋯⋯⋯⋯⋯⋯⋯⋯⋯⋯⋯⋯ 64

　第二节　油菜生长发育规律与结实器官（花蕾、角果、籽粒）形成 ⋯⋯⋯ 65

　　一、油菜光温特性 ⋯⋯⋯⋯⋯⋯⋯⋯⋯⋯⋯⋯⋯⋯⋯⋯⋯⋯⋯⋯⋯⋯⋯ 65

　　二、油菜生育时期 ⋯⋯⋯⋯⋯⋯⋯⋯⋯⋯⋯⋯⋯⋯⋯⋯⋯⋯⋯⋯⋯⋯⋯ 67

　第三节　油菜生长发育与结实器官形成的关系 ⋯⋯⋯⋯⋯⋯⋯⋯⋯⋯⋯⋯ 74

　　一、油菜个体生长发育（根、茎、叶）与结实器官形成 ⋯⋯⋯⋯⋯⋯⋯ 74

　　二、源库关系对结实器官形成的影响 ⋯⋯⋯⋯⋯⋯⋯⋯⋯⋯⋯⋯⋯⋯⋯ 78

　　三、油菜群体结构与结实器官形成 ⋯⋯⋯⋯⋯⋯⋯⋯⋯⋯⋯⋯⋯⋯⋯⋯ 79

　第四节　油菜的养分需求特性与结实器官形成 ⋯⋯⋯⋯⋯⋯⋯⋯⋯⋯⋯⋯ 81

　　一、氮、磷、钾需求特性 ⋯⋯⋯⋯⋯⋯⋯⋯⋯⋯⋯⋯⋯⋯⋯⋯⋯⋯⋯⋯ 81

　　二、其他微量元素 ⋯⋯⋯⋯⋯⋯⋯⋯⋯⋯⋯⋯⋯⋯⋯⋯⋯⋯⋯⋯⋯⋯⋯ 86

　第五节　油菜水分需求特性与结实器官形成 ⋯⋯⋯⋯⋯⋯⋯⋯⋯⋯⋯⋯⋯ 89

　　一、需水特性 ⋯⋯⋯⋯⋯⋯⋯⋯⋯⋯⋯⋯⋯⋯⋯⋯⋯⋯⋯⋯⋯⋯⋯⋯⋯ 89

　　二、水分对光合作用的影响 ⋯⋯⋯⋯⋯⋯⋯⋯⋯⋯⋯⋯⋯⋯⋯⋯⋯⋯⋯ 90

　　三、水分对产量、品质的影响 ⋯⋯⋯⋯⋯⋯⋯⋯⋯⋯⋯⋯⋯⋯⋯⋯⋯⋯ 90

　第六节　油菜生长发育和结实器官形成其他影响因素 ⋯⋯⋯⋯⋯⋯⋯⋯⋯ 91

　　一、温度 ⋯⋯⋯⋯⋯⋯⋯⋯⋯⋯⋯⋯⋯⋯⋯⋯⋯⋯⋯⋯⋯⋯⋯⋯⋯⋯⋯ 91

　　二、光照 ⋯⋯⋯⋯⋯⋯⋯⋯⋯⋯⋯⋯⋯⋯⋯⋯⋯⋯⋯⋯⋯⋯⋯⋯⋯⋯⋯ 93

　　　三、CO_2 ·· 94

　　　四、生长调节剂 ··· 95

　　主要参考文献 ·· 97

第六章　油菜营养状况与结实器官形成 ·· 100

　　第一节　油菜的养分需求特性 ·· 100

　　　一、氮磷钾硼的营养特点 ·· 100

　　　二、油菜主产区域土壤养分状况 ··· 102

　　　三、不同产量水平油菜养分需求量 ·· 104

　　　四、油菜对不同养分的需求特征 ··· 106

　　第二节　氮素营养状况与结实器官形成 ·· 111

　　　一、氮素营养对花器形成的影响 ··· 111

　　　二、氮素营养对角果数、角粒数和千粒重的影响 ································· 114

　　　三、氮素营养对油菜籽产量构成的综合影响 ······································ 114

　　　四、氮素营养对油菜籽产量的影响 ·· 116

　　第三节　磷素营养状况与结实器官形成 ·· 118

　　　一、磷素营养对花器形成的影响 ··· 118

　　　二、磷素营养对角果数、角粒数和千粒重的影响 ································· 118

　　　三、磷素营养对油菜籽产量构成的综合影响 ······································ 119

　　　四、磷素营养对油菜籽产量的影响 ·· 121

　　第四节　钾素营养状况与结实器官形成 ·· 123

　　　一、钾素营养对花器形成的影响 ··· 123

　　　二、钾素营养对角果数、角粒数和千粒重的影响 ································· 125

　　　三、钾素营养对油菜籽产量构成的综合影响 ······································ 125

　　　四、钾素营养对油菜籽产量的影响 ·· 127

　　第五节　硼素营养状况与结实器官形成 ·· 130

　　　一、硼素营养对花器形成的影响 ··· 130

　　　二、硼素营养对角果数、角粒数和千粒重的影响 ································· 131

　　　三、硼素营养对油菜籽产量构成的综合影响 ······································ 131

　　　四、硼素营养对油菜籽产量的影响 ·· 132

　　主要参考文献 ··· 133

第七章　生长物质调控与油菜结实器官形成 ·· 135

　　第一节　油菜生长发育与内源激素的关系 ··· 135

　　　一、油菜不同生长阶段的内源激素变化 ·· 135

　　　二、内源激素与油菜花芽分化的关系 ··· 138

　　　三、内源激素对油菜抽薹的影响 ··· 139

四、内源激素对油菜开花的影响 ·· 140
五、内源激素对角果及种子发育的影响 ······························ 141
第二节 植物生长调节物质对油菜结实器官生长的调控 ············ 143
一、植物生长调节物质的种类及性质 ·································· 144
二、应用植物生长调节物质调节同化产物的积累与分配 ········ 145
三、植物生长调节物质对油菜花粉萌发的调控 ····················· 146
四、植物生长调节物质对油菜分枝数与角果数的调控 ············ 147
五、植物生长调节物质对油菜角果生长的调控 ····················· 148
第三节 促进油菜结实器官发育的生长物质调控措施 ··············· 149
一、改善结角层结构的生长物质调控措施 ···························· 149
二、增加角果数及结实率的生长物质调控措施 ····················· 150
三、增强角果皮生理活性和光合作用的生长物质调控措施 ······ 151
四、促进角果成熟及粒重的植物生长调节方法 ····················· 151
主要参考文献 ··· 152

第八章 生物灾害与油菜结实器官形成 ··································· 157
第一节 油菜生物灾害概述 ·· 157
一、油菜生物灾害种类 ·· 157
二、油菜生物灾害状况 ·· 157
第二节 油菜不同生育时期的主要生物灾害 ···························· 160
一、油菜苗期生物灾害 ·· 160
二、油菜薹花期生物灾害 ··· 162
三、油菜角果期生物灾害 ··· 163
第三节 油菜生物灾害与结实器官形成 ··································· 164
一、生物灾害对花器形成的影响 ·· 164
二、生物灾害对角果生长发育的影响 ·································· 164
三、生物灾害对油菜产量及产量构成的影响 ························ 165
第四节 油菜生物灾害防控技术 ··· 166
一、油菜生物灾害的综合防控措施 ····································· 166
二、油菜生物灾害的生物防治技术 ····································· 168
三、油菜生物灾害的化学防治措施 ····································· 170
主要参考文献 ··· 173

第九章 非生物灾害与油菜结实器官形成 ······························· 175
第一节 气候因素与油菜结实器官形成 ··································· 175
一、冻害 ··· 175
二、干旱 ··· 181

　　三、干热风和高温 …………………………………………………… 182
　　四、渍害 ………………………………………………………………… 184
　　五、冰雹 ………………………………………………………………… 185
　第二节　土壤环境因素与油菜结实器官形成 ……………………………… 186
　　一、土壤缺硼 …………………………………………………………… 186
　　二、盐碱 ………………………………………………………………… 188
　　三、铝毒害 ……………………………………………………………… 189
　　四、雾霾危害对油菜结实器官形成的影响 …………………………… 191
　第三节　油菜管理措施不当与油菜结实器官形成 ………………………… 192
　　一、播种或移栽期推迟 ………………………………………………… 192
　　二、播种质量差或者密度过大 ………………………………………… 194
　　三、施肥不得当 ………………………………………………………… 194
　　四、施药不得当 ………………………………………………………… 195
　　五、后期灌水 …………………………………………………………… 197
　主要参考文献 ………………………………………………………………… 197

第十章　栽培技术措施与油菜结实器官形成 ……………………………… 199
　第一节　栽培技术要素 ……………………………………………………… 199
　　一、品种特征 …………………………………………………………… 199
　　二、播种期 ……………………………………………………………… 199
　　三、种植密度 …………………………………………………………… 199
　　四、养分运筹 …………………………………………………………… 200
　第二节　栽培制度 …………………………………………………………… 205
　　一、直播与移栽 ………………………………………………………… 205
　　二、轮作方式 …………………………………………………………… 205
　　三、套作方式 …………………………………………………………… 207
　　四、耕作方式 …………………………………………………………… 210
　第三节　油菜高产高效栽培管理技术 ……………………………………… 214
　　一、苗期管理技术 ……………………………………………………… 214
　　二、蕾薹期管理技术 …………………………………………………… 216
　　三、开花期管理技术 …………………………………………………… 219
　　四、结角成熟期管理技术 ……………………………………………… 220
　主要参考文献 ………………………………………………………………… 222

第一章　油菜的结实器官

油菜的结实器官通常是指油菜的角果和种子。

第一节　油菜角果

一、角果的外部形态

角果由雌蕊发育而成。受精后，花柄形成果柄，子房伸长膨大发育成果身，柱头和花柱发育成果喙。角果的形态和大小因类型和品种不同而有差异。通常芥菜型油菜角果较细短，长度仅 3～4cm；白菜型油菜多数品种角果较粗短，少数品种角果亦较长；甘蓝型油菜多数品种角果较长。通常将果身 6cm 以上的角果划分为长角果，4～6cm 的角果划分为中角果，4cm 以下的角果划分为短角果。一般而言，短角果的着果密度与着粒密度最大，中角果次之，长角果最小。每果总胚珠数以长角果最多，中角果次之，短角果最少；结实率则以中角果最多，短角果次之，长角果最低。角果成熟时果柄与果轴所成角度的大小，以及角果在果柄上着生的状态与品种特性有关。果柄与果轴呈垂直状着生的称直生型；角果向上，与果轴成一定角度着生的称斜生型；角果向上，与果轴平行着生的称平生型；角果向下垂生的称垂生型（图 1-1）。

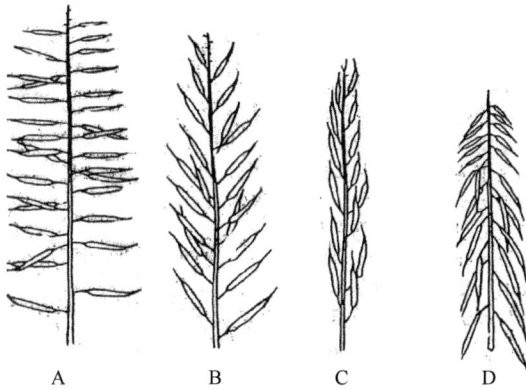

图 1-1　油菜角果着生状态

A. 直生型；B. 斜生型；C. 平生型；D. 垂生型

二、角果的解剖结构

角果果身由壳状果瓣和线状果瓣组成。壳状果瓣共两片，一狭长似船形，背面脉纹明显。线状果瓣亦为两片，窄而细，呈线状，无明显脉纹。线状果瓣间有薄膜状假隔膜相连，将子房分隔为二室，内侧为侧膜胎座，着生胚珠，两端分别与果柄和果喙相连，成熟时均不脱落，两侧与壳状果瓣相连，至角果充分成熟时，与壳状果瓣相连的部位产生离层，失水干燥后壳状果瓣收缩而脱落，从横切面观察（图 1-2），壳瓣由外表皮、薄壁细胞、厚壁纤维细胞、维管束和内表皮等部分组成；外表皮常具厚角质层，和叶片一样具有气孔。外表皮下有 2~3 层较小的薄壁细胞，内有叶绿体，而叶绿素 a∶b 的值显著高于叶片，是角果进行光合作用的主要部分。绿色薄壁细胞之下为 4~5 层大的薄壁细胞。大薄壁细胞与内表皮之间为一层排列整齐的厚壁纤维细胞，角果成熟时，由于这层细胞失水收缩的机械作用，造成角果开裂。壳状果瓣有纵向排列的一条大维管束与数条小维管束相互交织。两片线状果瓣之间有一片极薄而无色的假隔膜，半透明，由薄壁细胞组成，细胞间隙较大，呈海绵状。线状果瓣内有两条平行的维管束，一在外侧（外主束），一在内侧（内主束），由内主束分出维管束，通入果柄。

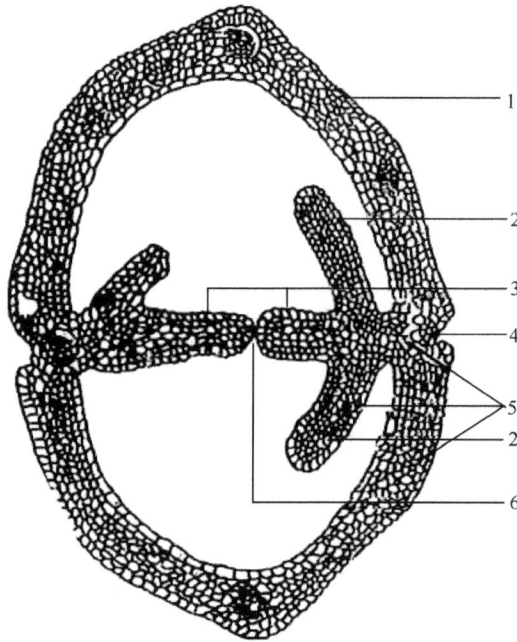

图 1-2 白菜型油菜幼嫩角果横切面

1. 壳状果瓣；2. 株柄；3. 假隔膜；4. 线状果瓣；5. 维管束；6. 凹沟

第二节 油菜种子

一、油菜种子的外部形态

胚珠受精后发育成种子。油菜的种子一般呈球形，或近似球形，也有呈卵圆形的，种子大小因油菜类型、品种和环境条件不同而异。一般以芥菜型油菜种子最小，千粒重为 1.0～2.0g；甘蓝型油菜种子较大，千粒重一般在 3.0g 以上，高的达 4.0g 以上；白菜型油菜大部分品种的千粒重为 2.0～4.0g。我国西北地区和青藏高原油菜种子的千粒重一般均高于长江流域油菜产区。油菜种子上有椭圆形的种脐，种脐的一端为珠孔，透过种皮在珠孔正下方为胚根端，这一部位在外表称胚根。种脐的另一端为种脊，是延伸到合点的一条小沟，合点是珠被和胚珠相连接的点（图 1-3）。油菜的胚根脊、种脐和合点，有的向外突出，有的平滑。油菜种皮有黑、暗褐、红褐、淡褐、淡黄、金黄、黄等颜色。黄色种子的种皮薄，皮壳率低，种子中油分含量和蛋白质含量均较高，且纤维素含量低，品质优良。油菜种皮表面有网纹，以芥菜型油菜网纹最明显，甘蓝型油菜次之，白菜型油菜不明显。

胚根脊
合点
种脐

白菜型油菜   甘蓝型油菜   芥菜型油菜

图 1-3 油菜种子的外部形态

二、油菜种子的解剖结构

油菜种子由种皮、胚乳（遗迹）和胚三部分组成。

（1）种皮 包括①表皮层：为一层厚壁细胞。②亚表皮层：为 1～3 层薄壁细胞，成熟后干缩呈皮膜状。③栅状细胞层：细胞壁内侧加厚、木质化，为一层似烧杯状的细胞。其木质化程度、色素多少，与种子成熟度有关。也有很多不含色素的品种，其中长型的细胞有规则地排列，便形成表面网纹。④色素层：为排列较整齐的一层薄壁细胞，一般为暗褐色，其厚度和着色程度因各种条件而异（图 1-4）。

（2）胚乳 实为胚乳遗迹，是包围在胚周围的一层薄膜，细胞较大，含有较多的糊粉粒和油滴，是蛋白体的贮藏层。

（3）胚 包括胚根、胚芽和子叶，全为薄壁细胞，从横切面上看，在子叶的内侧可见到栅栏组织，细胞内有油滴和糊粉粒。成熟种子的中央部位是分生组织，由此分化出胚根和胚芽。

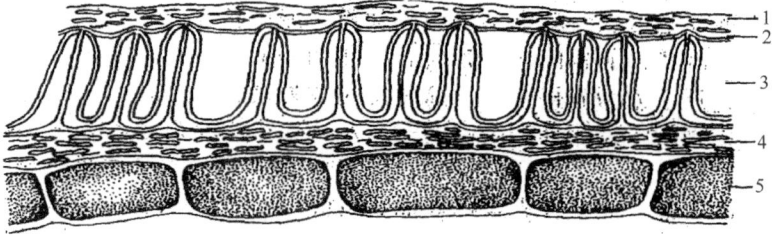

图 1-4　胜利油菜种皮的横切面（四川大学生物系，1961）

1. 表皮层；2. 亚表皮层；3. 栅状细胞层；4. 色素层；5. 胚乳遗迹

三、油菜种子的化学成分

（一）水分

在自然条件下干燥的油菜种子，其含水量为种子质量的 6%～8%，低于谷类作物种子（含水量 12%～14%）和豆类作物种子（含水量 10%～12%）的含水量，这与油菜种子含油量较高、亲水物质相对较少、种子中束缚水和自由水的含量均较低有关。

种子中的束缚水存在于细胞内，是与淀粉、蛋白质等具亲水性的高分子物质以氢键相结合的水，它性质稳定，不易散失，在温度低于-25℃时也不结冰，不能作为溶剂，不参与种子内部的生物化学反应。束缚水之所以能与种子中亲水物质相结合，主要是因为淀粉、蛋白质等亲水物质中存在许多极性基团，静电引力能使其与水分子之间形成氢键。例如，淀粉分子中的羟基和氧桥可与水分子以下列方式结合。

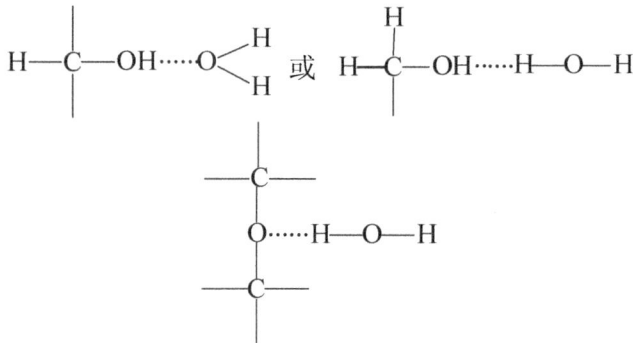

蛋白质分子中的各种极性基团，如—OH、—NH$_2$、—NH、—CONH$_2$、—COOH、$\begin{matrix} H_2N \\ HN \end{matrix}$ C—NH—等，也都能与水分子形成氢键。例如，据测定，100g 蛋白质平均可束缚 50g 水，100g 淀粉平均可束缚 30～40g 水。

种子中的自由水存在于细胞间隙和毛细管中，它具有普通水的一般性质，能作为溶剂，在 0℃能结冰，是种子中进行生物化学反应的介质。自由水在种子中很不稳定，受环境温、湿度的影响能自由出入。但自由水与束缚水是同时存在的，两者之间没有截然的分界线。

油菜种子水分主要分布在胚中，种皮中含水较少。种子含水量较高时容易受到高温或低温的危害，贮藏时容易发热霉变。

（二）脂肪

油菜种子中脂肪含量一般为种子干重的 30%～50%。脂肪以分散的亚细胞器形式——油体，存在于细胞质中，其大小不一，一般在 0.2μm 以上。油体表面为一层蛋白质包膜。

油菜种子中不同部位的脂肪含量是不同的。当种子含油量为 40%～41%时，其种皮中含油量为 16%，胚含油量为 45%～46%，可见脂肪主要贮存于胚细胞中。

油菜种子中的脂肪是脂肪酸的三酰甘油，又称甘油三酯，其形成过程和结构是：

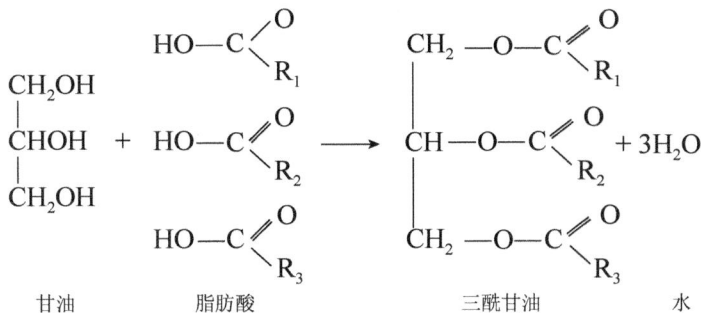

式中的 R_1、R_2 和 R_3 表示不同的脂肪酸。油菜脂肪中脂肪酸主要列于表 1-1。

表 1-1　脂肪酸类型

中文名	英文名	分子式	缩写符号
棕榈酸	palmitic acid	$CH_3(CH_2)_{14}COOH$	16：0
硬脂酸	stearic acid	$CH_3(CH_2)_{16}COOH$	18：0
油酸	oleic acid	$CH_3(CH_2)_6 CH_2CH：CH(CH_2)_7COOH$	18：1
亚油酸	linoleic acid	$CH_3(CH_2)_3(CH_2CH：CH)_2(CH_2)_7COOH$	18：2
亚麻酸	linolenic acid	$CH_3(CH_2CH：CH)_3(CH_2)_7COOH$	18：3
二十碳烯酸	eicosenoic acid	$CH_3(CH_2)_6 CH_2CH：CH(CH_2)_9COOH$	20：1
芥酸	erucic acid	$CH_3(CH_2)_6 CH_2CH：CH(CH_2)_{11}COOH$	22：1

（三）蛋白质

油菜种子中蛋白质含量一般为 25%左右，其幅度为 21%～30%。蛋白质主要存在于籽仁中，而种皮中含量较低。一般籽仁中蛋白质含量为 28%～30%，而种皮中蛋白质含量仅 15%左右。

油菜种子中的蛋白质除少数为结合蛋白外，绝大多数为贮藏态的单纯蛋白，以蛋白体的形式存在于细胞质中。蛋白体是从油料种子中分离出来的，当时称为糊粉粒。近年来国际上已将糊粉粒这个名词仅用来指胚乳糊粉层的蛋白质，而将分布在其他细胞中的糊粉粒统称为蛋白体。油菜种子细胞内蛋白体为球形，外面包被着脂蛋白质膜，其直径为 2～10μm。

油菜种子蛋白质的氨基酸组成比较平衡。其中，具备人和动物体所必需的 8 种氨基酸（必需氨基酸是指仅植物能合成的氨基酸，这 8 种氨基酸是：亮氨酸、缬氨酸、异亮氨酸、赖氨酸、苏氨酸、甲硫氨酸、苯丙氨酸和色氨酸），而且在数量上与大豆不相上下，可见油菜种子蛋白质营养价值很高。值得指出的是，油菜饼粕含有较多的含硫氨基酸，如甲硫氨酸、胱氨酸，而大豆饼粕则含有较多的赖氨酸，如果把两种饼粕混合使用，则可起到蛋白质氨基酸互补的效果。

（四）纤维素

油菜种子中含有11%～12%的纤维素，高于其他油料作物（含纤维素4%～6%）和谷类作物（含纤维素0.1%～6%），其主要原因是油菜种子小，皮壳所占比例大，皮壳（种皮）中又含有较多的纤维素。据加拿大学者研究，种皮中纤维素含量高达31%～34%，而籽仁中纤维素含量仅 3.0%～3.6%。由于纤维素分子排列紧密，人体和家禽体内的酶不能将其水解，只有草食动物肠道的寄生菌所分泌的纤维素酶将其部分地降解为葡萄糖后，才能被机体利用，这样就大大影响了菜籽饼粕的食用和饲用价值。因此油菜种子中的纤维素是一个急待改良的品质性状。

（五）矿物质

油菜种子中含有各种矿物质。种子中的矿物质含量占 4%～5%，菜籽饼粕中的矿物质含量为 7%～8%，高于大豆。但由于菜籽饼粕中含有较多的植酸，因而降低了磷、钙、锌、镁的利用率。此外菜籽饼粕的高纤维素含量也降低了铜和锰的利用率。尽管存在利用率不高的问题，但相比大豆饼粕，菜籽饼粕仍可提供较多的钙、铁、锰、磷、硒和镁，而大豆饼粕相比菜籽饼粕仅能提供较多的铜、锌和钾。

（六）维生素

油菜种子中含有较多的维生素，特别是脂溶性的维生素 E，每 100g 脂肪中含有38mg。其中甲型维生素 E 为 13mg，比大豆油高 1 倍多。此外，菜籽饼粕含有较多的胆碱、维生素 B_7（生物素）、维生素 B_{11}（叶酸）、维生素 B_5（烟酸）、维生素 B_1（硫胺素）和维生素 B_2（核黄素），而大豆饼粕仅含有较多的泛酸。但总的来说，在饲料配方中，菜籽饼粕还不能作为维生素的主要来源。

（七）固醇

固醇属于类脂，虽然在结构上与脂肪酸甘油酯（属于真脂）有所差异，但都是疏水性物质，能溶于脂溶性溶剂中，属于类似脂肪的物质。固醇溶在油脂中，在榨油时随油脂一道流出。固醇不能被皂化，在有机溶剂中易结晶。这一类化合物都是以环戊烷多氢菲核为骨架，在有机化学上属于甾族，故又称甾固醇或甾醇。它们在第 10、13 和 17 碳位上有 3 个侧链，甾字就是根据这种结构创造的一个象形字，甾字中的"田"表示 4 个环，"≪"表示 3 个侧链。环戊烷多氢菲可看作环戊烷与完全氢化的菲缩合而成。环戊烷多氢菲固醇在菜油中有 4 种植物固醇：菜籽固醇、菜油固醇、胆固醇和 β-谷固醇，它们的结构如下。

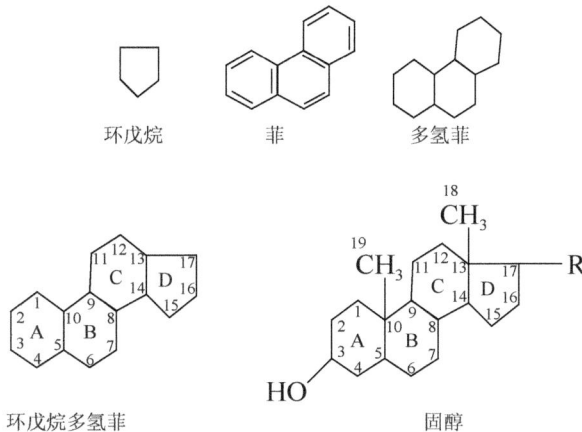

环戊烷   菲   多氢菲

环戊烷多氢菲   固醇

油菜脂肪中含有较多的植物固醇，约占 0.53%，显著高于大豆中的植物固醇（占 0.37%），特别值得提出的是，其中 β-谷固醇含量占总量的一半以上。β-谷固醇能影响肠道对胆固醇（动物固醇）的吸收，因此，具有降低人体血清中胆固醇的作用。

（八）硫代葡糖苷

硫代葡糖苷是油菜种子中的一种有害成分。其含量为饼粕干重的 4%～7%。以钾盐或钠盐的颗粒存在于胚的细胞质中。

硫代葡糖苷是一类葡萄糖衍生物的总称，其分子结构为

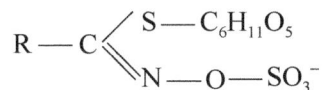

$$R—C\begin{cases} S—C_6H_{11}O_5 \\ N—O—SO_3^- \end{cases}$$

可以看出硫代葡糖苷分子是由非糖部分和葡萄糖部分通过硫苷键连接起来的。其中 R 基团是硫代葡糖苷的可变部分，随着 R 基团的不同，硫代葡糖苷的种类和性质也就不同。现在已经发现有 80 多种硫代葡糖苷存在于多种不同植物中，而在油菜中主要有葡萄糖苷、芸薹葡萄糖苷、甲状腺素、黑芥子硫苷酸钾等。

硫代葡糖苷易溶于水，也易溶于乙醇、甲醇和丙酮，特别是这些溶剂与水配成 10%～20% 的水溶液时，硫代葡糖苷的溶解度更大，这一性质是许多提取硫代

葡糖苷方法的理论基础。3-丁烯基硫葡糖苷、4-戊烯基硫葡糖苷和 2-苯基乙基硫代葡糖苷在水解时可分别生成 3-丁烯基异硫氰酸盐、4-戊烯基异硫氰酸盐和 2-苯乙基异硫氰酸盐,这些物质遇到蒸汽时具有挥发性,因此用蒸汽处理菜籽饼粕可将这几种有毒成分除去。此外,异硫氰酸盐和噁唑烷硫酮能溶于乙醚和氯仿。

硫代葡糖苷在有水分和硫代葡糖苷酶存在的情况下,能分解为异硫氰酸盐,噁烷硫酮、腈和葡萄糖等。当水分为 15.00%、温度为 55℃时,这种酶促水解反应在 1min 内就能完成 90%。

硫代葡糖苷的水解产物有强烈的毒性和刺激性气味,影响人畜健康。加拿大学者研究指出,当食物中硫代葡糖苷含量不超过 0.45mg/g 时,对人体健康才是安全的。而加拿大一般油菜的菜籽饼粕中的含量为 6～12mg/g,"双低"油菜为 1～2mg/g。硫代葡糖苷有些水解产物还能溶于油和某些溶剂中,由于这些产物含有硫,对油脂精炼特别是氢化处理带来很多不良影响。硫代葡糖苷的水解产物对一些昆虫有较大毒性,其中异硫氰酸盐又是较强的杀菌剂(杀死细菌和真菌)。但葡萄糖苷对十字花科作物害虫是一种味觉刺激剂,异硫氰酸盐的一些裂解产物能引诱多种昆虫产卵。对野生脊椎动物(如鹿、兔等),硫代葡糖苷却又是一种防护剂。

硫代葡糖苷不仅存在于油菜种子中,根茎叶等器官中也有存在,只是含量低于种子。据报道,种子中 1g 干物质可含硫代葡糖苷 100mg,而其他器官 1g 干物质中仅含 0.001～5mg。不同油菜类型品种或同一油菜不同器官中的含量存在差异。

(九)植酸盐

植酸是 20 世纪 70 年代以来逐渐引起人们注意的一种有害物质(图 1-5)。

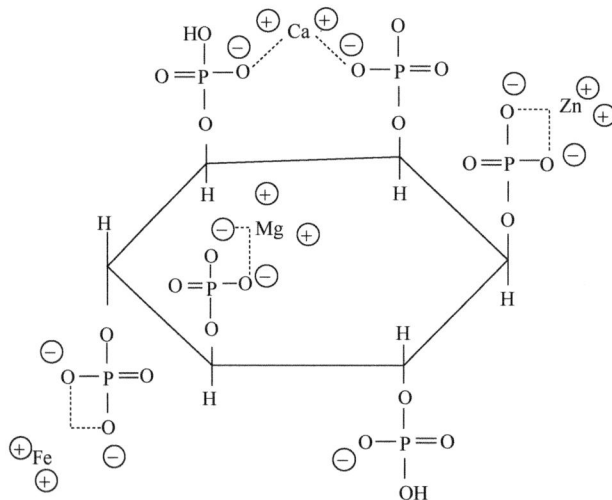

植酸盐

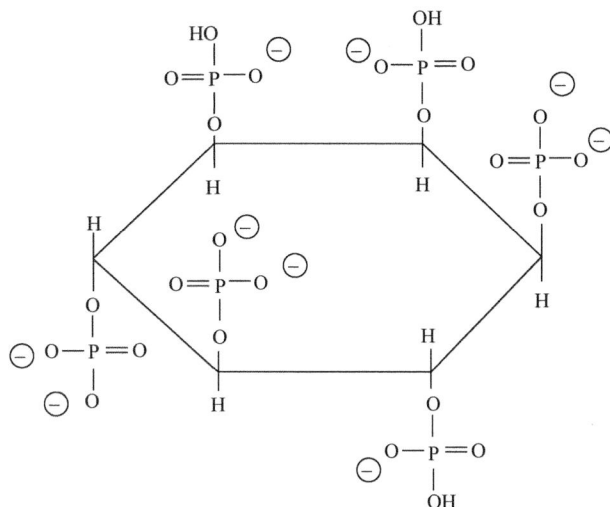

植酸

图 1-5　植酸盐与植酸

植酸又称肌醇六磷酸，是一种很强的金属螯合剂，能和钙、镁、锌等二价或三价金属离子螯合，形成溶解度很低的络合物，称为植酸盐，也称肌醇六磷酸盐，使这些金属离子不易为动物有机体所利用。世界上不少地方的矿物质缺乏病常常与摄食植酸过多的植物有密切关系。

菜籽饼粕中植酸盐的含量为 4%～7%，它是磷酸盐和大量矿质营养元素在种子内的主要贮藏形式，分布在细胞质蛋白体的球状体中。动物食用菜籽饼粕后表现缺锌症状，如厌食、消瘦、生长机能衰退、蛋白质吸收能力降低等，都是由植酸盐引起的。解决植酸的问题，目前只有两种处在试验阶段的办法，一是加锌法，在每千克饲料中加入 80mg 锌或 270mg 铁可以消除植酸引起的各种症状，其作用机制可能是锌与植酸结合，使植酸失去与其他锌离子结合的能力；二是抽提去毒法，根据加拿大 Sten-AKe Lie-den 等 1978 年的报道，用很稀的盐酸在 0℃条件下抽提粉碎的菜籽，可以把植酸全部提取出来，如用蒸馏水在 0℃条件下抽提粉碎的菜籽，可以除去 64%的植酸，但如用自来水代替蒸馏水，则完全失去抽提效果。以上方法均较复杂，而且价格昂贵，若能从遗传上加以改良，则是最为经济有效的途径。

（十）多酚物质

油菜种子中还含有较多的多酚物质。多酚化合物的种类很多，比较重要的是鞣酸（单宁）和芥子碱。鞣酸以楝鞣酸的形式存在，在菜籽饼粕中的平均含量约为 3.65%。多酚化合物具苦涩味，它很容易在中性和碱性条件下产生氧化和聚合作用，使菜籽饼粕制品颜色变黑，并具有不良气味。多酚化合物还能和蛋白质紧密结合，使蛋白质的营养价值显著降低。芥子碱在菜饼中的含量为 1%～1.5%，它是菜饼中三甲胺的来源，当用菜籽饼粕喂鸡时产白壳蛋的鸡能迅速氧化三甲胺，而产红壳蛋的鸡仅能氧化 80%的三甲胺，余下 20%残留在鸡蛋白中，使鸡蛋有鱼腥味。

此外，在油菜种子中还含有一定的磷脂、色素等。

（执笔人：官春云　王　峰）

主要参考文献

毕辛华, 戴心维. 1993. 种子学. 北京: 中国农业出版社.

傅寿仲, 朱耕如. 1995. 江苏油作科学. 南京: 江苏科技出版社.

官春云. 1985. 油菜品质改良与分析方法. 长沙: 湖南科学技术出版社.

官春云. 1997. 油菜优质高产栽培技术. 长沙: 湖南科学技术出版社.

官春云. 2006. 优质油菜高效栽培关键技术. 北京: 中国三峡出版社.

官春云. 2011. 现代作物栽培学. 北京: 高等教育出版社.

官春云. 2013. 优质油菜生理生态和现代栽培技术. 北京: 中国农业出版社.

刘后利. 1987. 实用油菜栽培学. 上海: 上海科学技术出版社.

宋松泉, 程红焱, 姜孝成, 等. 2008. 种子生物学. 北京: 科学出版社.

颜启传. 2001. 种子学. 北京: 中国农业出版社.

中国农业科学院油料作物研究所. 1999. 中国油菜栽培学. 北京: 中国农业出版社.

第二章 油菜结实器官的形成

第一节 被子植物的生命周期

被子植物的生命周期经历胚胎发生、种子萌发、营养生长、生殖生长和衰老死亡等发育阶段。以拟南芥（*Arabidopsis thaliana*）为例（图 2-1），胚胎发生始于双受精。图 2-1 右：此时，雄配子体（花粉粒）产生两个精细胞和一个营养细胞，当花粉粒黏于柱头上，花粉粒与柱头表面经过一定的信号相互识别后，花粉萌发，长出的花粉管沿着花柱向下生长进入胚珠，同时两个精子细胞顺着花粉管进入胚囊（雌配子体），其中的一个精子细胞与卵子融合形成合子，另一个精子细胞与二倍体中央细胞融合形成三倍体的胚乳细胞。这一双受精作用完成后便开始了原胚的发育，此时，胚乳细胞为生长中的胚提供营养，合子发生一系列定型的细胞分裂，形成原胚，原胚通过胚柄与胚珠相连。原胚经进一步生长与细胞分裂便形成具顶-基轴性和径向轴性结构的成熟胚结构，结合种皮（一般由珠被发育而成）和胚乳的发育形成种子，此后即开始胚胎后的发

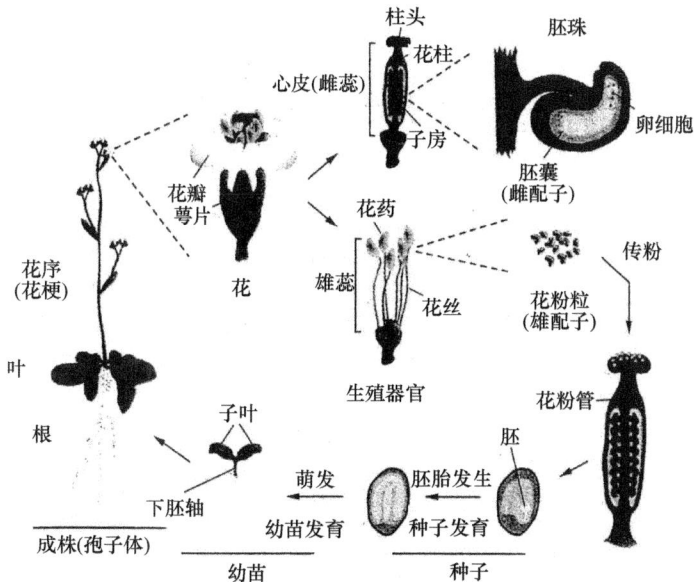

图 2-1 拟南芥生命周期各个阶段示意图（Howell，1998）

育。种子可在适宜的环境条件下萌发（germination），胚芽发育成苗端，长出土壤表面，而胚根产生根系扎于土中，逐步发育成的幼苗分别通过苗端和根端这两个顶端分生组织的细胞分裂、分化和生长，发育出成株的所有器官、组织和结构。

图 2-1 左：拟南芥已发育出花序（花梗），基部长出一轮莲座状叶（rosette leaf），当花梗分枝开花时，在花梗上发育出的叶称为茎生叶（cauline leaf）。拟南芥的花具有花萼、花瓣、雄蕊和心皮或雌蕊 4 轮花器官，去掉花萼和花瓣可见雌性生殖器官（心皮或雌蕊）和雄性生殖器官（雄蕊）。两枚心皮构成了位于中央的由柱头、花柱和子房组成的雌蕊。子房具有两个子房室，各有一排胚珠；胚珠内含胚囊（雌配子体），卵细胞（egg cell）着生于胚囊内（图 2-1 的右上方）。雄性生殖器官由产生花粉粒（雄配子体）的花药和支持花药的花丝组成，授粉时，花药开裂，花粉粒落入充满着乳状突出物的柱头中，花粉粒萌发后，花粉管生长穿过柱头、花丝和子房壁，由胚珠一侧进入胚囊与其中的卵子和中央细胞融合而完成受精过程。受精卵发育成胚，由胚、胚外组织和母体组织形成种子，种子萌发后形成带有子叶、下胚轴和根的幼苗，进而发育成成年植株。从播种到获得种子约需 6 周。

第二节 油菜的生长发育过程

油菜从播种到成熟，共经历 5 个生育阶段：发芽出苗期、苗期、蕾薹期、开花期和角果成熟期。现以长江中游地区甘蓝型油菜中熟品种为例，说明其生长发育过程（图 2-2，图 2-3）。

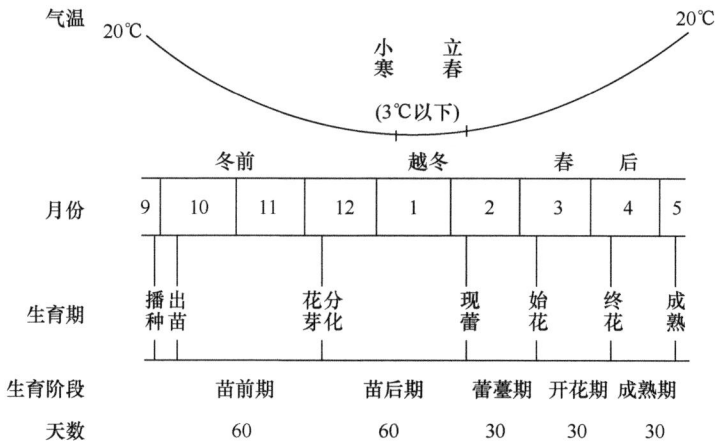

图 2-2 甘蓝型油菜中熟品种的生长发育过程

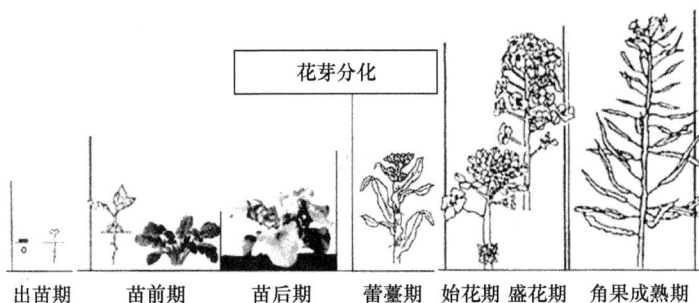

出苗期　　　苗前期　　　苗后期　　　蕾薹期　始花期 盛花期　角果成熟期

图 2-3　油菜生长发育过程图

第三节　油菜角果和种子的形成

一、油菜角果的发育

油菜角果的发育有一定的顺序，一般先开花的角果先发育。每一个角果的发育也有一定顺序，先沿纵向伸长，伸长到一定程度后，再横向膨大。油菜角果的生长速度因种类和品种不同而异。相同品种的不同植株，同一植株的不同角果间也有差异。据邓秀兰于 1983 年的研究，'宁油 7 号'在开花后 17d 角果的长度已基本定型，角果宽度需 22d 才基本定型（图 2-4）。随着角果长度和宽度的增长，果壳表面积不断增加，一旦角果宽度定型后，角果表面积也趋于稳定（图 2-5）。

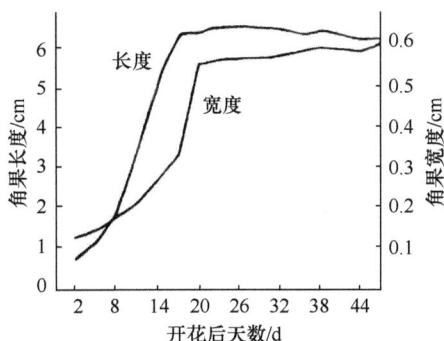

图 2-4　油菜开花后果壳长度和宽度的变化

二、油菜种子的发育

油菜角果发育的同时，胚珠通过受精过程后转向种子发育。种子在发育过程中，需要光、温、营养等条件，才能形成正常的种子。受精不良和发育中途停滞的胚珠即萎缩或形成秕粒。一株油菜由于开花先后不同，一般先开的花朵秕粒率较小，而后开的花朵秕粒率较高。为了提高结实率，降低秕粒率，除保证正常营养需要外，还要求花期比较集中。

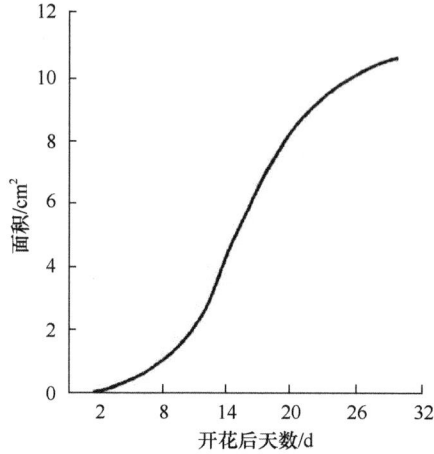

图 2-5 油菜开花后果壳面积的变化

果壳面积按克拉克公式计算：$Sa=\pi dh_1+1/3\pi dh_2$

式中，$h_1=0.8H$；$h_2=0.2H$；H 为果壳长度；d 为果壳平均宽度

据前浙江农学院于 1975 年的研究，胜利油菜种子的发育过程大体可分为 3 个阶段。

（1）细胞增殖阶段。受精后，结合子开始迅速分裂，到开花后第 9 天已明显形成一个细胞增殖的球体。

（2）种胚发育阶段。开花后 12d 细胞球体已开始变长，有子叶和胚根分化的象征，略呈三角形。再隔 3d，子叶分化明显，胚根亦较长。

（3）种胚充实阶段。当子叶和胚根发育明显时，不再纵向伸长，但子叶转向下方弯曲，逐渐包围胚根，略呈圆形。此后随着胚的肥大生长，种子逐渐充实饱满，胚乳则渐消失。到开花后第 33 天，子叶和胚根紧密相接，种子内部几乎全为种胚占据。关于胚体的生长速度，一般是前期较快，中期最快，后期较慢。例如，胜利油菜在开花后 7~10d 平均每天增长 1 倍以上；开花后 15~20d，每天增长达 3 倍以上；开花后 20~25d，平均每天增长速度降到 1/2 以下。胜利油菜种胚发育的详细过程见图 2-6。

三、油菜的角果和种子在产量形成中的作用

角果和种子是形成产量最重要、最直接的器官。因此，增加单位面积上角果数是提高产量的重要途径。据研究，油菜单位面积角果数与产量呈正相关，即单位面积角果数多产量就高。就中熟品种而言，两者关系是"万角斤籽"的关系（此法常用于油菜测产）。

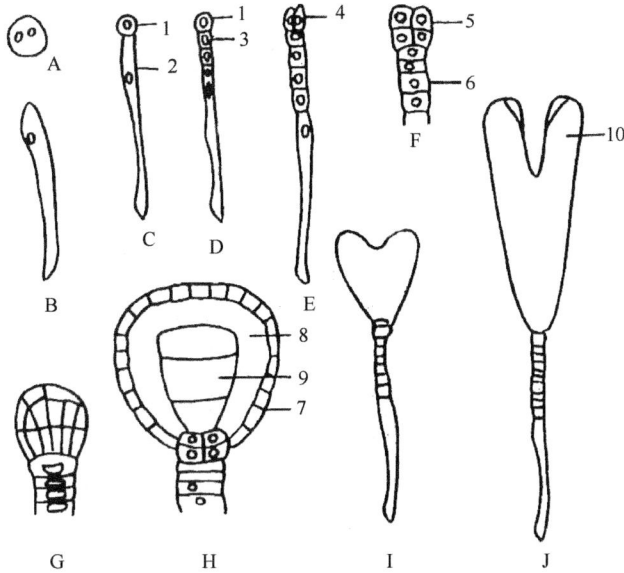

图 2-6　胜利油菜种胚的发育（彭秦身，1965）

A. 受精卵；B. 合子伸长；C. 两个细胞的原胚；D. 4 个细胞的原胚；E. 顶端细胞进行两次纵分裂形成四分体；
F. 八分体；G. 胚体继续增大；H. 倒梯形胚体；I、J. 胚各部分已分化完成

1. 顶细胞；2. 基细胞；3. 胚柄细胞；4. 四分体；5. 八分体；6. 胚柄细胞；7. 表皮原；
8. 皮层原；9. 中柱原；10. 子叶

　　角果皮也是重要的光合器官，它有以下几个特点：①角果皮面积大，处于植株的冠层，在果轴上呈螺旋形排列，容易接收阳光；②光合效率与叶片相当或超过叶片；③角果距离种子最近，光合产物供应籽粒极为方便。官春云于 2014 年研究发现，油菜一生绿色面积不断扩大，到盛花期叶面积指数达最大值，随着油菜成熟，叶片逐步脱落，角果皮面积逐渐增大，而达最大值。当油菜角果皮面积指数等于或大于盛花期最大叶面积指数时，一般属高产类型。可见油菜绿色面积的增长模式约为一倒三角形（图 2-7）。

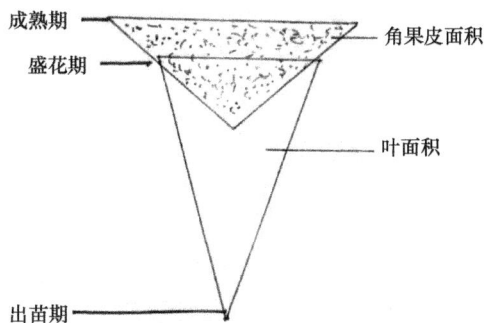

图 2-7　油菜的最大叶面积和最大角果皮面积

另据王汉中等于 2015 年的研究，角果性状还决定油菜种子含油量的高低。因为油菜的种子含油量主要受母体机制调控，通过 4 条途径影响种子含油量，即角果皮的光合作用、植株抗逆性、种皮糖转运量及细胞质的正效应。

在油菜产量构成因素中油菜角果起重要作用。因为油菜产量构成因素是单位面积上的角果数，每果粒数和粒重的乘积，即每亩产量（斤[①]）=每亩有效角果数×每果粒数×千粒重（g）/500g×1000 粒。

在以上三因素中，对产量影响最大的是单位面积上角果数，因为它的变异范围最大，在不同栽培条件下常能相差几倍。而每果粒数和粒重则变异很小（表 2-1），单位面积上角果数与单位面积产量之间有"万果斤籽"的关系。

表 2-1　湘油 2 号在湖南不同产量等级下的产量构成因素和变幅

产量变幅/（斤/亩[②]）	实际产量/（斤/亩）	变幅/%	每亩果数/（万个/亩）	变幅/%	每果粒数	变幅/%	千粒重/g	变幅/%
100 以下	76.3	100.0	95.7	100.0	18.5	100.0	3.1	100.0
101～200	176.2	203.9	189.9	198.4	20.3	109.7	3.2	103.2
201～300	253.3	331.9	342.6	358.0	19.9	108.8	3.5	112.9
301～400	386.0	500.6	415.8	434.4	22.0	118.9	3.5	112.9

由于单位面积上的角果数对产量影响最大，因此，增加角果数是栽培中的主要矛盾，但在高产和更高产前提下，单位面积的角果数达到一定水平后，主攻方向则转向提高每果粒数和粒重的方向上。

现将油菜产量形成过程分叙如下。

（一）单位面积上角果数的形成

油菜单位面积上的角果数，来自单位面积上株数和单株角果数，可写成如下公式：油菜每亩角果数=每亩株数×单株角果数。因此，欲增加单位面积上的角果数，必须增加单位面积上株数和单株角果数。

1. 增加单位面积上株数

增加单位面积上株数的方法是提高种植密度。但加大种植密度是有条件的，一般在较瘠薄的土壤上，个体生长发育得不到充分发展时，以增加单位面积株数来补偿个体产量低的意义较大；如在肥沃的土壤上，个体生长发育能得到充分发展时，那么以提高密度来增加产量的意义就不大，甚至会得到相反的结果。因为过密时，株间矛盾大，单株生长差，分枝少，花序短，单株角果数大大下降，甚至出现严重死株现象，单位面积上有效角果数也就不高，所以达不到增产的目的。只有在单位面积上株数适当，单位面积上角果数最多时，产量才能达到最高，这

① 1 斤=0.5kg
② 1 亩≈666.7m²

就是合理密植。

2. 增加单株角果数

尽管单株角果数受种植密度影响较大，但在一定种植密度下，单株角果数仍有差异。这说明在合理密植基础上增加单株角果数是可能的。单株角果数主要由主花序角果数、第 1 次分枝角果数和第 2 次分枝角果数构成。在单株角果数的 3 个构成因素中，第 1 次分枝角果数是最主要的。因为在我国长江流域油菜产区每亩 1 万株左右的种植密度下，油菜第 1 次分枝角果数占全株角果数的 70%左右，第 2 次分枝角果数占 20%，主花序角果数占 10%。因此，要增加单株角果数，主要是增加第 1 次分枝角果数，而增加第 1 次分枝角果数，主要是增加第 1 次分枝数和每个分枝上的有效角果数。

（1）增加一次有效分枝数。油菜第 1 次分枝是由主茎叶腋的腋芽抽生而成的，甘蓝型油菜中熟品种主茎约有 30 片叶，其成枝率为 20%～30%。因此，欲增加第 1 次分枝数，需增加主茎总叶数和提高成枝率。主茎总叶数是在花芽分化前形成的，要增加主茎总叶数，必须做到适时播种和加强苗前期田间管理；而提高成枝率主要是通过采用合理密植、合理种植方式，以及合理施肥等方法来解决。种植方式以采取宽行窄株较为合理。合理施肥，就是在施足底肥、苗肥的前提下，注意看苗施薹肥，促进分枝形成。此外，合理用水，中耕松土等措施对提高成枝率也有一定的作用。

（2）增加各分枝的角果数。油菜花序上的角果来自花芽，一般在现蕾前分化的花芽为有效花芽，而在现蕾后分化的花芽为无效花芽，所以现蕾前是决定单株有效花芽数的重要时期，为了增加现蕾前花芽数，必须在适时早播基础上，培育壮苗，特别注意基苗肥的施用。在现蕾后，特别是开花期要注意防止蕾及幼果的脱落。

（二）每果粒数的形成

油菜种子是由子房中的胚珠受精后发育而成的。每果粒数与每果胚珠数的多少、胚珠是否受精、受精后的结合子能否发育 3 个环节有关，可用下式表示：每果粒数=每果胚珠数×胚珠受精%×结合子发育%。所以，要增加每果粒数，首先要增加每果胚珠数，同时要提高每果胚珠受精百分率和每果结合子发育成种子的百分率。

在长江中游，胚珠在主花序花芽开始分化后的 50～60d 陆续分化，一般是在蕾薹期。油菜每果胚珠数多少，除与品种特性有关外，胚珠分化期间的长势和栽培条件对它影响也很大。

子房中胚珠受精百分率的高低，与授粉受精时的气候条件、营养状况有关。花期阴雨低温对授粉受精不利，因此，养蜂传粉和人工辅助授粉很有必要。

每果结合子发育成种子的百分率则与油菜后期长势和栽培条件好坏有关。

（三）粒重的形成

油菜的粒重，在胚珠受精后逐渐增加，至成熟时停止，这是决定粒重的时期。油菜粒重有 3 个来源，即茎、枝和叶片绿色部分的净光合产物，绿色角果皮的净光合产物和植株体内贮藏物质。可用下式表示：粒重=茎枝叶绿色部分光合产物+绿色角果皮光合产物+植株体内贮藏物质。

油菜籽粒的养分主要是在开花后通过光合作用积累起来的。开花后合成的光合产物，一部分直接输向种子，供籽粒发育充实；一部分则暂时贮藏在茎枝等器官中，以后再转运给种子。所以，要增加粒重，则必须保证油菜在开花后叶片、茎枝和角果皮具有较旺盛的光合能力。为此，在前期油菜生长良好的基础上，加强后期肥水管理、防治病虫害，都是提高粒重的重要措施。

（执笔人：官春云　官　梅）

主要参考文献

稻永忍, 玫村敦彦, 村田吉男. 1979. 关于油菜物质生产的研究. 日本作物学会纪事, 48(2): 265-271.

傅寿仲, 朱耕如. 1995. 江苏油作科学. 南京: 江苏科学技术出版社.

官春云, 陈社员, 吴明亮. 2010. 南方双季稻区冬油菜早熟品种选育和机械栽培研究进展. 中国工程科学, 12(2): 4-10.

官春云. 1980. 甘蓝型油菜产量形成的初步分析. 作物学报, 6(1): 35-44.

官春云. 1985. 油菜品质改良与分析方法. 长沙: 湖南科学技术出版社.

官春云. 1997. 油菜优质高产栽培技术. 长沙: 湖南科学技术出版社.

官春云. 2006. 优质油菜高效栽培关键技术. 北京: 中国三峡出版社.

官春云. 2011. 现代作物栽培学. 北京: 高等教育出版社.

官春云. 2013. 优质油菜生理生态和现代栽培技术. 北京: 中国农业出版社.

韩碧文. 2003. 植物生长与分化. 北京: 中国农业大学出版社.

冷锁虎, 朱耕如. 1992. 油菜籽粒干物质来源的研究. 作物学报, 4(4): 205-257.

刘后利. 1987. 实用油菜栽培学. 上海: 上海科学技术出版社.

倪晋山, 金成忠, 汤玉玮, 等. 1955. 油菜发育研究. 实验生物学报, 4(2): 187-227.

彭秦身. 1965. 胜利油菜(Brassica napus L.)的胚胎发育. 植物学报, 14(2): 172-175.

宋松泉, 程红焱, 姜孝成, 等. 2008. 种子生物学. 北京: 科学出版社.

中国科学院上海植物生理研究所. 1960. 油菜的若干生理问题. 北京: 科学出版社.

中国农业科学院油料作物研究所. 1999. 中国油菜栽培学. 北京: 中国农业出版社.

Pechan P A, Morgan D G. 1985. Defoliation and its effects on pod and seed development in oil seed rape (Brassica napus L.). J Exp Bot, 36: 458-468.

第三章　油菜光合器官与结实器官形成

第一节　油菜冠层对太阳辐射的截获

叶片是油菜最主要的光合器官，与禾本科作物不同的是，油菜冠层中，除了绿色叶片外，非叶光合器官，如绿色的茎、叶柄、角果也能进行光合作用。油菜冠层结构的阶段性变化很明显，开花前，油菜冠层的主要构成是叶片和茎秆；开花后，油菜冠层的主要构成是分枝和角果，因此，油菜的主导光合器官也逐渐由叶片转变为非叶器官角果。光合作用始于光合器官对太阳辐射的截获，因此，研究光合作用必须以油菜冠层结构为切入点。

一、叶片的生命周期

叶片是油菜生长发育时期最重要的光合器官。油菜的叶起源于茎尖基部的叶原基，叶原基逐渐增大，形成真叶。真叶平展后，即可进行光合作用，光合能力在叶片生长定型后不久达到高峰，维持一段高峰期后，叶片逐渐衰老，光合作用下降，随后叶片枯死脱落。

油菜叶片的一生可以分为 2 个阶段，即伸展期和延续期；也有学者将其分为生长期、功能期和衰老期 3 个阶段。叶片从平展到停止生长所持续的天数，称为叶的伸展期；从停止生长到黄落所持续的天数，称为叶片的延续期。从开始输出光合产物到失去输出能力所持续时间的长短，称为叶片的功能期。油菜叶的功能期一般为叶片平展至全叶 1/2 变黄所持续的天数。油菜叶的叶龄即从叶片平展至叶片黄落的天数。不同着生部位和叶片生长环境条件下，叶龄差异很大。一般来说，主茎基部叶片叶龄最短，自下而上逐渐增长，然后又逐渐变短。但不管各部位叶龄长短如何，油菜叶的伸展期均约占叶龄长的 2/3，而延续期约占叶龄长的1/3（中国农业科学院油料作物研究所，1990）。

二、油菜植株叶面积扩展构成因素

（一）出苗

油菜出苗时，胚根先突破种皮向下伸长，形成主根，然后胚轴向上伸长形成幼茎，直立于地表，同时两片折叠卷曲的子叶吸水膨胀脱去种皮后逐渐展开，子叶色泽由淡黄色转为绿色，光合作用开始。

油菜种子萌发和出苗速度受温度的影响较大，在田间土壤水分适宜的条件下，日平均气温在 16～20℃时，播种后 3～5d 即可出苗；日平均气温在 12℃左右时，播种后需 7～8d 出苗；日平均气温在 8℃左右时，播种后约 10d 以上方可出苗；日平均气温降至 5℃以下时，虽可萌动，但根、芽生长速度极为缓慢，出苗需 20d 以上（中国农业科学院油料作物研究所，1990）。

（二）叶片生长

油菜的叶分为子叶和真叶，子叶是胚的组成部分，两片子叶着生在胚轴上，内含丰富的营养物质，供种子发芽和幼苗生长之用。真叶（简称"叶"）起源于茎尖基部的叶原基，着生在主茎和分枝的各节上，是油菜开花前进行光合作用的主要器官。

无论主茎或分枝，油菜每节均着生一片真叶。主茎叶片是在苗前期陆续分化形成。由胚茎发育的幼茎顶端生长点，分生形成叶原基，并逐渐增大，形成真叶。苗期叶原基每隔一段时间生出一片新叶，但出叶速度因气候、品种等条件不同而有很大差异。一般来说，温度越高，出叶速度越快；每日光照时间越长，出叶速度越快。原四川农学院（1957）发现，当气温在 16℃以上时，3d 左右可长出一片叶；气温为 10～16℃时，4～5d 可长出一片叶；气温为 6～9℃时，7～8d 可长出一片叶。罗树中（1963）发现，胜利油菜从出苗至 5 叶期，16h 和 24h 光照处理后，需要 21d，12h 处理后，需要 22d，8h 处理和自然光照处理后，则需要 25d。一般而言，白菜型油菜品种的出叶速度和叶面积增长快于甘蓝型油菜品种，春性油菜品种叶面积的增长快于冬性油菜品种；不同季节中，春季油菜的出叶速度最快，苗前期次之，苗后期最慢（中国农业科学院油料作物研究所，1979）。

初花前 10d 左右，主茎叶片全部出齐；盛花期，油菜群体叶面积达到最大值。油菜主茎总叶数的多少因品种而异，早熟品种少，晚熟品种多。但播种期对主茎总叶数影响较大，这主要与不同播种期条件下出苗至花芽分化时间长短有关。苗期的水肥条件也对主茎叶片总叶数有影响。

（三）叶片扩展

叶原基生长时，先经过顶端生长，形成叶轴的雏形，顶端生长停止后，分化出叶柄；经过边缘生长形成叶的雏形后，再从叶尖开始向叶片基部进行居间生长，叶片不断长大直至成熟。油菜的基叶，在 1～8 叶的范围内，叶片干重和叶面积，由下而上依次递增，其中以第 3 叶和第 5 叶的增长率最为显著。油菜最大的单叶，一般在 10～12 片叶出现，此时单叶的长度、宽度、叶面积及干物重值都是最大的。之后，随着节位的提高，单叶大小不断缩小。总体来说，整个油菜植株的单叶自下而上，叶片由小而大，再由大而小，形成上下小、中间大的纺锤体形状。

油菜的真叶为不完全叶，只具有叶片和叶柄（或无叶柄）。同一株油菜，在不同时期和发育阶段，产生不同形态的叶，一般分为 3 种：长柄叶、短柄叶和无柄叶（图 3-1）。一般在正常秋播条件下，长柄叶叶片数约占主茎总叶数的 1/2，短柄叶和无柄叶约各占 1/4。随着播种期的推迟，长柄叶减少，播种期提前，则长柄叶比例增大。

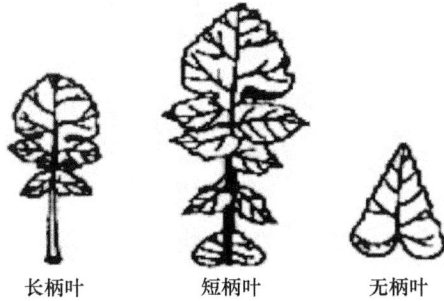

长柄叶　　　　短柄叶　　　　无柄叶

图 3-1　胜利油菜茎上下部叶形变化（四川省农业科学院，1964）

油菜苗前期（即出苗后至抽薹以前）伸展出的叶片全为长柄叶。苗期到抽薹中期，长柄叶叶面积不断增大，处于主要活动时期。长柄叶也称基叶，其作用及影响贯穿油菜的一生，对根和根颈的生长、主茎花芽分化数目都有直接影响，也间接影响主茎、分枝、角果和种子的生长发育。

油菜苗后期（即春后油菜发棵抽薹时）伸展出的叶片为短柄叶，短柄叶至抽薹后期达到较高活动水平。短柄叶的主要功能是供给植株茎、分枝、花序、根和根颈养料，也对后期的角果和种子等器官的生长和发育有一定影响。

无柄叶的叶面积最小，出现的时间最迟。临花期无柄叶迅速扩展，成为开花期油菜的主要功能叶，为茎、枝、角果和种子提供一定的养料。

（四）叶片寿命

油菜叶片长到一定时期便逐渐衰老，然后枯死脱落。叶片衰老过程中，叶绿素含量明显下降，光合功能也随之衰退。油菜抽薹后期，长柄叶光合作用开始下降，至临花期显著下降，光合产物积累少，呼吸消耗不断，逐渐衰老落黄。油菜主茎上的长柄叶和分枝上的短柄叶均由下向上依次衰老。长柄叶衰老进程明显快于短柄叶，从叶片基本定型到干枯，长柄叶经历的时间比短柄叶少 10～15d。据原湖南农学院于 1975 年的研究，甘蓝型早熟油菜品种，由子叶节向上数第一片长柄叶叶龄最短，仅 30d 左右，靠近短柄叶以下的第一或第二片长柄叶叶龄最长，105d 左右；短柄叶的叶龄，自下而上，由长到短，最长的 85d，最短的 55d，叶龄变异幅度不及长柄叶；无柄叶的叶龄最短，20d 左右开始黄落（中国农业科学院油料作物研究所，1979）。

（五）分枝形成

油菜生长到一定时期，主茎叶腋开始抽出腋芽。油菜每个主茎节上有一片叶，每个叶片的叶腋都有一个腋芽。除主茎基部的几个腋芽不活动外，其他各节的腋芽由下而上依次活动后继续延伸，形成分枝。着生于主茎上的分枝被称为第 1 次分枝，第 1 分枝上的腋芽发育再形成第 2 次分枝，依此类推，只要条件适合，可形成第 3、第 4 次分枝。

由于品种类型不同，以及环境条件的影响，油菜腋芽不一定都能生成有效分枝，一般仅主茎上部的腋芽能形成有效分枝，中下部的腋芽中途夭折，不能形成有效分枝。据原湖南农学院于 1978 年的观察发现，油菜冬前活动的腋芽全部无效，越冬期间活动的腋芽部分有效，春后活动的腋芽则全部有效。中国农业科学院油料作物研究所（1979）研究表明，主茎叶片数与第 1 次分枝呈显著正相关。因此，在油菜花芽分化前争取较大的营养体，使主茎多分化几片叶，对争取较多的第 1 次分枝具有重要意义，故有"年前一片叶，年后一根枝"之说。

三、油菜冠层发育

油菜苗期冠层主要是由节间紧缩的长柄叶组成的叶层构成；蕾薹期油菜处于长柄叶向短柄叶过渡的生长时期，其冠层主要是快速伸长的主茎和长柄叶组成的茎叶层；花期油菜长柄叶脱落，冠层变为由短柄叶、无柄叶、分枝和花蕾构成的混合层；角果成熟期油菜叶片基本脱落，冠层仅由分枝和角果所组成（戚存扣等，1995）。

凡是含有叶绿素并具有气孔的器官都能进行光合作用。因此，叶、茎皮和角果都可以作为油菜的光合器官进行光合作用。由于茎在油菜整个生育期所占表面积的比例较小，因此油菜的主要光合器官是叶和角果。不同光合器官形成的时期有先后，因而各组成器官对籽粒产量的直接贡献率也存在差异（Diepenbrock，2000）。

（一）油菜关键生育期的 LAI

在角果发育成熟前，叶片是油菜光合作用的主导器官。从苗期到花期，叶片先后发育成长柄叶、短柄叶和无柄叶，在不同的生育期为油菜的根茎生长、花器官分化和籽粒形成提供光合物。长柄叶主要在冬前进行光合作用，为油菜冬前营养生长及越冬提供保障。但是一个前期生长发育良好的植株是后期获得较高籽粒产量的前提。短柄叶和无柄叶对生殖生长影响较大，直接影响产量的形成。胡立勇等（2004）研究发现，特定时期去除短柄叶后，导致角果数及每角粒数下降，产量下降幅度达到 40%以上。

叶面积指数（leaf area index，LAI）是指绿色叶片面积（m²）与土地面积（m²）之比，通常用来表征冠层截获光合有效辐射（PAR）的能力。植株通过叶片截获光能，然后再在叶绿体中将光能转化为能量，满足植株生长发育的需要。油菜叶面积的消长规律是高产理论研究的重要组成部分。一般来说，油菜的最大叶面积指数一般出现在初花期，高产田往往出现在盛花期。在冬油菜产区，正常年份生育期间叶面积的增长是单峰曲线；在偏冷年份，由于叶片受冻，越冬期叶面积有所下降，呈双峰曲线。

一般来说，植株的叶面积越大，群体受光面积也越大，植株截获的光能越多。叶面积过小，光能则不能被最大化利用。但当群体的叶面积指数超过一定值后，叶片相互重叠遮光，造成群体下部叶片的光环境恶化，群体光合效率反而下降。开花期叶面积指数和结实期角果皮面积指数过大，田间透光通风能力差，同时地上部生长量过大，将会抑制地上部的光合产物向根系输送从而抑制根系的生长，后期易倒伏或脱力早衰。所以作物群体通常有一个适宜 LAI 的范围，在一定的叶面积指数范围内，叶面积指数增加，产量相应增加，但超过一定范围，增加叶面积指数，产量反而下降。冷锁虎等（2004）研究认为，初花期 LAI 为 4.46，盛花期 LAI 为 4.62 时，植株干物质积累可达最大值，产量相应较高。根据各地研究和生产实践，亩产 150～250kg 的高产油菜，越冬前的叶面积指数应达到 1～1.5，开花期叶面积指数为 4～5。

年前油菜良好的生长发育是获得较高籽粒产量的前提。实际生产中，长江流域秋发型油菜的形态指标是：秋末（11 月底）单株绿叶数 9～10 片，叶面积指数 1.5～2.0，每亩植株干重 150kg 以上；越冬前（12 月底）单株绿叶数 13～14 片，叶面积指数 2.5～3.0，每亩植株干重 250kg 以上。

（二）角果期 PAI

油菜终花后，叶片大量脱落，叶片光合能力逐渐下降，此时油菜进入角果发育期，角果皮面积迅速增大，光合器官逐渐由叶片转向角果，到结实中期角果开始占据植株光合主导地位。因此，角果既是一个生殖器官和养分的仓库，又是一个光合器官和养分的来源。

与叶片光合特性相比，油菜角果光合具有较高的光饱和点、较低的光补偿点和较长的高效光合持续期。并且由于角果处于群体的冠层，又具有优越的光合态势。在角果期，角果层吸收了约 80% 的入射有效光，角果层的光合产物占此期总光合产物的 80%～95%（胡会庆等，1998）。稻永忍等（1981）测定结果表明，结实中期，油菜角果皮面积占单株光合面积的 65%，并通过测定角果的碳素代谢，发现角果的增重物质中其自身的光合产物占 70%。冷锁虎等（1992）通过环割果柄和对角果遮光的方法，从不同角度均得出籽粒的灌浆物质中有 2/3 来自于角果的光合产物，而直接来自于叶片的光合产物不足 10%。

角果皮面积指数（pod area index，PAI）是指单位土地面积（m^2）上角果的表面积（m^2）之比。在群体中，PAI 决定了油菜的光合效率，但 PAI 也不是越大越好。PAI 过大，群体中小角果、无效角果数量大幅度增加，反而会导致籽粒产量的大幅下降（官春云等，2013）。与 LAI 类似，PAI 也存在一个适宜水平。稻永忍等（1981）指出，结实中期，当 PAI 为 4 时，油菜群体净光合速率最高，而达到 6 时，光合速率反而下降。朱耕如和邓秀兰（1987）研究发现，角果皮生产力随结角层中各层的 PAI 的增加而下降，两者呈抛物线的关系，不同生态区单位土地面积可承受的最大角果皮面积的大小存在差异。

（三）LAI（PAI）与油菜栽培调控措施

群体适宜的 LAI（PAI）是作物高产的基础。实现油菜高产高效栽培的技术途径有延长最适 LAI（PAI）持续时间、增加光合有效面积等。

1. 品种选择

选择苗期叶片直立，成熟期茎枝夹角小，角果直立，适合较高密度种植的油菜品种。直立型叶片和角果有利于光线透射到冠层下部，角果和叶片光合效率高，增产效果显著。其籽粒产量与最适 LAI 正相关，且直立型油菜品种的最适 LAI 值较高。

2. 合理密植

油菜生育期随播种期的推迟而明显缩短，因此播种期对主茎总叶数影响较大。播种期愈迟，油菜冬前生长量愈小，主茎叶片数、分枝量及干物质积累量愈少，单位面积产量也随之递减（Gross，1963；彭善立等，1996）。根据播种期及肥力水平，合理密植，实现冠层尽早封行，延长最大最适 LAI（PAI）持续时间，可获得较高的籽粒产量。

3. 合理株行距配置

在同样的较高的种植密度条件下，采取窄行种植的方式，油菜在田间的分布更均匀，各阶段受光叶片（角果）的光截获量及光能利用率提高，从而可获得更高的籽粒产量。

四、冠层构建与太阳辐射截获

作物在进化过程中，叶片呈螺旋形和发散角度分布，不同部位叶片以重叠度最小的方式存在，这是为了满足植株中下部叶片对光的需求，以实现最大的光截获量。在一个群体中，叶片着生角度、大小、形状、厚度，叶面积的垂直分布，叶表面特征等，都会显著影响群体截获光合有效辐射（PAR）的能力，而且会通过影响水、热、气等微环境来调节植物与环境的相互作用，最终影响群体的光合效率。因此，叶片状况与作物产量的形成密切相关（Hay and Walker，1989；王锐等，2015）。

作物冠层结构，通常是指作物群体中受光结构的数量及其空间分布形态，由组成作物群体的群体几何形态、数量和空间分布 3 个性状组成（谭昌伟等，2005；杨文平，2008）。其中，冠层内群体结构的数量性状包括群体的冠层高度、种植密度、群体叶面积和生物产量等；几何性状包括叶方位和叶倾角等参数；空间分布性状包括群体内各组成器官的叶片、分枝、结实器官等在群体空间相互分布状态（Diepenbrock et al.，2000）。

受作物品种、群体几何结构及密度等因素影响，冠层中光强的垂直变化十分复杂，但其垂直分布有一定的规律。作物群体内光分布可以用计算光线透过真溶液的光吸收量的类似方法来计算，即采用 Beer-Lambert 定律：

$$I = I_o\,e^{-KL}$$

式中，I_o 为冠层之上的辐照度；I 为冠层内某一点的辐照度，该点之上的冠层叶面积指数（LAI）为 L；K 为冠层消光系数，为无量纲常数。

因此，作物 PAR 的截获量可以通过下面的函数来预测：

$$F = 1 - e^{-KL}$$

式中，F 为对入射 PAR 的截获百分率。

群体消光系数（K）反映了不同叶片在群体结构内叶片整体的空间取向，以及不同入射方向的光合有效辐射受群体叶片分布影响对光合有效辐射的消减能力。冠层内不同层次的 K 值体现了光合有效辐射在群体水平上且在垂直方向的递减状况，受群体内叶面积指数（LAI）、平均叶倾角（MLA），叶片分布（LA）的影响。

作物生长全生育期内，其群体受光结构的组成数量、形态结构及分布方式是一个不断变化的动态发展过程，存在群体结构内部的"自我调节"现象（谭昌伟等，2005；冷锁虎等，2004；Wang et al.，2011）。然而，不同的品种和种植方式（如不同密度、行向、间距配比等）都会导致冠层结构间的差异。种植密度决定群体大小，而行距配置方式则决定群体的均匀性。Taylor 等（1982）发现，在相同的 LAI 条件下，小行距植株所接收的光一直稳定高于大行距，这是小行距植株叶面积在田间均匀分布所致。对于单个叶片，叶片的方向（方位角和表面角度）是决定光截获和叶片能量平衡的关键因素。在植物的冠层水平上，植物叶片空间排列形成的自我遮阴是另外一个影响光截获和光合作用的因素。

冠层的群体结构影响着光在冠层内的分布和利用，冠层结构与辐射的截获量紧密相关（Maddonni et al.，2001），光截获是由冠层内光的分布水平和冠层的最大光截获能力决定的。总体来说，群体叶面积大小和群体叶面积的分布影响冠层光截获，冠层对光截获是随着 LAI 的增加而增大的，达到最适 LAI 时光截获最高。

张艳敏等研究指出，高产群体冠层中部 K 值较大，上部较小，利于光向冠层深处透射。因此，最适 LAI 决定于入射光强和株型，光强越强，最适 LAI 越高；K 值越大，最适 LAI 越小。Monsi 和 Saeki（2005）的研究认为，在冠层中随深度的增加，光截获量随所遇到的叶片量的增加或多或少地呈指数下降。就叶型而言，斜立叶有利于群体中光能的合理分布与利用，叶片斜立，可使单位面积容纳更多的叶面积，向外反射光减少，向下漏光多。叶面积指数较小时，平叶多利于光截获；叶面积指数大时则反之，且直立叶在上为好。最为理想的叶群结构，则是不断改变其倾角分布而获得最有效叶面积。

第二节　光合作用与光呼吸

面对未来全球性人口、资源、环境的巨大挑战和对食物的巨大需求，必须进一步强化单位土地上农作物的生产力。光合作用是作物产量形成的生理基础，90%～95%的作物干重来自光合作用的产物（Zelitch，1982；Fageria，1992），因此，光合作用也被认为是地球上最重要的化学反应（Frängsmyr and Malmström，1992）。主要农作物在第一次"绿色革命"矮秆直立叶株型育种和杂交优势利用后（Khush，1995；Lu and Zou，2002），产量很难再有大的突破，很长一段时间内，最高产量基本持平。油菜也面临同样的问题，20 世纪 80 年代，三系杂交油菜的研究成功和大面积推广使油菜单产提高了 30%左右，之后油菜产量长期徘徊不前。众多农学家认为第二次"绿色革命"提高产量潜力的最有效突破点之一就是提高作物的光合能力（Zhu et al.，2008）。因此，如何改善提高作物光合机能潜力，以及提高作物光能利用率的研究，已经成为突破作物产量限制的热点。

一、作物高光效

作物高光效是一个内涵和外延非常广的概念，涉及植物生命活动的全过程，与众多学科相联系。近些年来，不同学科、不同领域的科技工作者围绕作物"高光效"进行了大量研究，取得了大量的研究结果，但不同学科对"高光效"有着不同的认识（程建峰和沈允钢，2010）。

20 世纪 60 年代初，有人曾提出提高作物光合效率可使产量提高的设想（Bonner，1962）。同时，在高等植物中又发现了光呼吸和 C4 途径，给人们以新的启迪，认识到提高光能利用率尚有巨大潜力（Hatch，1987）。经过国内外多项研究，在水稻、小麦和大豆中发现了高光效品种的一些共同点，即光合速率较高，暗呼吸速率较低；具有较强的抗光抑制能力；光能利用效率高（王强等，2000）；光补偿点低，1d 内进行光合的时间相对延长，积累多；光饱和点提高，暗呼吸降低，CO_2 补偿点降低（Jiang et al.，2000）。研究表明，大豆高光效品种叶与荚的 4 种 C4

酶活性都增加，且随不同发育阶段改变，以鼓粒期最高（李卫华等，2001）。因此，提高光能利用效率，增加光合时间，降低呼吸消耗，在 C3 作物中充分挖掘和调动 C4 有关代谢酶的基因表达均是提高光合效率的重要途径。

现阶段对于油菜高光效的研究主要分为形态高光效和生理高光效。形态高光效主要是通过育种或栽培措施来从形态上改变油菜叶、分枝乃至角果的空间分布状态，增加光能截获量和光能利用率；而生理高光效主要通过从生理上提高净光合速率，降低呼气消耗，从根本上突破油菜产量瓶颈。虽然油菜高光效的研究取得了一定的进展，但是也存在了诸多的问题和不足，主要表现为：①多集中于单株性状的研究，忽略了群体性状；②油菜成熟期研究较多，完整的生育进程方面研究较少；③基于生理高光效的研究仍处于分散的探索阶段；④单一光合因子研究较多，缺乏整体研究；⑤油菜地下部分调控地上部分研究很少。因此，今后需从形态和生理两个方面共同着手，明确其相互关系，通过多种育种方式不断地培育出高光效品种，利用栽培措施调整株型，系统提高油菜的光合效率，最终实现产量进一步的提升。

二、光合作用过程

（一）生物化学反应

20 世纪初，英国的布莱克曼（Blackman）、德国的瓦伯格（O. Warburg）等在研究外界条件对光合作用影响时发现，在弱光下增加光强能提高光合速率，但当光强增加到一定值时，再增加光强则不再提高光合速率，此时只有提高温度或 CO_2 浓度才能提高光合速率。后来有人用藻类进行闪光试验，在光能量相同的前提下，一种用连续照光，另一种用闪光照射，中间隔一定暗期，发现后者光合效率是连续光下的 200%～400%。这些试验表明了光合作用可以根据需光与否分为光反应（light reaction）和暗反应（dark reaction）两个阶段。

1954 年，美国科学家阿农（D.I. Arnon）等在给叶绿体照光时发现，当向体系中供给无机磷、ADP 和 NADP 时，体系中产生了 ATP 和 NADPH。他们还发现，只要供给了 ATP 和 $NADPH^+$，即使在黑暗中，叶绿体也可将 CO_2 转变为碳水化合物。由于 ATP 和 NADPH 是光能转化的产物，具有在黑暗中同化 CO_2 为有机物的能力，因此被称为"同化力"（assimilatory power）。可见，光反应的实质在于产生"同化力"去推动暗反应的进行，而暗反应的实质在于利用"同化力"将无机碳（CO_2）转化为有机碳（CH_2O）。

光合作用中光反应和碳同化（暗反应）分别发生在叶绿体的不同区域内。光反应所需要的 ATP 和 NADPH 底物合成的一系列反应发生在叶绿体类囊体膜上。光反应产物在碳同化反应中一系列的基质酶的作用下固定 CO_2 转化为碳水化合物。

当然，进一步研究还发现光、暗反应对光的需求并不是绝对的。即在光反应中有不需光的过程（如电子传递与光合磷酸化），在暗反应中也有需要光调节的酶促反应。现在认为，"光"反应不仅产生"同化力"，而且可产生调节"暗"反应中酶活性的调节剂（图 3-2），如还原性的铁氧还蛋白。本小节主要从以下方面来阐述。

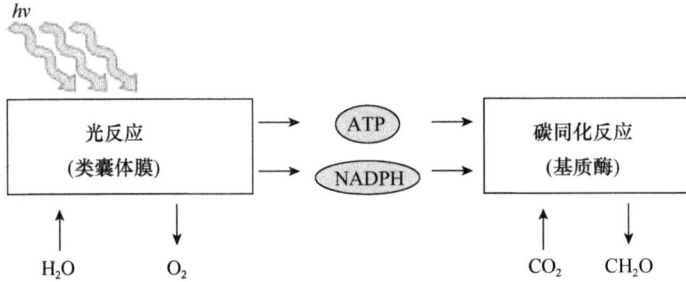

图 3-2　光合作用中"光"反应与"暗"反应的主要产物

1. 水的光解与氧的释放

水的氧化反应是生物界中植物光合作用特有的反应，也是光合作用中最重要的反应之一。该反应由希尔（R. Hill）于 1937 年发现，他将离体的叶绿体加入到具有氢受体的水溶液中，照光后即发生水的光解。这就是著名的希尔反应，即

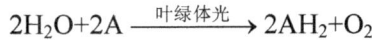

$$2H_2O+2A \xrightarrow{\text{叶绿体光}} 2AH_2+O_2$$

Kok 等于 1970 年提出了关于 H_2O 裂解放氧的"四量子机制假说"，即现在的水氧化钟（water oxidizing clock）或 Kok 钟（Kok clock）模型（图 3-3）。这个模型认为，S_0 和 S_1 是稳定状态，S_2 和 S_3 在暗中退回到 S_1，S_4 不稳定。这样在叶绿

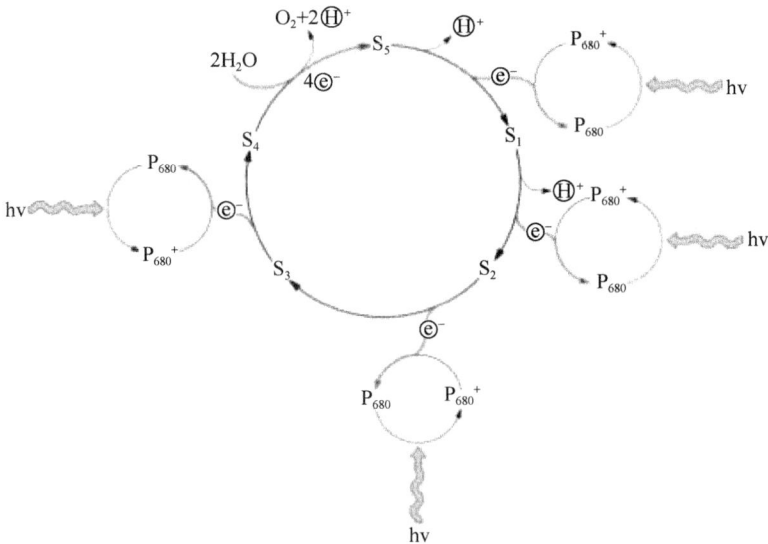

图 3-3　在水裂解放氧中的 S 状态变化（水氧化钟模型）

体暗适应过程后，有 3/4 的 M 处于 S_1，1/4 处于 S_0。因此最大的 O_2 释放量在第 3 次闪光时出现。其中，S 的各种状态很可能代表了含锰蛋白的不同氧化态。每个 M 含有 4 个 Mn，Mn 可以有 Mn^{2+}、Mn^{3+} 和 Mn^{4+} 的各种不同氧化态。而所有 4 个 Mn 对 O_2 的释放都是必需的。郭培国等于 1991 年研究杂交水稻的光合特性时发现，杂交水稻的叶片的希尔反应活性均高于亲本，且希尔反应活性与光合速率的大小有密切的正相关关系。杨晴（2002）在研究肥料对小麦光合性能的影响时发现，一定范围内，小麦叶片的希尔反应活力随着施肥量的增加而增加。

2. ATP 合成

质子反向转移和合成 ATP 是在 ATP 酶（腺苷三磷酸酶 adenosine triphosphatase，ATPase）上进行的。叶绿体内囊体膜上的 ATP 酶也称偶联因子（coupling factor）或 CF1-CF0 复合体。叶绿体的 ATP 酶与线粒体、细菌膜上的 ATP 酶结构十分相似，都由两个蛋白复合体组成：一个是突出于膜表面的亲水性的"CF1"；另一个是埋置于膜中的疏水性的"CF0"。ATP 酶由 9 种亚基组成，催化的反应为磷酸酐键的形成，即把 ADP 和 Pi 合成 ATP。另外 ATP 酶还可以催化逆反应，即水解 ATP，并偶联 H^+ 向类囊体膜内运输。

$$ADP + Pi \xrightarrow{\text{叶绿体}} ATP$$

ATP 酶的活性与光合磷酸化活性的关系非常密切，如果 ATP 酶活性下降，则光合磷酸化活性下降，叶片中 ATP 含量减少，这样势必影响叶片的光合作用速率。郭培国等于 1991 年发现杂交水稻的光合速率与 Ca^{2+}-ATP 酶活力的相关关系达极显著水平（$P<0.01$），Mg^{2+}-ATP 酶活力与光合速率也达极显著水平差异，这表明高的 ATP 酶活性是高光合速率杂交水稻的生理特征之一。杨晴（2002）研究发现，在一定水平内增加氮肥用量能提高小麦 ATP 酶活性，进而延缓了叶片中叶绿素的降解速率，从而保持了较高的光合速率。

3. 铁氧还蛋白和铁氧还蛋白-NADP$^+$还原酶

铁氧还蛋白（ferredoxin, Fd）和铁氧还蛋白-NADP$^+$还原酶（ferredoxin-NADP$^+$ reductase, FNR）都是存在于类囊体膜表面的蛋白质。高等植物叶绿体定位的铁氧还蛋白-NADP$^+$氧化还原酶（LFNR）负责催化光合线性电子传递的最后一步反应，催化电子由还原态的铁氧还蛋白（Fd）传递给 NADP$^+$。Fd 是通过它的 2Fe-2S 活性中心中的铁离子的氧化还原传递电子的。Fd 也是电子传递的分叉点。电子从 PSⅠ传给 Fd 后有多种去向：如传给 FNR 进行非环式电子传递；传给 Cyt b6/f 或经 NADPH 再传给 PQ 进行环式电子传递；传给氧进行假环式电子传递；交给硝酸参与硝酸还原；传给硫氧还蛋白（Td）进行光合酶的活化调节等。FNR 中含 1 分子的黄素腺嘌呤二核苷酸（FAD），依靠核黄素的氧化还原来传递 H^+。因其与 Fd 结合在一起，所以称其为 Fd-NADPv 还原酶。FNR 是光合电子传递链的末端氧化酶，接收 Fd 传来的电子和基质中的 H^+，还原 $NADP^+$ 为 NADPH，反应式可用下式表示：

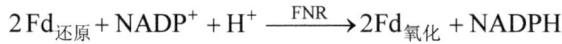

$$2Fd_{还原} + NADP^+ + H^+ \xrightarrow{FNR} 2Fd_{氧化} + NADPH$$

4. 羧化反应

核酮糖 -1,5- 二磷酸羧化酶/加氧酶（ribulose-1,5-bisphosphate carboxylase/oxygenase，通常简写为 Rubisco），分子质量约为 53kDa，由 8 个大亚基和 8 个小亚基组成，是光合作用中决定碳同化速率的关键酶。它在光合作用中卡尔文循环里催化第一个主要的碳固定反应，将大气中游离的二氧化碳转化为生物体内储能分子，如蔗糖分子。Rubisco 可以催化 1,5- 二磷酸核酮糖与二氧化碳的羧化反应或与氧气的氧化反应。同时，它的活性也由光照影响，在暗处，Rubisco 的活性受到抑制，这也是为什么在黑暗时，碳反应难以进行的原因。羧化阶段（carboxylation phase）是指进入叶绿体的 CO_2 与受体 RuBP 结合，并水解产生 PGA 的反应过程。以固定 3 分子 CO_2 为例：

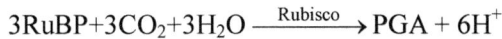

$$3RuBP + 3CO_2 + 3H_2O \xrightarrow{Rubisco} PGA + 6H^+$$

核酮糖-1,5-二磷酸羧化酶/加氧酶（Rubisco）具有双重功能，既能使 RuBP 与 CO_2 起羧化反应，推动 C3 碳循环，又能使 RuBP 与 O_2 进行加氧反应而引起 C2 氧化循环，即光呼吸。

王学华等在水稻中研究发现，水稻叶片光合能力的决定因素是 Rubisco 羧化活性或活化的 Rubisco 酶含量，而不是气孔导度。王妮妍对水稻光合关键酶研究发现，Rubisco 初始羧化活力及 Rubisco 活化酶活力的日变化模式都呈双峰曲线，与光合速率的变化一致。上午峰值出现在 8 时，下午峰值出现在 14 时，中午 13 时活力最低。Rubisco 初始羧化活力的最大值出现在上午 8 时，而 Rubisco 活化酶活力的最大值出现在 14 时。刘丹（2008）用 ABA 处理油菜后，对其 Rubisco 羧化活性进行研究，结果表明 Rubisco 活性相对于净光合速率的升高有明显的滞后性，但变化趋势一致。

（二）气体扩散过程

油菜体内的气体扩散过程主要包含了呼吸作用、蒸腾作用和光合作用，而呼吸作用和光合作用实质上是一种对立的关系，但却不是简单的对立，而是相互影响，相互联系。从生态生理角度来看，光合与蒸腾分别是 CO_2 和水分子通过叶片的内外交换过程，其主要通道是气孔，光合与蒸腾速率可分别用 CO_2 和水蒸气分子的扩散通量来表示（mol/s）。扩散的动力是叶内外气体的浓度差。但是，光合作用的情况与蒸腾作用不同，CO_2 从大气进入叶肉并没有完成扩散的全过程，CO_2 必须到达叶绿体的羧化部位才能被同化，才算完成了扩散。

1. 影响气体扩散的因素

光合同化率取决于 CO_2 的供应和需求。叶绿体中 CO_2 的供应决定于 CO_2 在气态和液态阶段的扩散速率。从靠近叶片的空气到叶绿体内的羧化位点的过程有很多控制 CO_2 扩散速度的因素，如空气中 CO_2 浓度，气孔大小、数目，叶绿体数目等。叶绿体内 CO_2 的消耗速度决定了叶片对 CO_2 的需求，而前者又决定于叶绿体的结构和生化特性，环境因子（如辐射强度）及作物对碳水化合物的需求量，也就是说，任何限制 CO_2 供应和需求的因素都将改变整个碳同化的速度。

（1）CO_2 浓度 植物光合作用是利用太阳能，将 CO_2 和 H_2O 合成有机物并释放出 O_2 的过程。CO_2 浓度升高有利于光合作用的进行。张其德（1999）研究认为，大气 CO_2 浓度的升高通常对植物光合作用有两个作用效应：一是 CO_2 浓度的升高会使植物叶片的气孔关闭，造成植物叶片气孔导度的降低，增加 CO_2 进入植物叶肉细胞的阻力，因而 CO_2 进入叶肉细胞的减少限制了植物的光合作用；二是高浓度 CO_2 可以为植物提供充足的光合作用原料，同时可以提高 1,5-二磷酸核酮糖（RuBP）羧化酶活性。Norhy 等（1999）认为，土壤肥力、水分条件、气温、光照等不同的环境条件下，大气 CO_2 浓度升高对植物的光合作用影响情况也不一样；另外，植物对不同浓度的 CO_2 响应也不一样。也有研究发现，低浓度 CO_2条件下油菜出现光合午休现象，随着 CO_2 浓度的升高，油菜的光合午休现象缓解直至消失，并有效促进了油菜光合速率和水分利用效率，同时增加了叶绿素含量。

（2）气孔 气孔主要分布于叶片表面，由一对保卫细胞组成，植物叶片上的气孔是 CO_2 进入叶片和体内水分排出的主要通道。它与叶片的光合作用和蒸腾作用等生理过程有关，因此是影响光合速率和物质生产能力的重要因素。一般植物本身特性决定了叶片气孔的数量及大小，但是其开闭情况由诸多因素影响，主要是组成气孔的保卫细胞对外部环境非常敏感，强光、高温、干旱、盐胁迫、机械胁迫和一定量的外源物素如乙烯、赤霉素和 NO 等物质均能诱导气孔关闭。气孔影响光合作用通常是通过气孔导度（Gs）和气孔限制值（LS）来表征。刘自刚等（2015）研究发现，不同品种油菜在夜间低温处理后，气孔导度表现为下降趋势，且净光合速率（Pn）也下降了。李艳等（2008）提出，干旱条件下油菜叶片的净光合速率、气孔导度、胞间 CO_2 浓度（Ci）显著降低；气孔限制值显著提高，说明干旱胁迫下 Pn 降低的主要原因是气孔限制。

（3）叶绿体 叶绿体是光合作用的场所，光合色素是绿色植物光合作用系统中的核心成分，光合色素含量变化最直接的结果就是改变植物的光合作用。左青松（2009）通过测定不同氮肥水平下 28 个油菜品种苗期叶片叶绿素含量与光合参数及氮素籽粒生产效率，结果表明不同品种叶片叶绿素含量与净光合速率显著正相关。研究表明，油菜光合功能变化先于叶绿素含量的下降（Hortensteiner and

Krautler，2000）。而且，叶绿体中的各种酶活性对 CO_2 的羧化影响也很大。RuBP 羧化酶是作物光合反应关键酶。梁颖等研究发现，在遮阴条件下不耐阴油菜品种的 RuBP 羧化酶活性大幅度降低，而耐阴品种的 RuBP 羧化酶活性保持较高水平。RuBP 羧化酶活性大，固定 CO_2 多，消耗的 NADPH 也多，这有利于光合链末端电子受体 $NADP^+$ 的再生，促进了电子传递，增强了 PS II 的稳定性。李俊等（2011）研究表明，油菜短柄叶片光合速率变化与 RuBP 酶、可溶性蛋白含量均呈现极显著正相关关系，且 RuBP 酶活性下降的加速期明显先于短柄叶光合速率的变化。

2. 光呼吸中气体扩散过程

植物的绿色细胞在光照下有吸收氧气、释放 CO_2 的反应，由于这种反应仅在光下发生，需叶绿体参与，并与光合作用同时发生，故称为光呼吸（photorespiration）。它是光合作用一个损耗能量的副反应，消耗氧气、产生二氧化碳。光呼吸可抵消约 30% 的光合作用。因此，降低光呼吸被认为是提高光合作用效能的途径之一。但后来，人们发现光呼吸有着很重要的细胞保护作用。

3. 光呼吸的生化途径

现在认为光呼吸的生化途径是乙醇酸（glycolate）的代谢，主要证据是：① $^{14}CO_2$ 能掺入到乙醇酸中去，而且光下能检测到光呼吸释放的 $^{14}CO_2$ 来自 ^{14}C 乙醇酸；② $^{18}O_2$ 能掺入到乙醇酸及甘氨酸与丝氨酸的羧基上；③增进光呼吸的因素，如高氧、高温等也能刺激乙醇酸的合成与氧化。

乙醇酸的生成反应始于 Rubisco 加氧催化反应。通常认为，乙醇酸的代谢要经过 3 种细胞器：叶绿体、过氧化体和线粒体。整个生化过程如图 3-4 所示。乙醇酸从叶绿体转入过氧化体，由乙醇酸氧化酶催化氧化成乙醛酸，这个过程中生成的 H_2O_2 在过氧化氢酶的催化下分解成 H_2O 和 O_2。乙醛酸经转氨作用转变为甘氨酸，甘氨酸在进入线粒体后发生氧化脱羧和羟甲基转移反应转变为丝氨酸，丝氨酸再转回过氧化体，并发生转氨作用，转变为羟基丙酮酸，后者还原为甘油酸，转入叶绿体后，在甘油酸激酶催化下生成的 3-磷酸甘油酸又进入 C3 途径，整个过程构成一个循环。其中耗氧反应部位有两处，一是叶绿体中的 Rubisco 加氧反应，二是过氧化体中的乙醇酸氧化反应。脱羧反应则在线粒体中进行，2 个甘氨酸形成 1 个丝氨酸时脱下 1 分子 CO_2。从 RuBP 到 PGA 的整个反应总方程式为

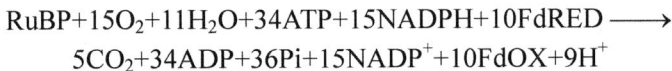

$$RuBP+15O_2+11H_2O+34ATP+15NADPH+10FdRED \longrightarrow$$
$$5CO_2+34ADP+36Pi+15NADP^++10FdOX+9H^+$$

因为光呼吸底物乙醇酸和其氧化产物乙醛酸，以及后者经转氨作用形成的甘氨酸皆为 C2 化合物，所以光呼吸途径又称为 C2 光呼吸碳氧化循环（C2 photorespiration carbon oxidation cycle，PCO 循环），简称 C2 循环。

叶绿体

NH_3+2还原型铁氧还蛋白+ATP　　2氧化型铁氧还蛋白+ADP+P

$2 O_2$　　RuBP

ADP
ATP
$NADP^+$+ADP+Pi
$NADPH+H^+$+ATP

① 　 ⑧

2 2-磷酸乙醇酸　3-磷酸甘油酸

α-酮戊二酸　谷氨酸

② 　 ⑦

ADP
ATP

T　T

2 乙醇酸　甘油酸

苹果酸

苹果酸

T

⑨

2 乙醇酸　甘油酸

$2 O_2$
$2 H_2O_2$　③ 　 ⑥

NAD^+

2 乙醛酸　羟化丙酮酸

$NADH+H^+$

谷氨酸

④

α-酮戊二酸　2 甘氨酸　丝氨酸

过氧化物酶体

T

线粒体

2 甘氨酸　丝氨酸

NAD^+　⑤　NADH
$CO_2+NH_4^+$

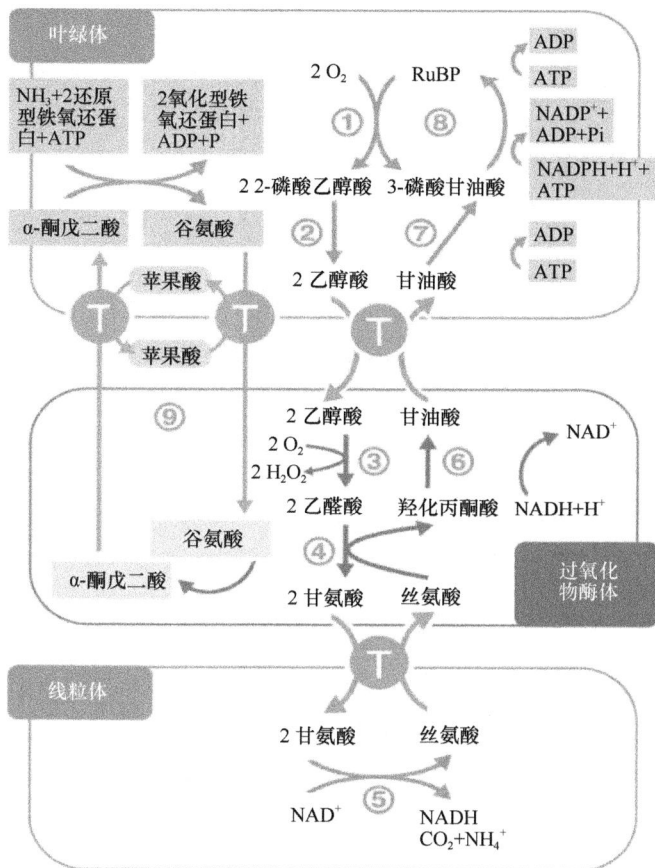

图 3-4　光呼吸途径及其在细胞内的定位

（三）油菜冠层光合作用

一般油菜生产是田间条件下的群体生产，其所构成的群体光合作用系统较之单叶光合更为复杂，与油菜干物质生产和经济产量的关系更为密切。深入研究油菜群体光合作用规律，有利于全面了解油菜光合作用与产量形成的关系，对进一步提高油菜产量有着非常重要的意义（官春云等，2011）。冷锁虎等（2004）认为，高产群体要具有高的物质生产和积累能力，而这种高效群体冠层涉及：①合理的茎枝组成及其形成；②适宜叶面积的发展与适宜角果皮面积的合理交替；③各时期干物质的积累与籽粒产量的关系等。

1. 油菜光合面积

对于油菜叶面积的研究结果归结起来大致是：①在冬油菜产区，正常年份生育期叶面积的增长是单峰曲线；在偏冷年份由于叶片受冻，越冬期叶面积有所下降，呈双峰曲线。②最大叶面积指数（leaf area index，LAI）一般出现在开花期（高产田往往出现在盛花期），然后下降。③在受光态势上要求上层叶片光照强度超过光饱和点，下层叶片至少要在光饱和点的 2 倍以上。④在一定的叶面积指数范围内，随着叶面积指数的增加，产量也增加，而超过一定范围反而会下降。一般情况下的最大叶面积指数以 4～5 为宜。对于油菜来说，当达到最大叶面积指数后，随着开花结实，角果皮的功能开始显现出来，并逐渐形成角果皮面积指数（pod area index，PAI）。

2. 油菜光合面积与干物质积累的关系

（1）油菜 LAI 与干物质积累的关系　戴敬等（2001）研究认为，油菜初花期和盛花期的 LAI 与油菜干物质积累表现为抛物线形二次曲线变化，在初花期 LAI 为 4.46、盛花期 LAI 为 4.62 时，植株干物质积累达到最大值。终花期 LAI 与植株干物质积累呈显著线性正相关，即终花期 LAI 越大，植株干物质积累越多，说明油菜在初花期和盛花期保持较高的 LAI 有利于提高油菜的生物学产量，盛花期 LAI 比初花期适当提高，终花期保持一定的 LAI 有利于提高植株后期的光合能力，增加生物学产量。

（2）油菜 PAI 与干物质积累的关系　油菜终花后，叶片的光合能力逐渐下降，油菜角果生长发育，PAI 迅速增大，逐渐成为油菜光合作用的主要器官，因此角果皮面积的大小对于油菜干物质的积累极为重要。相关分析表明，油菜终花期 PAI 与油菜干物质积累呈显著线性正相关。由于终花时油菜角果较小，因而各处理间 PAI 差异不大。成熟期油菜 PAI 与油菜干物质积累呈显著线性正相关，成熟期油菜干物质积累随着 PAI 增加而增加，说明油菜角果皮面积越大，植株光合能力越强，油菜生物学产量越高。

3. 油菜光合面积与产量的关系

（1）油菜 LAI 与产量的关系　油菜干物质积累是形成籽粒产量的物质基础，但不同时期形成的干物质对最终籽粒产量的形成有不同的影响。冷锁虎等（2004）的研究结果表明，初花期和盛花期的 LAI 与油菜干物质积累表现为抛物线形二次曲线变化，在初花期 LAI 为 4.46、盛花期 LAI 为 4.62 时，植株干物质积累达到最大值。而终花期 LAI 与植株干物质积累呈显著线性正相关。他们认为，油菜在开花期以前，群体有适宜的干物质积累量是构成高产群体的基础，过低、过高都不利于高产群体的形成。而油菜在终花期和成熟期的生物产量都与最终籽粒产量呈直接线性相关。说明开花后形成的生物产量与籽粒产量存在更直接的关系，并且越到后期关系越密切。戴敬等（2001）也获得了类似的结果。

（2）油菜 PAI 与产量的关系　在油菜花后群体中，角果皮面积指数（PAI）决定了油菜光合效率，PAI 过大，群体中小角果、无效角果数量大幅度增加，会导致籽粒产量的大幅下降。因此，角果皮面积指数存在一个适宜的水平。冷锁虎等

（2004）分析了不同产量水平下 PAI 与籽粒产量的关系，得出：籽粒产量随 PAI 的增加呈现先增后减的趋势。戴敬等（2001）的研究结果也表明，不同生育期 PAI 对产量的影响与 PAI 对干物质的影响相似，即产量随终花期 PAI 的增加而提高；成熟期油菜 PAI 与产量之间呈极显著的线性正相关。

4. 油菜角果层光合作用

油菜开花以后，在群体的上部由角果和枝序轴形成了植株的冠层——结角层，油菜结角层是由角果和果序轴组成的一个空间结构，是不同于其他所有大田作物的一种冠层结构。除了叶片作为油菜的光合器官，油菜的茎皮和角果均可以作为光合器官进行光合作用。由于茎在油菜整个生育期所占的表面积比例较小，因此光合器官的更替实际上是由叶向角果的更替。由于角果是油菜生育后期主要的光合器官，因此估计，油菜籽粒中有 70%～100% 的同化物是由角果提供的（Sheoran et al.，1991）。据稻永忍等（1981）测定：开花初期单株叶面积为 9541cm^2，占单株总光合面积的 73%，茎皮占 27%；角果成熟中期，角果皮表面积占总光合面积的 65%，茎皮占 35%。叶片几乎全部脱落之后，角果和全株干物重仍然继续增长。产生这种现象的主要原因是角果皮的光合作用，角果皮的表面积大且角果呈螺旋状排列，互不遮蔽，有利于光合作用；经测定，油菜各器官对籽粒的贡献率分别为：角果皮光合产物占 66.5%，茎枝光合产物占 13.5%，茎秆转运物质占 10%，叶片光合产物占 10%。现已明确，随着角果皮面积指数 PAI 的增大，光饱和点明显上升。1982 年，江苏农业科学院也曾测得产量与最大叶面积指数 LAI、最大角果皮面积指数 PAI 的相关系数分别达 0.7530、0.8319。因此，就光合面积看，角果对油菜产量的贡献也是很大的。

但在油菜终花后，随角果鲜重的增加，果序弯曲导致上部角果相互重叠，整体的光合面积降低。Chapmen 等（1984）研究认为，结角层中的角果相互遮光是导致结角层效率不高的主要原因，即使是主花序和第 1 次分枝上发育较早的下部角果，虽然其生产潜力巨大，但因实际光照不足而没有充分发挥其优势，所以提出可通过降低包括主序在内的各枝序上的角果数，改善结角层中的光照分布，从而提高单个角果的生产力和整个结角层的光合效率。徐进东等（1990）认为，高光效结角层结构的建立应具备以下要求：①群体直立不倒；②提高群体中主花序的比例，扩大总茎枝数，群体总茎枝数以每亩 21 万～28 万为宜，其中主序占 1/4～1/3；③增加上部分枝数的角果比例，使其达 45% 左右；④各有效分枝的结角起止点一致。这样，控制下位分枝的生长，改善结角层内部的光照条件，最终形成一个高光效的结角层。提高结角层生产力的关键是在结角层的纵向上提高千粒重、横向上增加角粒数，从而进一步提高产量。冷锁虎和朱耕如（1991）及冷锁虎等（1992）研究不同密度、施肥条件春油菜结角层结构的变化后认为，各枝序的生产力与该枝序的结角层起止点高度之和呈极显著的正相关，各有效分枝果序在结角层中与主序相近，整个结角层整齐一致，有利于充分发挥结角层的光合效率。

三、非叶器官光合作用

众所周知，绿色叶片是植物最主要的光合作用器官，而对大多数禾谷类作物而言，叶片的光合活性最强，其对产量的贡献率也是最大的。但是，油菜绿色非叶器官如角果的光合作用对籽粒产量贡献很大。所谓非叶器官，是指作物除了绿色叶片以外，其他能形成或含有叶绿素且具有实际的或潜在的光合能力的绿色器官，如果实、豆荚、穗部的颖片、外稃、内稃、芒及茎秆等。非叶器官的光合作用在不同时期对叶片光合物质生产起到一定的补充作用，同时在作物最终产量的提高方面有着不可忽视的作用。

非叶器官拥有较大的绿色面积，且直立分布，所处的空间位置有利于光能和 CO_2 的截获，在大群体下其光合优势较为突出。棉花中苞叶和铃壳直立分布于群体中，具有吸收光能和 CO_2 的空间优势（范君华和刘明，2006）。张永平等（2003）试验表明，小麦开花后群体绿色面积中非叶绿色面积大于叶面积，且随着灌水量的减少非叶器官面积所占比例增加，特别是在灌浆后期，叶片迅速衰亡，而非叶器官仍能维持较大的绿色面积，持绿时间较长，对群体光合可能具有较大贡献。油菜角果也具有典型的非叶器官，尤其在油菜开花以后，随着角果的发育，它的表面积迅速增大，角果成为花后重要的光合器官，至角果成熟期占据植株光合器官的主导地位（刘后利，1989）。中国科学院植物研究所李卫华等（2001）研究大豆豆荚光合特性时发现，非叶光合器官豆荚具有与叶片相似的一套完整的光合作用结构系统和相似的光合特性，而且光能的吸收、传递和转化效率较高。并提出豆荚光合碳同化途径似乎以 C4 途径为主，且豆荚的 RuBPCase 及 C4 途径关键酶活性均高于叶片。因此，本小节主要围绕以下几方面展开论述。

（一）C3 植物中 C4 途径的发现

Winter（1974）指出 C3 植物（如小麦、大麦）不同的绿色器官中，PEPCase、RuBPCase 的活性存在显著差异。这不仅表现在碳同化速率上，同时也表现在碳素同化的途径上。后来经大量研究，人们不仅证明了在 C3 植物中 C4 途径的存在，而且发现同种植物中不同品系间 C4 途径的强弱有较大差异。Duffus 和 Rosie（1973）报道，在 C3 植物大麦的颖片中，具有高于叶片中的 PEPCase 含量，而 PEPCase 是 C4 途径中关键性酶，因此提出了 C3 植物中可能有 C4 途径的存在。Nutbeam 等（1976）发现，非成熟的 C3 作物大麦种子固定 CO_2 1min 后，84%的 [14]C 分布在苹果酸中，其余的在戊糖磷酸和蔗糖中。固定 2min 后，主要标记产物是蔗糖，6min 后，蔗糖中的 [14]C 占整个固定 [14]CO_2 的 94%。从而进一步证实了 C3 植物中 C4 途径的存在。Imaizumi 等（1997）在对水稻颖片的研究中却发现，其主要是 C3 代谢，但在某种程度上也可以参与部分 C4 代谢。Hibbedr 等（2002）

又在 C3 植物烟草中发现了茎和叶柄具有 C4 途径的证据。Gammelvind 等（1996）认为油菜角果的光合特性与叶片之间存在不同之处，角果中可能具有高活性的 C4 途径酶和类似 C4 途径的循环途径，若能使其中的 C4 途径酶和类似 C4 途径的循环途径高效表达，将会使油菜的光合效率大幅提高，使多年来困扰油菜产量潜力停滞不前的瓶颈得到突破。总之，在 C3 植物的非叶器官中存在一种非 C3 的、具有新特征的代谢途径。通过对非叶器官这种新途径的研究，不仅在进一步提高作物产量上有其指导作用，而且在理论上也有重要的意义。

（二）C3 植物中有关 C4 途径相关酶

1. 磷酸烯醇式丙酮酸羧化酶（PEPCase）

PEPCase 是 C4 途径最初固定 CO_2 的酶，大量研究表明，PEPCase 不仅存在于 C4 植物中，而且也广泛存在于 C3 植物中。刘永明和刘贞琦（1991）研究发现，小麦叶片中的 PEP 羧化酶活性在一天中因温度变化而有不同，而且不同叶位叶片中的酶活性也有不同，即叶龄越长，酶的活性也越高。此外，在绿色叶鞘中酶活性比各叶位叶片活性均低。Ting 和 Osmond（1973）认为 C3 植物 PEPCase 对底物 PEP、HCO_3^- 的亲和力也比 C4 植物中同工酶的亲和力约高 6 倍。因此 PEPCase 在 C3 植物中碳代谢作用是不可忽视的，尤其当植物体内外条件发生变化时，其活性发生显著变化。例如，小麦和大豆在干旱条件下，PEPCase 活性可被显著提高。后来，Jenkins（1989）用 PEPCase 专一性抑制剂证明，C3 植物中 C4 光合酶 PEPCase 对 CO_2 的同化有一定的贡献。郝乃斌等（1991）的研究表明大豆不同器官中的 PEPCase/RuBPCase 的值差异显著，其中叶片中的比值最低，而大豆种皮和子叶中 PEPCase 活性要比叶片中的 RuBPCase 活性高出几倍。而且证明，PEPCase 不仅大量固定呼吸作用所释放的 CO_2，同时可以通过 C4 途径固定 CO_2。C4 途径的存在标志着细胞有可能通过"CO_2 泵"的方式提高光合碳循环的 CO_2 浓度，使 RuBPCase 的催化方向朝着有利于形成碳水化合物的方向运转。刘丹（2008）测定了不同时期油菜角果中的 PEPC 活性，发现在油菜角果中确有 PEP 羧化酶的存在，且在角果从长出到成熟各个阶段，活性变化不同。

2. 碳酸酐酶（CA）

在 C4 光合中碳酸酐酶（CA）是种很关键的酶，它催化 CO_2 到 HCO_3^- 的快速转化，而 HCO_3^- 是 PEPCase 的底物。Hatch 和 Burnell（1990）利用生化及分子生物学技术研究发现，CA 有两种，即细胞质 CA 和叶绿体 CA，C4 植物体内的 CA 主要是细胞质 CA，而 C3 植物的 CA 主要是叶绿体 CA，这两种 CA 动力学性质及对 CO_2 的亲和力和对抑制剂的敏感性相似。Popova 等（1990）发现 CA 位于 C3 植物的叶绿体中，它的浓度变化因植物种类而异，一般在 86%～96% 的范围，在 C3 植物中，CA 同样有效地将 CO_2 转化为 HCO_3^-，为 PEPCase 提供底物，从而为 C3 植物中的 C4 途径顺利进行打下基础。小麦旗叶 CA 活性最高时是在旗叶全展 7d 后，在水分或温度逆境条件下 CA 活性对光合作用具有调节作用，CA 活性对逆境的响应程度可能成为植物适应性强弱的指标之一。

3. 丙酮酸磷酸双激酶（PPDK）

丙酮酸磷酸双激酶是 C4 途径的专一性酶，主要位于叶绿体的叶肉细胞气孔中，随着大量研究发现，在大麦颖果的青色种皮中，烟草的幼苗，未熟的小麦颖果中，以及水稻、小麦种子的细胞质中均发现了 PPDK 存在，并且已报道 C3 植物中的 PPDK 与 C4 植物中的 PPDK 具有相同的酶学特征，如被光激活，对冷胁迫的敏感和催化性质等。Rosche 等（1994）认为 PPDK 是 C4 光合作用的关键酶，它催化固定 CO_2 的最初受体 PEP 的再生。PPDK 大部分位于叶肉细胞，它的活性已在 C3 植物的光合组织中被测定。Imaizumi 等（1997）发现水稻开花 6d 后，外稃中苹果酸中的 ^{14}C 分布比开花初期高，而外稃中的 PPDK 在开花 6d 的含量也相应地高于开花初期，这些结果显示，PPDK 的功能与外稃中的 C4 代谢有关。Hata 和 Matsuoka（1987）发现 C3 植物水稻幼苗体内的 PPDK 与 C4 植物玉米的 PPDK 在蛋白质分子质量、抗原决定簇和蛋白质结构等方面都相同。

（三）C4 光合途径在 C3 植物中的运行机制

植物缺乏 Kranz 结构，也没有叶肉细胞和鞘细胞的分化，光合酶的分布没有严格的区域化，因此，要在 C3 植物中运行 C4 途径必须具备特殊的运行机制。

1. 叶绿体浓缩 CO_2

C3 植物 CA 位于叶肉细胞的叶绿体中，在 CO_2 浓度较低的条件下，叶绿体 CA 与叶肉细胞中的 PEPCase 共同参与对低 CO_2 浓度的适应，CA 在叶绿体中行使 CO_2 与 H_2O 反应生成 HCO_3^- 的过程，HCO_3^- 进入细胞质，在 PEPCase 的作用下，实现 CO_2 的固定并产生 OAA，OAA 又及时运转至叶绿体或直接脱羧，或转化为 Mal，Mal 在 Rubisco 作用的部位脱羧，此系列反应即为 C3 植物对低浓度 CO_2 的同化适应运行机制。很显然，C3 植物的 CO_2 的浓缩位点是叶绿体。黑藻并不具备 Kranz 结构，当其处于诱导型 C4 光合状态、能够运行 C4 机制时，叶绿体内 CO_2 浓度与陆生 C4 植物鞘细胞内 CO_2 浓度相当，同时 PPDK 的活力增加了 10 倍。而在 C3 光合状态时，叶绿体内 CO_2 非常低。酶学研究也证明了 NAD（P）-ME 位于叶绿体中，在叶绿体内 NAD（P）-ME 完成 Mal 脱羧反应从而形成一种叶绿体内的 CO_2 浓缩机制。因此，C3 植物的叶绿体替代了 C4 植物的鞘细胞并作为 CO_2 浓缩的部位。

2. C4 途径运行

人们曾经以为要实现 C4 途径必须有典型的 C4 植物叶片结构特征，即 Kranz 结构，但没有 Kranz 结构的藜科植物在叶肉细胞内的区隔化分布结构中运行了 C4

光合过程,因此,C3 植物的 C3 和 C4 途径是在同一细胞的微循环中实现,PEPCase 和 Rubisco 分别定位在叶肉细胞的细胞质和叶绿体中。绿色细胞同样通过"CO_2 泵"的方式提高光合碳循环的 CO_2 浓度,同时 PPDK 的活性也较高。因此,对于 C3 植物来说,运行 C4 途径具有高活性的 C4 光合酶比拥有 Kranz 结构更重要。 C3 植物所固定的 CO_2 中一部分是像 C4 植物一样固定了大气中的 CO_2,还有一部 分是 PEPCase 重新固定了呼吸作用释放的 CO_2,减少了 CO_2 的流失,在小麦和水 稻中呼吸过程产生的 CO_2 约有 10%被再固定重新利用。由此,作物非叶器官这种 具有不同于 C3、类似于 C4 的独特光合代谢途径,可能对作物产量的进一步提高 发挥着重要的补充作用。

四、水分胁迫与光合作用

溃害和干旱是影响油菜生长发育的主要非生物逆境胁迫。溃害和干旱发生时, 油菜光合作用减弱,生长缓慢,养分吸收利用效率下降。因此,水分胁迫均导致 油菜产量和品质大幅下降。

水分胁迫通过影响其生理及代谢过程调控植物生长。绿色植物通过光合作用 制造有机物提供生长所需的能量,但在逆境条件下,植株光合作用显著下降,这 主要是由于逆境胁迫导致植物的叶绿体结构的改变(如形态、大小、类囊体膜完 整性丧失)及相关功能的丧失,而叶绿体功能的丧失与光系统原初光化学反应及 卡尔文循环的暗反应下降有关。有研究表明(张守仁等,2004),造成光合作用下 降的机制有气孔因素与非气孔因素、光系统失活及叶黄素循环,虽然迄今为止尚 无定论,但光系统反应中心作为光抑制的主要部位已达成共识。干旱导致了油菜 叶片的净光合速率(Pn)、气孔导度(Gs)、胞间 CO_2 浓度(Ci)均显著降低,而 气孔限制值(Ls)显著提高。说明此时在干旱胁迫下导致油菜 Pn 降低的主要原因 是气孔限制(李艳等,2008)。对不同叶位的光合研究结果表明,干旱胁迫下油菜 水分利用效率显著提高,上部、下部叶间光合速率差异大,而蒸腾速率表现为上 部和下部叶高,中部叶低(毛明策等,2001)。对光系统Ⅱ(PSⅡ)荧光参数的 分析表明,Fv/Fm、ΦPSⅡ、ETR、qP 均降低,而 Fo、NPQ 上升,说明胁迫下产 生了光抑制,通过抑制光合作用的原初反应,使 PSⅡ的电子传递活性变小,PS Ⅱ反应中心的开放程度减小;同时 PSⅡ潜在热耗散的能力增强,从而减轻了因 PSⅡ吸收过多的光能而对油菜光合机构造成破坏。

溃水胁迫下,气孔关闭是植物表现出最早的适应性反应之一。溃水初期光合 作用下降的原因主要是气孔关闭,气孔扩散阻力增加,CO_2 吸收量减少,随溃水 时间的延长,叶绿素含量降低,引起捕获光能的效能降低和光抑制,抑制光合反 应的进行(Green,1988;刘林艳等,2008)。溃水处理后,油菜幼苗叶片中叶绿 素 a、叶绿素 b 和类胡萝卜素含量显著降低,Gs、Ci 和 Tr 与正常供水相比均显著 下降($P<0.05$);与对照相比,外源 ABA(75.67μmol/L)及 BR(0.21μmol/L)

可缓解渍水对'中双 9 号'和'GHO1'甘蓝型油菜幼苗的伤害作用，延缓叶绿素含量的降低，抗氧化酶活性增加，膜脂过氧化 MDA 含量降低，叶片渗透物质可溶性糖含量升高，干物质积累量显著增加（表 3-1）。

表 3-1　ABA 和 BR 对渍水胁迫下油菜光合作用的影响

品种	项目	处理	渍水时间/d				
			0	2	6	12	18
中双 9 号	Pn	ABA	14.24±3.01 a	11.25±1.99 a	8.86±1.74 B	6.96±1.11 B	5.24±0.98 B
		BR	14.11±2.01 a	12.78±2.45 a	10.54±0.99 B	8.45±1.01 B	6.28±0.87 B
		WL	13.87±1.19 a	11.78±0.84 a	8.87±2.17 B	6.65±0.78 B	4.65±0.66 B
		CK	14.58±2.01 a	14.65±1.88 a	14.37±1.12 A	14.24±0.93A	13.57±3.00 A
	Gs	ABA	0.28±0.02 a	0.26±0.03 a	0.21±0.04 b	0.14±0.01 BC	0.10±0.01 A
		BR	0.30±0.05 a	0.27±0.01 a	0.24±0.02 b	0.18±0.03 B	0.12±0.02 A
		WL	0.30±0.01 a	0.25±0.01 a	0.17±0.02 c	0.12±0.02 C	0.09±0.01 A
		CK	0.29±0.03 a	0.32±0.04 a	0.34±0.01 a	0.28±0.02 A	0.36±0.01 B
	Ci	ABA	157.86±8.62 a	145.31±6.99 a	131.51±5.23 B	100.57±2.35 C	80.12±5.64 C
		BR	161.25±4.23 a	140.23±2.77 a	127.84±8.22 BC	110.25±3.55 B	90.45±6.23 B
		WL	163.58±7.86 a	145.67±9.25 a	122.00±5.58 C	99.87±5.39 C	74.01±5.68 D
		CK	162.32±3.06 a	172.58±9.34 a	158.67±8.31 A	162.34±5.67 A	170.35±8.57 A
	Tr	ABA	1.86±0.02 a	1.71±0.03 a	1.50±0.04 B	1.24±0.01 BC	0.90±0.01 BC
		BR	1.88±0.02 a	1.75±0.02 a	1.52±0.01 B	1.30±0.01 B	0.99±0.04 B
		WL	1.94±0.02 a	1.75±0.03 a	1.40±0.01 C	1.11±0.01 C	0.82±0.02 C
		CK	1.90±0.02 a	1.87±0.03 a	1.92±0.04 A	1.89±0.04 A	1.94±0.02 A
GHO1	Pn	ABA	13.87±0.88 a	11.21±1.24 a	8.60±0.68 C	6.56±2.00 C	4.56±0.68 C
		BR	14.24±2.01 a	11.43±2.00 a	9.24±1.58 B	7.21±0.48 B	5.17±0.95 B
		WL	13.98±1.98 a	11.44±1.50 a	8.77±0.86 C	6.12±0.78 D	4.21±1.02 D
		CK	14.01±2.03 a	13.98±1.21 a	13.87±2.01 A	13.65±0.99 A	14.21±1.00 A
	Gs	ABA	0.32±0.01 a	0.27±0.04 a	0.21±0.03 C	0.16±0.02 C	0.10±0.01 B
		BR	0.34±0.01 a	0.31±0.01 a	0.26±0.04 B	0.20±0.01 B	0.14±0.01 B
		WL	0.31±0.04 a	0.26±0.01 a	0.20±0.01 C	0.14±0.01 C	0.09±0.01 B
		CK	0.33±0.02 a	0.35±0.04 a	0.34±0.02 A	0.31±0.01 A	0.32±0.03 A
	Ci	ABA	182.32±5.69 a	169.32±5.32 a	148.67±2.48 C	120.00±9.36 C	104.69±6.39 B
		BR	192.35±8.79 a	179.68±7.69 a	162.00±9.23 B	142.36±7.89 B	111.25±9.31 B
		WL	190.25±8.69 a	170.56±9.36 a	146.32±8.98 C	110.36±9.98 C	80.68±6.84 C
		CK	189.36±2.25 a	192.35±3.65 a	196.33±4.56 A	187.69±3.21 A	197.32±5.32 A
	Tr	ABA	1.69±0.06 a	1.63±0.05 a	1.35±0.04 B	1.12±0.04 B	0.83±0.04 B
		BR	1.73±0.04 a	1.61±0.06 a	1.38±0.03 B	1.14±0.05 B	0.90±0.02 B
		WL	1.76±0.05 a	1.60±0.04 a	1.32±0.02 B	1.08±0.07 B	0.81±0.04 B
		CK	1.73±0.02 a	1.70±0.03 a	1.68±0.05 A	1.71±0.03 A	1.67±0.03 A

注: 同一列内, 不同大写、小写字母分别代表处理间差异显著性（大写字母 $P<0.01$, 小写字母 $P<0.05$；Duncan 检验）；Pn. 净光合速率；Gs. 气孔导度；Ci. 胞间 CO_2 浓度；Tr. 蒸腾速率

五、氮素与光合作用

氮素不仅是植物营养的三大要素之一，而且是植物体最重要的结构物质，是植物体内蛋白质、核酸、酶、叶绿素等及许多内源激素或其前体物质的组成部分，所以氮素对植物生理代谢和生长发育有重要作用。叶是植物进行氮同化作用的主要部位，也是光合作用发生的地方，在 C3 植物中更是光呼吸进行的场所。植物叶片氮素含量的 75%用于构建叶绿体，其中大部分参与光合作用，所以氮素缺乏常常成为植物生长的限制因子。参与光合作用相关的氮大致可分为两类：一是以 RuBP 羧化酶为主的可溶性蛋白，二是位于叶绿体的类囊体膜上，含有色素蛋白复合体，电子传递链的组分和耦联因子，两类蛋白质在功能上分别代表了光合的光反应和暗反应。在光照充足的情况下，叶片含氮量与光合能力呈正相关，因而叶绿素含量是反映作物光合能力的重要指标。施氮后叶绿体含量增加，使叶肉细胞光合作用活性和叶片吸光强度增加，最终增加净光合速率。

油菜是需氮量较多的作物，生产单位质量油菜籽粒的需氮量为水稻的 263.7%、小麦的 232.5%、大豆的 111.4%。当施氮量从 0 升高到 $2g/m^2$，油菜叶片和角果的光合速率呈线性增加（Gammelvind et al.，1996），籽粒产量显著增加。多数品种施用氮肥叶片叶绿素含量（SPAD 值），净光合速率（Pn）增加；PSⅡ最大光化学量子产量（Fv/Fm），光化学淬灭系数（qP）增加，非光化学淬灭系数（qN）减小。叶片叶绿素含量与净光合速率之间，净光合速率与 PSⅡ最大光化学量子产量之间都表现显著正相关关系。氮素籽粒生产效率与苗期叶片 PSⅡ最大光化学量子产量呈显著正相关，不施氮肥条件下氮素籽粒生产效率与 SPAD 值呈显著正相关（杨光等，2009）。在盐胁迫条件下，增施一定量的氮肥可以增加叶绿素含量，提高光合速率和气孔导度，增加干、鲜重，促进植株生长（Manzer et al.，2010）。

第三节　理想株型构建与促进结实器官形成的综合措施

油菜的株型是决定油菜产量的主要因素之一，油菜理想株型的塑造是提高油菜产量的重要途径。理想株型（idiotype）这一概念被科学家 Siemens 于 1921 年第一次使用，到 1968 年，Donald 给这一概念赋予新的定义，他指出理想株型是指植物具有典型的结构特征，这些特征能影响植物的光合作用、生长和产量。从形态上讲，株型直接决定冠层结构，油菜的冠层可以分为 3 类，花前冠层、花期冠层和角果发育期冠层，这 3 种冠层的组成是不同的，尤其是角果发育期的冠层对产量有很大的影响，因此合理构建株型，促进结实器官生长，促成合理高效的角果发育期冠层，对油菜产量的提高意义重大。油菜理想株型的构建比禾谷类作物复杂得多，它包括基础性状、株型表现性状、生理性状、产量性状及某些特殊性状。如何使各组性状间的关系得以协调发展，充分发挥各性状的优势，以获得较高的经济产量，历来是困扰油菜育种和栽培研究工作者的最大难题之一。目前实现此目标主要依靠品种选育和适宜的栽培管理措施（播期、密度、施氮量、宽窄行）。

一、通过育种改变个体株型结构，调控群体冠层构建的措施

傅寿仲、张洁夫等对油菜理想株型的构建做了较系统的研究，提出了以无花瓣油菜品种作为较理想株型的标准（图 3-5）。

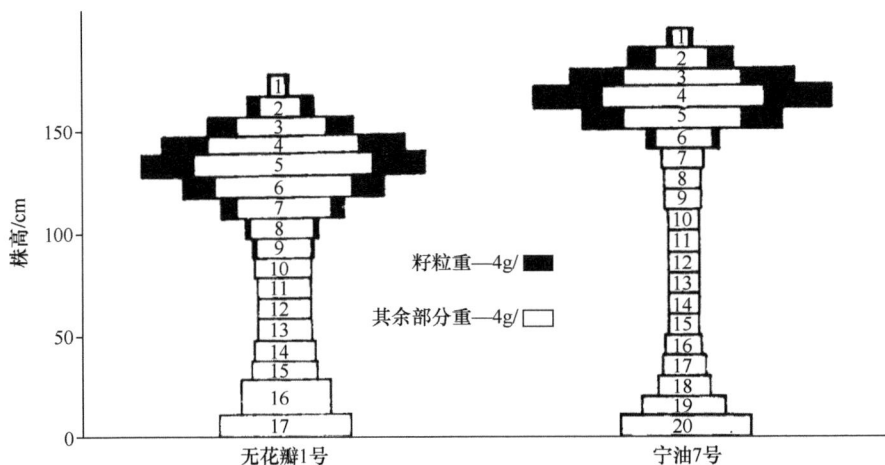

图 3-5　有、无花瓣油菜成熟期株型结构（傅寿仲等，1996）

另外，张洁夫和傅寿仲（1998）研究表明，油菜高产育种与选育优势型和经济型品种较为合适，并指出构建理想株型要充分发挥各形状的优势，协调形状间的关系，并以获得高的经济产量为最终目标，因此通过育种学家选育具有理想株型的新品种是构建理想冠层和促进结实器官形成的前提和关键。

二、农艺措施构建理想株型与促进结实器官形成的综合措施

不同的栽培措施能够改变油菜群体冠层结构，特别是播期、密度、水、肥及株行配置等措施，可以改变冠层的光照分布状态，调整植株光能利用条件，最终影响油菜籽粒产量。理想株型的构建最终目标也是达成合理冠层，追求高产。

（一）播期

油菜播种期一般在平均气温 20℃ 左右为宜，在长江流域一般在 8 月下旬到 10 月下旬。可以根据不同油菜品种生育期的长短和前茬安排适宜的播种期。李莉

（2005）对不同播期油菜各生育期生产潜力进行分析发现，播期较早，油菜苗期充分利用了冬前光温优势，营养生长良好；同时角果发育避开了高温和降雨的不利影响，从而为后期生殖生长阶段构成合理的冠层奠定了基础。刘志强（2008）研究不同播期对油菜角果生理生化代谢的影响发现，播期对油菜产量的影响主要是通过油菜产量构成因素来实现的，通过影响产量构成因素如分枝数、单株角果数等，这与油菜的冠层构建有直接关系。另外，果皮形态建成需 460～500℃的积温，角果代谢过程分为形态建成期，合成转化高峰期和功能衰退期 3 个阶段，不适宜的播期直接影响油菜角果冠层，同时影响油菜的产量和品质。王锐等（2015）研究表明，9 月 30 日播种的油菜群体角果数比 10 月 30 日播种处理增加角果数170～900 个/m^2。

（二）密度

密度对油菜群体冠层构建至关重要。合理的种植密度可以保证全田有适宜的叶面积指数。一般根据油菜品种，当地的温光水肥条件等确定种植密度的大小。温光肥水条件较好、播期早、株型分散、晚熟品种、杂交种、菌核病发生较重的地方应适当降低种植密度。李莉（2005）研究表明，密植油菜以其群体优势获得了高产，而稀植油菜由于有较高的叶片数、单株干物质积累量，因而个体发育良好，也可获得高产。另外，油菜实际产量只达到了光合生产潜力上限的 7%左右，因此寻求不同自然条件下的种植密度，充分提高油菜光合速率，合理调节油菜群体结构，高效利用光温肥水资源，构建高效冠层，是挖掘油菜增产潜力的重要手段和措施。

（三）施肥

王锐等（2015）研究表明，一定范围内增施氮肥，提早播种和降低密度有利于油菜个体生长，纯氮用量从每公顷 90kg 增加到 270kg，可增加单株绿叶数0.5～1.5 片叶，单株干重 7.53～12.6g/株。另外与 9 月 15 日相比，播期推迟 15d、30d 和 45d，则单株干重分别减少 5.51g/株、13.72g/株、18.08g/株。另外，我们提倡早施增施苗肥，起到保冬壮、促春发的作用；稳施薹肥，实现春发稳长，争取薹壮枝多，搭好苗架，构建合理冠层，后期增"角"增"粒"获得高产。同时，为了防止"花而不实"，在蕾薹期每公顷施用高效速溶硼肥（1500g 加水450kg）均匀喷施。同时要重施巧施腊肥，特别是对于春发不足、植株群体和个体较少的情况，应早施和重施腊肥，腊施春用，尤为重要。

（四）水分

油菜正常生长需要土层深度、土质疏松、水分适宜的土壤环境，油菜对水分（渍害、干旱）非常敏感。长江流域秋冬干旱比较频繁，特别是油菜三叶期开始，气温高、水分蒸发快，可通过浇水灌溉来抗旱保苗，确保油菜前期营养生长正常进行。同时，南方春季多雨，渍害常有发生，花期易造成角果发育不良、灌浆不足，导致角果期冠层构建不合理，油菜产量低，品质差。对此，生产中建议选择地势高的田块种植油菜；同时，要开沟排水，保证沟沟相通。

（五）不同株行配置

王锐等（2015）研究表明，高密度下采用宽窄行有利于建立适宜群体结构。株行配置 R2（20cm+40cm）比 R3（20cm+20cm+20cm+60cm）及 R1（等行距 30cm）可提高角果干重 1.57g/株和 1.53g/株。研究表明，油菜产量达到 3000kg/hm^2 的群体结构指标需达到 7760 个角果/m^2，250 个分枝，36cm 的角果层厚度，光截获率 75%，光能利用率 2.05g/MJ。长江中游在 9 月 30 日至 10 月 15 日时播种，采用 45 万株/hm^2 较高种植密度，施氮量 270kg/hm^2 左右，进行宽窄行（20+40cm）种植，有利于实现油菜的高产高效。

三、化学调控

作物化学调控技术主要是指应用植物生长调节物质对作物的生长进行调节和控制。植物生长调节剂主要是指植物激素，可以分为植物生长促进剂、植物生长延缓剂和植物生长抑制剂三大类。植物生长促进剂（如生长素、赤霉素和细胞分裂素等）能促进细胞分裂、分化和延长，既能促进营养器官的生长，又能促进生殖器官的发育；植物生长抑制剂可以阻碍顶端分生组织细胞分化和蛋白质合成，从而增加植株侧枝数目，使叶片变小，植株形态发生很大的变化；延缓剂（矮壮素、多效唑等）的主要作用是使节间缩短，植株紧凑。马霓等（2009）研究发现，脱落酸（ABA）处理可以增加角果粒数和千粒重，油菜素内酯（BR）处理后可以增加单株角果数、每角粒数、千粒重等。

（执笔人：张春雷　李　俊　马　霓）

主要参考文献

白桂萍. 2014. 密植条件下油菜理想冠层结构研究. 北京: 中国农业科学院硕士学位论文.

程建峰, 沈允钢. 2010. 作物高光效之管见. 作物学报, 36(8): 1235-1247.

戴敬, 郑伟, 喻义珠, 等. 2001. 油菜花后光合面积变化及其与产量的关系. 中国油料作物学报, 23(2): 19-22.

稻永忍, 玖村敦彦, 村田吉男, 等. 1981. 关于油菜的物质生产的研究——角果的光合作用、呼吸作用及碳素代谢. 中国油料作物学报, 3: 265-270.

范君华, 刘明. 2006. 零型海岛棉棉铃发育期叶片和铃部器官生理特性比较. 中国棉花, 33(9): 17-18.

傅寿仲, 张洁夫, 陈玉卿, 等. 1996. 油菜株型结构及其理想型研究. 中国油料作物学报, 18(4): 23-27.

官春云. 2013. 优质油菜生理生态和现代栽培技术. 北京: 中国农业出版社: 16.

官春云, 谭太龙, 王国槐, 等. 2011. 湖南高产油菜的产量构成特点及主要栽培措施. 湖南农业大学学报(自然科学版), 37(4): 351-355.

郭培国, 李明启. 1997. 杂交水稻及其亲本光合特性的研究 II. 功能叶片的希尔反应、光合磷酸化、ATP 酶活性和 ATP 含量. 热带亚热带植物学报, 5(1): 65-71.

郝乃斌, 戈巧英, 杜维广. 1991. 大豆高光效育种光合生理研究进展. 植物学通报, 8(2): 13-20.

胡会庆, 刘安国, 王维金. 1998. 油菜光合速率日变化的初步研究. 华中农业大学学报, (5): 430-434.

胡立勇. 2008. 作物栽培学. 北京: 高等教育出版社: 47-48.

胡立勇, 单文燕, 王维金. 2002. 油菜结实特性与库源关系的研究. 中国油料作物学报, 24(2): 37-42.

冷锁虎, 朱耕如, 邓秀兰. 1992. 油菜籽粒干物质来源的研究. 作物学报, (4): 250-257.

冷锁虎, 朱耕如. 1991. 油菜结角层模式化栽培理论与技术——春油菜种植密度对结角层结构的影响. 中国油料, (4): 22-25.

冷锁虎, 左青松, 戴敬, 等. 2004. 油菜高产群体质量指标研究. 中国油料作物学报, 26(4): 38-44.

李俊, 张春雷, 赵懿, 等. 2011. 油菜短柄叶光合衰退及其对产量的影响. 中国油料作物学报, 33(5): 464-469.

李莉. 2005. 播期、密度对油菜产量和品质及生产潜力影响的研究. 武汉: 华中农业大学硕士学位论文.

李玲, 李俊, 张春雷, 等. 2012. 外源 ABA 和 BR 在提高油菜幼苗耐渍性中的作用. 中国油料作物学报, 34(05): 489-495.

李卫华, 戈巧英, 郝乃斌. 2001a. 大豆非叶器官——豆荚的光合特性研究. 全国植物光合作用, 光生物学及其相关的分子生物学学术研讨会论文摘要汇编.

李卫华, 卢庆陶, 郝乃斌, 等. 2001b. 大豆叶片 C4 循环途径酶. 植物学报, 43(8): 805-808.

李艳, 赵小明, 夏秀英. 2008. 壳寡糖对干旱胁迫下油菜光合参数的影响. 作物学报, 34(2): 326-329.

刘丹. 2008. 外源激素对油菜光合特性及产量构成因素的影响. 武汉: 中国农业科学院硕士学位论文.

刘后利. 1989. 实用油菜栽培学. 上海: 上海科学技术出版社: 213, 406-500.

刘林艳, 吕长平, 成明亮, 等. 2008. 植物耐湿性研究进展. 黑龙江农业科学, (2): 135-138.

刘永明, 刘贞琦. 1991. 小麦叶片中磷酸烯醇式丙酮酸羧化酶的初步研究. 教学与科研: 河北农大邯郸分校学报, 1: 27-33.

刘志强. 2008. 播期对油菜生长发育的影响研究. 武汉: 华中农业大学硕士学位论文.

刘自刚, 孙万仓, 方彦. 2015. 夜间低温对白菜型冬油菜光合机构的影响. 中国农业科学, 48(4): 672-682.

罗树中, 胡信时, 曾广文. 1964. 光照对油菜生长发育及产量和品质的影响. 浙江农业科学, (9): 449-452.

马霓, 刘丹, 张春雷, 等. 2009. 植物生长调节剂对油菜生长及冻害后光合作用和产量的调控效应. 作物学报, 35(7): 1336-1343.

毛明策, 郭东伟, 梁银丽. 2001. 水分处理对油菜叶位光合速率, 蒸腾速率及水分利用效率的影响. 中国生态农业学报, 9(1): 49-51.

彭善立, 官春云, 王国槐, 等. 1996. 湘南地区油菜适宜播种期的研究. 作物研究, (2): 22-25.

沈秀瑛, 戴俊英, 胡安畅, 等. 1993. 玉米群体冠层特征与光截获及产量关系的研究. 作物学报, (3): 246-252.

四川省农业科学院. 1964. 中国油菜栽培. 北京: 农业出版社.

宋蜜蜂. 2009. 大气 CO_2 浓度升高对油菜光合生理及产量品质的影响. 合肥: 安徽农业大学硕士学位论文.

谭昌伟, 王纪华, 黄文江, 等. 2005. 不同氮素水平夏玉米冠层光辐射特征的研究. 南京农业大学学报, 28: 12-16.

汤晓华, 代凤, 王华. 1999. 甘蓝型油菜的株型结构与光的空间分布特点. Crop Research, (2): 20-24.

唐继宏, 刘后利. 1990. 油菜株型研究的现状和一些设想. 作物杂志, (4): 2-5.

王妮妍. 2003. 水稻光合关键酶定位与叶片衰老过程生理生化. 杭州: 浙江大学硕士学位论文.

王强, 张其德, 蒋高明, 等. 2000. 超高产杂交稻光合特性的研究(英文). 植物学报, 42(12): 1285-1288.

王锐. 2015. 油菜群体冠层结构特性及光能利用率的研究. 武汉: 华中农业大学博士学位论文.

王学华. 2004. 超级稻上部叶片光合能力的研究. 作物研究, 2: 68-71.

徐东进, 冷锁虎, 朱耕如, 等. 1990. 春油菜高光效结角层结构的研究. 中国油料, (3): 45-49.

杨光, 左青松, 唐瑶, 等. 2009. 不同氮素籽粒生产效率油菜品种苗期叶片光合特性差异. 中国农学通报, 25(24): 218-224.

杨晴. 2002. 氮、磷对小麦光合性能的调节机理研究. 保定: 河北农业大学硕士学位论文.

杨文平. 2008. 行距和密度对冬小麦冠层结构、微环境及碳氮代谢的影响. 郑州: 河南农业大学博士学位论文.

张洁夫, 傅寿仲. 1998. 油菜株型结构及其理想型研究: II. 若干高产品种的株型及冠层. 中国油料作物学报, 20(3): 36-41.

张其德. 1999. 大气 CO_2 浓度升高对光合作用的影响(上). 植物杂志, 4: 32-34.

张守仁. 1999. 叶绿素荧光动力学参数的意义及讨论. 植物学通报, 16(4): 444-448.

张永平, 王志敏, 王璞, 等. 2003. 冬小麦节水高产栽培群体光合特征. 中国农业科学, 36(10): 1143-1149.

中国农业科学院油料作物研究所. 1979. 油菜栽培技术. 北京: 农业出版社.

中国农业科学院油料作物研究所. 1990. 中国油菜栽培学. 北京: 农业出版社.

朱耕如, 邓秀兰. 1987. 油菜结角层的结构. 江苏农业学报, (3): 12-16.

左青松. 2009. 甘蓝型油菜不同氮素籽粒生产效率类型品种的基本特征. 扬州: 扬州大学博士学位论文.

Bonner J. 1962. The upper limit of crop yield: this classical problemmay be analyzed as one of the photosynthetic efficiency of plants in arrays. Science, 137: 11-15.

Chapman J F. 1984. Field studies on ^{14}C assirnilate fixation and movement in oilseed. Agrie Sci Camb, 102: 23-31.

Diepenbrock W. 2000. Yield analysis of winter oilseed rape(*Brassica napus* L.): A review. Field Crops Res, 67: 35-49.

Donald C M. 1968. The breeding of crop ideotypes. Euphytica, 17: 385-403.

Duffus C M, Rosie R. 1973. Some enzyme activities associated with the chlorophyll containing layers of the immature barley pericarp. Planta, 111: 219-226.

Fageria N K. 1992. Maximizing Crop Yields. USA: Marcel Dekker, Inc.: 55-63.

Frängsmyr T, Malmström B G. 1992. Nobel lectures in chemistry(1981-1990). Singapore: World Scientific Publishing Co. Pte. Ltd.: 515-516.

Freyman S, Charnetski W A, Crookston R K. 1973. Role of leaves in the formation of seeds in rape. Can J Plant Sci, 53: 693-694.

Gammelvind L H, Schjoerring J K, Mogensen V O, et al. 1996. Photosynthesis in leaves and siliques of winter oilseed rape(*Brassica napus* L.). Plant and Soil, 186(2): 227-236.

Green B R. 1988. The chlorophyll-protein complexes of higher plant photosynthetic membranes. Photosynth Res, 15: 30-32.

Gross A T H, Stefansson B R. 1966. Effect of planting date on protein, oil, and fatty acid content of rape seed and turnip rape. Canadian Journal of Plant Science, 46(4): 389-395.

Hata S, Matsuoka M. 1987. Immunological studies on pyruvate orthrophosphate dikinase in C3 plants. Plant Cell Physiol, 28(4): 635-641.

Hatch M D. 1987. C4 photosynthesis: a unique blend of modified biochemistry, anatomy and ultrastructure . Biochim Biophys Acta, 895: 81-106.

Hatch M D, Burnell J N. 1990. Carbonic anhydrase activity in leaves and its role in the first step of C4 photosynthesis. Plant Physiol, 93: 825-828.

Hay R K M, Walker A J. 1989. An introduction to the physiology of crop yield. Longman Scientific & Technical, 9(2): 275-276.

Hibberd J M, Quick W P. 2002. Characteristics of C4 photosynthesis in stems and petioles of C3 flowering plants. Nature, 415: 451-454.

Hortensteiner S, Krautler B. 2000. Chlorphyll breakdown in oilseed rape. Photosynth Res, 64: 137-146.

Imaizumi N, Samejima M, Ishihara K. 1997. Characteristics of photosynthetic carbon metabolism of spikelets in rice. Photosynthesis Research, 52: 75-82.

Jiang G M, Hao N B, Bai K Z, et al. 2000. Chain of correlation between variables of gas exchange and potential in different winter wheat cultivars. Photosynthetica, 38: 227-232.

Khush G S. 1995. Modern varieties—their real contribution to food supply and equity. Geo J, 35: 275-284.

Lu C G, Zou J S. 2002. Super hybrid rice breeding in China. Agric Hort, 77: 750-775.

Maddonni G A, Otegui M E, Cirilo A G. 2001. Plant population density, row spacing and hybrid effects on maize canopy architecture and light attenuation. Field Crops Res, 71: 183-193.

Manzer H S, Firoz M, Khan M N, et al. 2010. Nitrogen in relation to photosynthestic capacity and accumulation of osmoprotectant and nutrients in *Brassica* genotypes grown under salt stress. Agricultural Sciences in China, 9(5): 671-680.

Monsi M, Saeki T. 2005. On the factor light in plant communities and its importance for matter production. Annals of Botany, 95(3): 549-567.

Norhy R J, Wullschleger S D, Gunderson C A, et al. 1999. Tree responses to rising CO_2 in field experiments: implications for the future forest. Plant Cell Environ, 22: 683-714.

Nuthbeam A R, Duffus C M. 1976. Evidence for C4 photosynthesis in barley pericarp tissue. Biochemical and Biophysical Rearch Communications, 70(4): 1198-1203.

Rosche E, Streubel M. 1994. Primary structure of the photosynthetic pyruvate orthophate dikinase of the C3 plant *Flaveria pringlei* and expression analysis of pyruvate dikinase sequences in C3,

C3-C4 and C4 *Flaveria* species. Plant Molecular Biology, 26: 763-769.

Taylor F K. 1982. Depersonalization in the light of Brentano's phenomenology. British Journal of Medical Psychology, 55(4): 297-306.

Ting I P, Osmond C B. 1973. Multiple forms of plant phosphoenolpyruvate carboxylase associated with different metabolic pathways. Plant Physiology, 51(3): 448-53.

Wang R, Li J, Hu L. 2011. Effects of different row spacing and planting density on yield of canola. ChinAgric Sci Bull, 27: 273-277.

Zelitch I. 1982. The close relationship between net photosynthesis andcrop yield. BioScience, 32: 796-802.

Zeven A C. 1975. Editorial: idiotype and ideotype. Euphytica, 24(3): 565.

Zhu X G, Long S P, Ort D R. 2008. What is the maximum efficiency with which photosynthesis can convert solar energy into biomass. Curr Opin Biotechnol, 19: 153-159.

第四章 油菜花芽分化与结实器官形成

第一节 油菜花芽分化特点

日本的户苅义次和齐滕清（1941）将油菜主茎花芽开始分化至雌雄蕊成熟分为 24 期。20 世纪 60 年代以来，国内学者也先后对油菜花芽分化进行了研究。对油菜花芽分化顺序、分化速度和花芽数的消长规律总的认识比较一致（四川省农科院，1964；湖南农学院，1980；江苏农学院，1980；蔡武纯，1980），但在某些细节上，如花芽分化时期及阶段划分、花器官分化次序等有些观点不尽相同（黄记生和郑春光，1960；蔡武纯，1980）。为此，国家油菜产业体系栽培研究室于 2011～2014 进行了为期 3 年的早、中、晚熟 3 个不同成熟期类型甘蓝型油菜品种早播（9 月 15 日）、中播（10 月 1 日）和晚播（10 月 15 日）试验，研究油菜花芽分化过程和营养器官数量消长情况与结实器官的相关性。

油菜花芽分化的起始是其生长历程由营养生长向生殖生长切入的重要标志。油菜花芽分化的起始由茎生长点分生组织（shoot apical meristem，SAM）内的一群干细胞控制。这群干细胞决定着它们向叶芽、花芽、分枝等重要器官分化的方向。因此，茎生长点分生组织内的干细胞是决定植物株型的内部关键因子。油菜花芽分化受茎尖分生组织内的干细胞控制。其发育进程除了受细胞内自身的遗传因子调控外，还受到诸多外界因子的影响，如气温的高低、光照的强弱、养分供给的多少等。

油菜根据生长发育阶段感温性的特点，可将其分为春性、半冬性和冬性油菜。春性油菜由于对低温要求低，因此，油菜苗期在相对较高温度下即能通过春化进入花芽分化期。这类材料主要分布于大部分白菜型油菜及部分早熟甘蓝型油菜。冬性油菜则需要经受一定时期的低温春化后才能进入花芽分化。该类材料对低温的温度及低温所持续的时间长短要求极为严格，主要分布于欧洲地区的冬性甘蓝型油菜中。半冬性油菜则介于春性和冬性之间，我国长江流域等油菜主产区所种植的油菜以这种类型为主。根据其感光性的特点，又可将其分为光敏感和光钝感型油菜。来自加拿大、欧洲西部及我国春油菜区油菜开花前需要经过 14～16h 的长日照才能开花，这些地区的油菜不能满足长日照条件时，其开花推迟生育期延长，属于光敏感性。

我国长江流域等油菜主产区的品种则属于光钝感型，该区域种植的油菜生育期长短主要与温度相关。根据 2011～2014 年 3 个年度国家油菜产业技术体系栽培研究室研究的早熟（'1358'，湖南农业大学育成）、中熟（'中双 11'，中国农业科学院油料作物研究所育成）和晚熟（'浙双 8 号'，浙江省农业科学院育成）3个不同成熟期的油菜品种的分期播种试验（早播种，9 月 15 日；中播，10 月 1日；迟播，10 月 15 日），早、中、晚熟 3 个不同成熟期油菜品种在同一生态区和相同油菜品种在不同生态区（湖南长沙、浙江杭州、湖北武汉、河南郑州和江西南昌）的花芽分化进程表现出明显的差异，其主要原因是不同种植地区的气温变化存在差异。

在同一生态区内（以浙江杭州为例），不同成熟期油菜品种在不同播期下的花芽分化具有以下特点：①早熟品种花芽分化快。早熟品种'1358'在早、中、晚3 个播期下，进入花芽分化的时间最短。②中熟品种进入花芽分化快的时间居早熟与晚熟品种之间。中熟品种'中双 11'在早播和中播条件下，进入花芽分化的时间介于早熟与晚熟品种之间，但在早播和中播条件下进入花芽分化的时间差异不大；迟播条件下进入花芽分化的时间延长。③迟熟品种进入花芽分化的时间长。晚熟品种'浙双 8 号'在早播和中播两个处理下从播种至进入花芽分化的时间差异不大，与中熟品种类似；在迟播时进入花芽分化的时间明显增加。④中晚熟的半冬性甘蓝型油菜品种在早播或中播时，进入花芽分化的时间（在越冬期前）差异较小。

油菜花芽分化开始后，条件适宜，可保持其旺盛的持续分化能力。但不利条件下，如养分供应不足、高温胁迫等均导致其花芽分化提前结束。油菜顶端花蕾变黄则意味着花芽分化终止。早熟品种在早播时，如在盛花期遭遇低温，则导致花蕾发育受阻；迟熟品种在迟播时，由于花芽分化后期的高温出现，也不利于花芽分化的继续进行。

在杭州地区，如果在生育前期（9～11 月）气温较高时（2011 年无论最高温还是最低温均要比 2012 年和 2013 年高），早熟油菜品种'1358'整个生育进程加速。因此，'1358'不仅表现为进入花芽分化期迅速，而且也能以较短时间内花蕾现黄而结束花芽分化。早熟品种'1358'前期营养生长在较低温度时，虽然相比于中熟和晚熟品种仍然能以较快的速度进入花芽分化，但是，进入花芽分化时期均在越冬前。故'1358'在蕾期或者初花期进入越冬期时表现生长缓慢，各种代谢活动极其缓慢。其最终结果为无论是在 2011 年的中播和迟播还是 2012 年与 2013年各播期下（11 月起气温明显比 2011 年偏低），从花芽分化开始至花芽分化结束持续很长时间（130～160d）。

中熟品种（'中双 11'）和晚熟品种（'浙双 8 号'）3 个年度在早播和中播情况下，由于花芽分化开始较迟播早，因此，现蕾时恰逢越冬期，其从花芽分化开始至结束时能够保持较长时间。而在迟播时，一般进入花芽分化在越冬期以后，随着翌年气温迅速上升，现蕾、初花、盛花和终花每个阶段进行得非常短促。因此，从花芽分化开始至结束的进程要远短于早播和中播期处理。详见图 4-1。

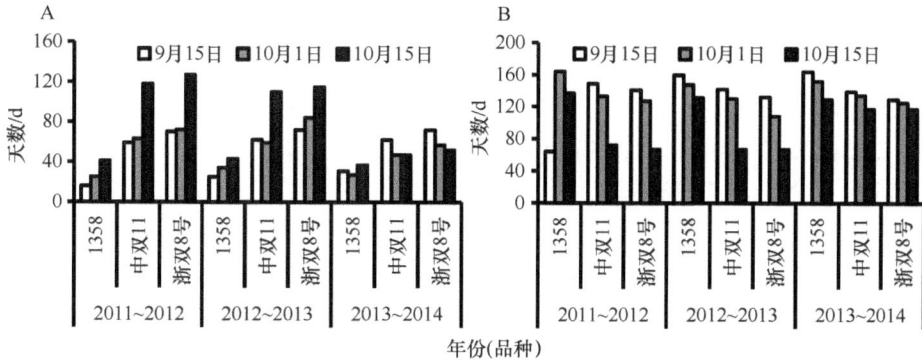

图 4-1 杭州地区早熟（1358）、中熟（中双 11）和晚熟（浙双 8 号）品种在 2011～2012 年、2012～2013 年和 2013～2014 年 3 个生长季油菜从出苗到花芽分化时间（A）及从花芽分化至花芽分化结束时间（B）

不同生态区熟期不同的油菜品种进入花芽分化的时间存在着明显的差异。早熟品种'1358'除了在湖南长沙地区外，其余生态区均表现为随着播期的推迟，进入花芽分化的时间延长。湖北武汉地区油菜进入花芽分化的时间最短，其次为杭州。中熟品种'中双 11'在不同生态区进入花芽分化的时间差异较大。南昌和杭州两地一致表现出随着播种期的推迟，进入花芽分化的时间延长，其他 3 个地区没有规律可循。长沙以中播期进入花芽分化的时间最短，迟播最长；武汉则表现中播进入花芽分化的时间最长，迟播最短。迟熟品种'浙双 8 号'进入花芽分化的时间表现与中熟品种'中双 11'类同（表 4-1）。

表 4-1 不同生态区油菜进入花芽分化时间

品种	播期	长沙	郑州	南昌	武汉	杭州
	9 月 15 日	35	35	25	16	16
1358	10 月 1 日	25	39	47	20	25
	10 月 15 日	28	—	50	30	41
	9 月 15 日	50	51	44	51	59
中双 11	10 月 1 日	46	45	62	57	63
	10 月 15 日	55	—	70	48	118
	9 月 15 日	61	58	37	61	70
浙双 8 号	10 月 1 日	55	53	85	76	72
	10 月 15 日	59	—	91	61	127

注：总体而言，随着播期推迟，各品种进入花芽分化的时间推迟。—，表示无记录

不同油菜品种花芽分化持续时间在不同生态区和不同播期下存在着显著的差异。早熟品种'1358'在长沙、郑州和武汉 3 个地区的花芽分化持续时间随着播种期的推迟而减少。南昌和杭州两个生态区花芽分化持续时间在早播时最短。在

中播时，长沙、武汉和杭州生态区花芽分化的持续时间较为接近，南昌较短而郑州持续时间则最长。在迟播时，除郑州和南昌外，另3个生态区油菜花芽分化持续时间均比中播缩短。就中熟品种'中双11'而言，除郑州外，4个生态区油菜花芽分化持续时间随着播种期的推迟均表现为缩短。在早播时，长沙、南昌、武汉和杭州4个生态区的油菜花芽分化持续时间基本一致：在150d左右。在杭州地区，'浙双8号'由于进入花芽分化时间较迟，翌年随着气温的上升很快进入初花、盛花和终花等阶段，因此，其相应的花芽分化持续的时间则最短。晚熟品种对不同生态区3个播期的应答与'中双11'类似（表4-2）。

表4-2　不同生态区油菜花芽分化持续时间

品种	播期	长沙	郑州	南昌	武汉	杭州
1358	9月15日	169	181	79	181	64
	10月1日	165	172	158	167	164
	10月15日	148	—	159	143	137
中双11	9月15日	158	168	154	150	149
	10月1日	147	169	128	136	133
	10月15日	125	—	126	132	72
浙双8号	9月15日	148	164	141	145	141
	10月1日	140	161	91	118	127
	10月15日	124	—	91	119	67

注：总体而言，随着播期的推迟，各品种花芽分化温度回升持续时间缩短。—，表示无记录

因此，不同油菜品种在不同播期下进入花芽分化的时间，以及花芽分化的持续周期在不同生态区存在着显著的差别。

第二节　油菜花芽分化形成时期

油菜花芽分化前茎尖分生组织进行叶原基分化，此时分生组织的形态为圆锥形（图4-2A）。根据体视显微镜下对油菜花芽分化全过程的观察结果，发现油菜花芽分化历经如下过程：①花蕾原始体形成期（图4-2A～E）。当油菜生长点包裹在最内的生长锥肥大且横向增大时，即由锥形逐渐呈圆球形时油菜开始进入花芽分化（图4-2B）。进入花芽分化后，圆球形的分生组织周围开始产生体积较小的圆球形凸起（图4-2C），每个小圆球形凸起将发育成一个花蕾。当花芽原基周围分化出第一个小球形时，随后其周围能够迅速分化出一定数目的圆球形（图4-2D）。这一过程所需的时间与当时所处的气温高低有关，一般情况下为3～4d。当花芽原基周围小球分化至一定数目后，最外围的小圆球逐渐伸长，标志着花朵发育的起始（图4-2E）。②花萼形成期（图4-2F～J）。当第一个圆球进一步伸长，伸长部分今后

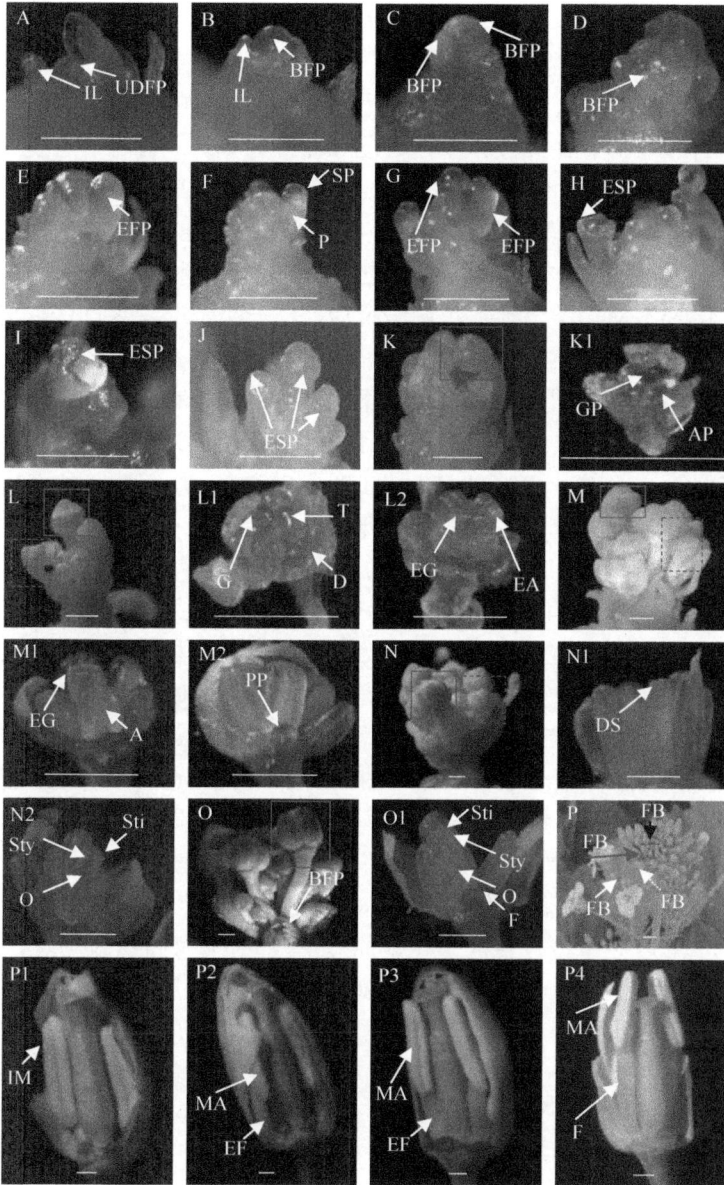

图 4-2 油菜花芽分化过程的体视显微镜图片（Bar=1cm）（彩图请扫书后二维码）

IL. 最内层叶；UDFP. 未分化花原基；BFP. 球状花原基；MFP. 主花序花原基；EFP. 伸长的花原基；P. 花梗；
SP. 萼片原基；ESP. 伸长的萼片原基；GP. 雌蕊原基；AP. 雄蕊原基；G. 雌蕊；T. 四强雄蕊；D. 二强雄蕊；
EG. 伸长的雌蕊；EA. 伸长的雄蕊；A. 花药；PP. 花瓣原基；DS. 带凹痕的柱头；O. 子房；Sty. 花柱；
Sti. 柱头；BFP. 侧枝花原基；F. 花丝；FB. 花蕾；IM. 未成熟花药；MA. 成熟花药；EF. 伸长的花丝

发育成花柄；在伸长的同时圆球中部形成凸起，即花萼原基（图4-2F）。随后，第一圆球相邻小圆球亦开始伸长，形成花蕾（图4-2G）。当花柄伸长后，花器官中萼片开始分化，表现为圆球外围的萼片原基开始伸长，逐渐包围圆球，4个萼片雏形形成（图4-2H～J）。③雌雄蕊形成期（图4-2K～L2）。当4个萼片刚好完全包围圆球时，雌雄蕊原基开始分化。此时，雌蕊和雄蕊原基为等高圆球形，而且雄蕊为四强雄蕊（图4-2 K、K1）。4个萼片中，其中两个的长度较长，且覆盖时发生交叉重叠（图4-2L）。在此过程中，雄蕊和雌蕊原基进一步分化。此时，二强雄蕊原基也开始分化，雌蕊和四强雄蕊进一步伸长（图4-2L1）。随后，雌雄蕊原基分化速度加快。首先是雌蕊原基出现内凹，而雄蕊原基出现纵向凹痕（图4-2L2）。雌蕊进一步发育，呈圆柱状伸长，雄蕊也有所伸长，性状较为扁平。④花瓣原基分化期（图4-2M～M2）。当雌雄蕊均伸长后，位于两个雄蕊之间的间隙出现体积较小的扁平凸起，即为花瓣原基（图4-2M～M2）。⑤花药胚珠形成期（图4-2N）。花朵的4个花萼已形成明显的分界线后（图4-2N），雌蕊柱头特征开始分化。⑥雌雄蕊生殖细胞分化期（图4-2N1、N2）。此时，柱头顶部先出现微凹痕（图4-2N1），然后，顶部偏下方收缩，形成"花柱"（图4-2N2）。⑦花器官各部器官增大期（图4-2O、O1）。当一个花序的花蕾雏形形成后，花药和柱头结构更加明显，是雄蕊小孢子和雌蕊胚珠分化时期（图4-2O），花瓣原基也有所伸长（图4-2O1）。一个花序下面的其他分枝的花序也可明显观察到（图4-2O）。⑧花蕾发育成熟期（图4-2P～P4）。待油菜现蕾后（图4-2P），花瓣形成，柱头和花药继续发育。花蕾中较嫩的花朵中柱头的发育胚珠鼓粒较为明显，但此时的花丝很短，花药呈黄绿色，且低于柱头（图4-2P1）。随后雄蕊发育速度较快，花丝伸长，花药呈正黄色，此时花药中的花粉粒已趋于成熟（图4-2P2）。花丝进一步伸长，达到与柱头等高后，待花朵开放或即将开放时，花丝伸长至花药超过柱头，等待花药开裂后花粉散落至柱头（图4-2P3、P4）。此时，整个油菜花芽分化过程完成。

我们观察到的油菜花芽分化全过程，与以往的报道比较一致（尹继春等，1983；丁秀琦，1990）。以往争论较多的是花瓣原基形成时期。我们的研究结果再次支持了黄记生和郑春光（1960）、官春云（1980）等的研究结果：即花瓣原基形成于雌雄蕊原基分化之后。此外，我们还观察到在主花序下面，产生了一个个独立的小花序。而这些花序乃是今后分枝的花序。因此，尽管油菜在花芽分化前叶片的叶柄基部也蕴藏着腋芽，但是，这些腋芽因为种种原因并不能发育成分枝。能够形成分枝的花序分化则是花芽分化后形成的。

第三节　油菜花芽分化消长关系

油菜花芽分化启动后，在花芽原基周围不断形成小圆球，即花原基。即使油菜进入现蕾阶段，剥开花蕾的最内层，仍可发现主花序顶端的花芽原基，表明此时仍有较强的花芽分化能力。花芽分化是一个持续的过程，无论早熟、中熟还是晚熟品种，以及在各播期处理下，均可发现在所计数的分枝中，包括主花序、第1分枝、第4分枝和第8分枝，其花芽数目均呈增加趋势（图4-3）。

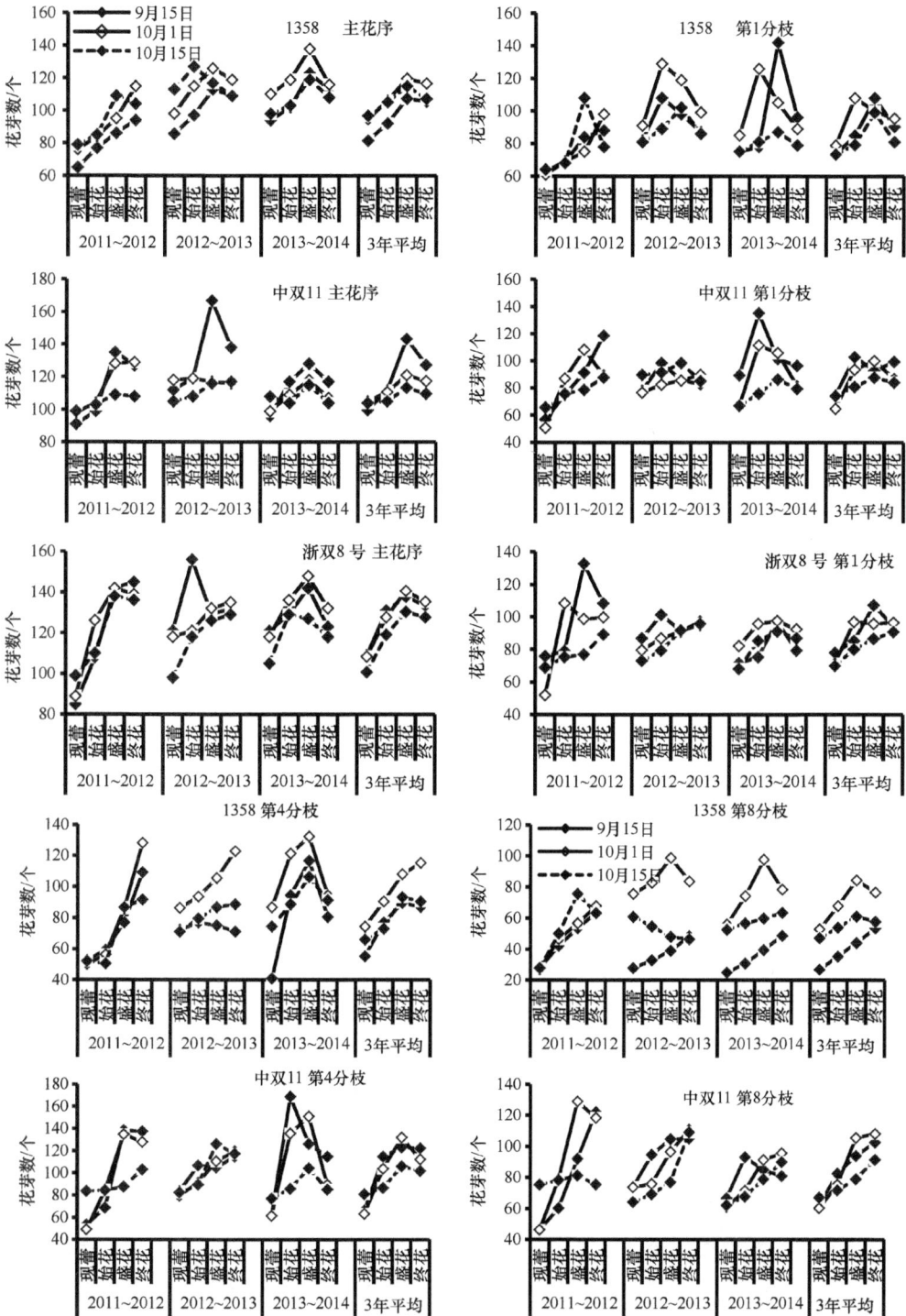

图 4-3 早、中和晚熟油菜品种（1358、中双 11 和浙双 8 号）在早播（9 月 15 日）、中播（10 月 1 日）和迟播（10 月 15 日）时主花序、第 1 分枝、第 4 分枝和第 8 分枝花芽数动态

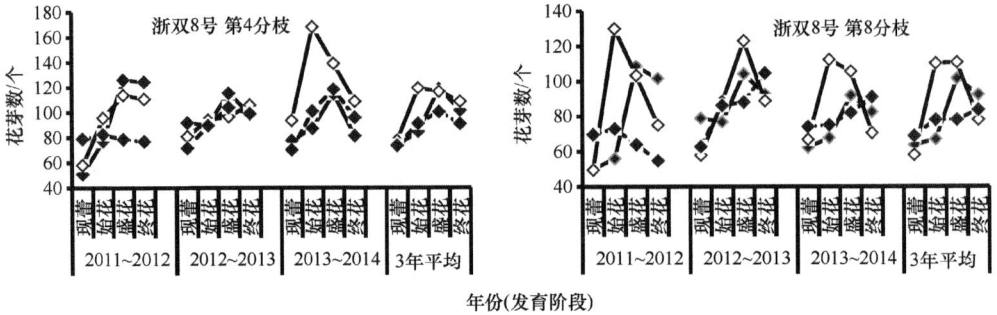

图 4-3（续）

就主花序而言，花芽分化数目为：早熟品种'1358'＜'中双 11'＜'浙双 8 号'。早熟品种'1358'在早播时分化的花芽数最少而在中播时最多。早播时气温高进入花芽分化时期快，花芽分化期短，即从花芽分化至现蕾开花时间短，不容易快速分化出较多的花芽。此外，由于'1358'在早播下盛花期（12 月前后）正遭遇气温持续降低，对花芽的分化易造成低温胁迫，花芽分化提前结束。这两个原因都是造成早熟品种在早播下花芽数少于中播和迟播、产量低的原因。在迟播时，早熟品种由于低温增加了进入花芽分化的时间，进入花芽分化后又处于越冬阶段，花芽分化极为缓慢（前人研究，当气温低于 4℃时花芽基本停止活动）。待翌年春季，随着气温的升高，显然会加速其生长发育，包括花芽分化速度。但是，由于迟播期造成油菜营养生长期缩短，生物量少，从而影响花芽数的形成。在早播与迟播处理比较下，早播的花芽分化持续时间短，以及花期的低温胁迫双重因子对早熟品种的花芽数影响比迟播由于生长量不足对花芽数量形成的影响更大。就中熟品种'中双 11'而言，主花序的花芽数在早播时最多，迟播时花芽数最少。其原因是早播营养生长期长，花芽分化的持续时间也长，故花芽数多，产量高。中熟品种在迟播情况下，营养生长期短，花芽分化数相对较少。晚熟品种'浙双 8 号'主花序花芽数目的表现与中熟品种具有较大的相似性。

就第 1 分枝而言，早熟品种的花芽数与主花序的花芽数在不同播期下差异较小。但是中、迟熟品种'中双 11'和'浙双 8 号'在不同播期下第 1 次分枝的花芽数要明显少于主花序，这是由于两者花芽分化起始的差异及花芽分化时所处的温度不同而造成的后果。第 4 分枝位的总体花芽数目与主花序和第 1 分枝位的花芽数目并无较大差异。说明油菜尽管分枝位存在差异，但是茎尖分生组织的花芽分化能力不因分枝位的不同而产生很大的差异。'中双 11'和'浙双 8 号'在 2011～2012 年均表现为迟播下第 4 分枝的花芽数目远远低于早播和中播的花芽数目。但是，这两个品种在 2012～2013 年 3 个播期下第 4 分枝的花芽数则很接近，这说明不同年度之间差异甚大。其差异与两年度的气温有关：1～3 月，2012～2013 年的最高温和最低温要比 2011～2012 年高。可见暖冬有利于中、迟熟品种在迟播下获得较高的产量。而中晚熟品种在各播期下此段时间内都已完成春化的要求，其现蕾一般在翌年2～3月，因此，这段时间的温度差异将会直接影响不同年度间不同播期下的花芽分化量的差异。

在生产上，第8分枝属于油菜茎秆中形成有效一次分枝位较低的分枝。其相对于主花序、第1分枝及茎秆上面部位的其他分枝而言，其发育较迟。但是其花芽分化的潜力受到影响的较小。该观点受到来自3个油菜品种在不同年度间的第8分枝的最大花芽数目与发育最早的主花序和第1分枝相差不大的证据支持。'1358'第8分枝在中播期的花芽数目比早播和晚播处理多（2011～2012年除外）。'中双11'和'浙双8号'第8分枝的花芽数量的变化与第4分枝接近。

从以上3个不同成熟期油菜品种在3个不同播期下连续3年花芽数量动态观察结果看，从中可以获得以下几点共识：①油菜花芽分化数量从进入现蕾期后，仍持续增加，说明油菜花芽分化从现蕾后仍保持旺盛的活力；②不同部位的分枝所具有的花芽分化潜能相似，并未因为分枝位的降低而减弱；③不同成熟期的品种在不同播期下，一般而言花芽分化数都在盛花期达到最大值；④各分枝的花芽数目易受环境影响，不同年度之间花芽分化的数目变异较大，暖冬较多，冷冬较少。除了以上的共同特点外，不同品种在不同播期下花芽分化特征也存在着各自差异：①早熟品种的花芽数目比中熟和晚熟品种少；②早熟品种在中播期的花芽数目要显著多于早播和晚播。早熟品种春化对低温要求低，气温高进入花芽分化快，同时后期遇低温又影响花芽分化；在晚播情况下则由于植株营养生长量不足及生长周期受限，导致花芽分化数量减少。但早播时越冬期的低温对花芽分化数所带来的影响比晚播重；③中熟和迟熟品种油菜花芽数早播＞中播＞迟播，说明中熟和晚熟油菜品种应适当早播，可以提高产量；④尽管在早播和中播时中熟和迟熟品种花芽数有较大差异，但是至终花并未显现出较大差异，说明如何维持分化的花芽的有效性，即防止花芽退化具有重要意义。

第四节　油菜花芽分化与结实器官的形成

油菜从花芽分化开始到形成花朵，再在适宜的气候条件下开花、传粉、受精、发育成有生命力的种子，接着与角果皮一起发育形成结实器官角果，这是一个循序渐进的过程。然而，从油菜分化的花芽总数与最终分枝上形成的结实器官数目来看，两者存在较大的差距：即分化的花芽一部分能够成花，最终发育成角果，一部分则退化成为无效花芽。3年观察结果汇总表明，油菜结实器官的数目与花芽分化数呈正相关，但不同品种、不同分枝部位的相关程度不同。不同成熟期品种在同一播期下，花芽分化数目'1358'＜'中双11'＜'浙双8号'，结实器官的数目也表现为'1358'＜'中双11'＜'浙双8号'；同一品种不同分枝上的花芽分化数目为主花序＞第1分枝＞第4分枝＞第8分枝。结实器官数目也表现为主花序＞第 1 分枝＞第 4 分枝＞第 8 分枝。

'1358'、'中双 11'和'浙双 8 号' 3 个品种的成角率（收获期有效角果数/最大花芽数×100%）见图 4-4，表 4-3，主花序的成角率在迟播时普遍较高，最高是'浙双 8 号'，在 2011～2012 年超过了 80%。在迟播下，由于花芽分化时间晚，持续时间短，因此，大部分主花序的花芽能够形成有效的结实器官。相比较而言，

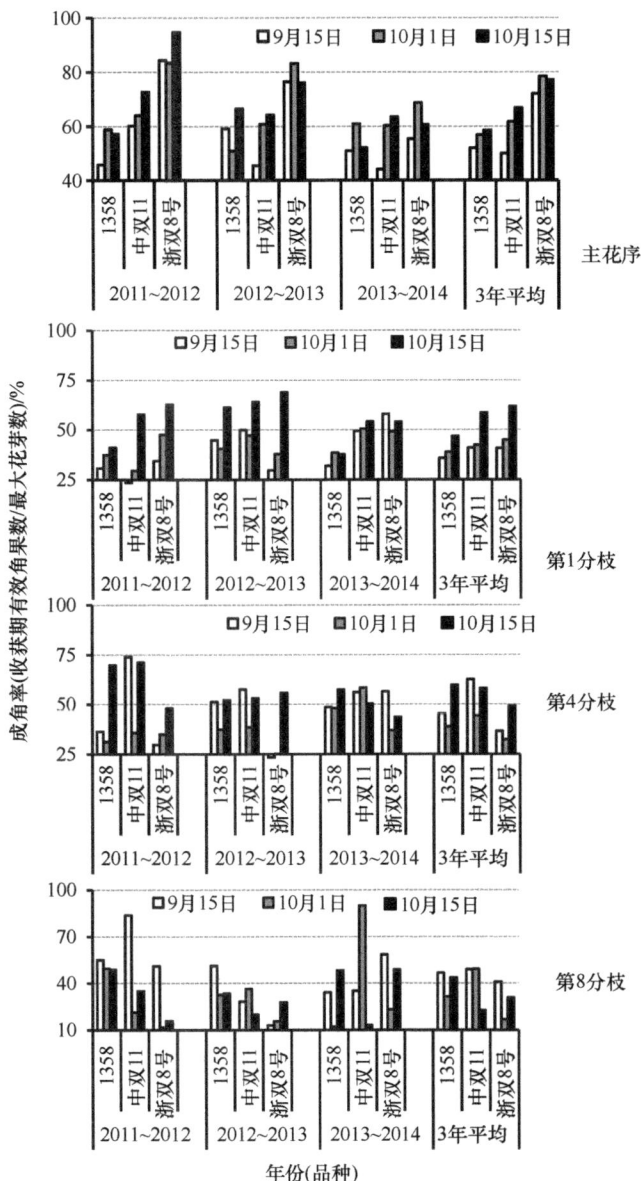

图 4-4　不同成熟期油菜品种不同播期主花序、第 1 分枝、第 4 分枝和第 8 分枝成角率

表 4-3　不同成熟期油菜（1358、中双 11 和浙双 8 号）在不同播期下（9 月 15 日、10 月 1 日和 10 月 15 日）主花序、第 1 分枝、第 4 分枝和第 8 分枝最大花芽数和收获期角果数比较

品种	年份	时期	主花序			第1分枝			第4分枝			第8分枝		
			9月15日	10月1日	10月15日	9月15日	10月1日	10月15日	9月15日	10月1日	10月15日	9月15日	10月1日	10月15日
1358	2011～2012	M	94.0	115.0	109.0	88.0	98.0	108.0	109.3	128.3	91.7	63.5	67.8	75.6
		H	43.0	67.7	62.3	27.0	36.7	44.3	39.7	40.0	64.0	35.0	33.7	37.0
	2012～2013	M	113.0	126.0	117.0	108.0	129.0	102.0	77.0	123.0	88.9	48.5	98.6	61.0
		H	68.0	80.7	85.0	25.3	38.0	59.0	57.0	44.0	63.3	40.7	21.0	21.3
	2013～2014	M	123.0	138.0	119.0	96.0	89.0	79.0	116.7	132.5	106.3	48.8	97.6	63.5
		H	103.7	115.0	112.7	33.0	42.3	49.7	34.7	46.3	51.0	25.0	11.3	10.0
	3年平均	M	110.0	126.3	115.0	97.3	105.3	96.3	101.0	127.9	95.6	53.6	88.0	66.7
		H	71.6	87.8	86.7	28.4	39.0	51.0	43.8	43.4	59.4	33.6	22.0	22.8
中双11	2011～2012	M	135.0	129.0	109.0	118.7	108.3	87.7	138.3	134.7	103.3	122.0	129.0	81.3
		H	79.8	65.5	72.5	53.2	43.8	53.8	70.8	50.3	53.8	62.7	42.2	27.2
	2012～2013	M	167.0	119.0	117.0	98.2	89.7	98.2	115.0	119.6	126.3	105.0	110.7	109.0
		H	75.8	72.3	75.2	49.0	42.3	63.0	66.3	46.0	67.0	29.7	40.3	21.7
	2013～2014	M	128.0	118.0	115.0	135.3	111.3	86.3	168.7	151.0	104.5	93.0	95.6	89.9
		H	97.8	98.2	87.5	40.2	42.2	59.5	39.5	37.8	58.5	12.0	15.0	25.0
	3年平均	M	143.3	122.0	113.7	117.4	103.1	90.7	140.7	135.1	111.4	106.7	111.8	93.4
		H	84.5	78.7	78.4	47.4	42.8	58.8	58.9	44.7	59.8	34.8	32.5	24.6
浙双8号	2011～2012	M	145.0	142.0	138.0	132.7	108.3	89.3	126.3	114.0	82.7	108.7	130.0	73.0
		H	73.7	86.5	71.7	42.3	41.7	33.7	61.3	54.7	47.7	37.0	15.7	35.3
	2012～2013	M	156.0	135.0	129.0	101.3	97.3	95.8	115.5	106.0	104.0	104.3	123.0	104.8
		H	68.7	81.3	81.8	50.0	49.2	51.8	65.0	62.0	52.3	36.7	110.7	13.7
	2013～2014	M	142.0	148.0	129.0	97.3	97.6	91.0	114.7	168.5	118.5	91.9	112.3	91.0
		H	78.7	101.7	78.2	56.5	48.0	49.2	65.0	62.3	51.7	53.8	26.0	44.5
	3年平均	M	147.7	141.7	132.0	110.4	101.1	92.0	118.8	129.5	101.7	101.6	121.8	89.6
		H	73.7	89.8	77.2	49.6	46.3	44.9	63.8	59.7	50.6	42.5	50.8	31.2

注：M 为最大花芽数；H 为有效角果数

在早播和中播时，由于花芽分化早，花芽分化持续时间较长；在此期间，尽管有大量的花芽形成，但是无效花芽数目较多。例如，'1358'在 2011～2012 年，无效花芽数超过了 50%以上。纵观 3 个生长季节，'浙双 8 号'的成角率在各播期下要明显高于早熟和中熟品种，因此，这与'浙双 8 号'具有较高的产量相符。第 1 分枝的成角率与主花序相比，各年度 3 个品种在 3 个不同播期下的成角率要低于主花序。这可能与油菜顶端优势及养分分配有关。就不同播期而言，不同品种的趋势仍然是在迟播下油菜成角率最高（2013～2014 年，'1358'和'中双 11'除外）。第 4 分枝的成角率与第 1 分枝较为接近。3 个品种在各播期处理下成角率

的变化较大。第 8 分枝的成角率较低。在迟播时，第 8 分枝的成角率要低于早播和中播。这说明油菜品种低分枝位的分枝需要在早播时有利于结实器官的形成。

影响成角率的因素众多。尽管在迟播下，主花序或者如迟熟品种'浙双 8 号'的成角率较高，但是，这仍然要考虑个体植株的总体协调与补偿效应。例如，迟播时假如总花芽数量少，即使有较高的成角率亦无法弥补总有效角果数仍较少。此外，分化的花芽从形成花朵至角果仍然具有十分漫长的过程，其间遭受任何环节的不利因素，如开花后持续阴雨造成受精困难、种子发育过程中的高低温胁迫，以及受精障碍等都可能导致种子败育（abortion）。

第五节　油菜花芽分化调控措施

花芽分化是油菜生长发育过程中极其重要的生物学过程，与结实器官（角果）的形成具有十分密切的关系。从以上花芽分化形态、特征及与其他因子的相关关系看，如何促进有效花芽分化，增加有效花芽分化数对于最终结实器官的形成具有重要的生产意义。可以采取以下几方面的措施对油菜花芽分化进行调控。

一、选择花芽分化潜力大、无效花芽数目少的品种

油菜花芽分化的数目首先与油菜品种有密切关系。不同基因型油菜的花芽分化潜力存在着显著差异。通过对不同品种的花芽分化观察、花芽分化的特性及最终结实器官的统计分析，在品种选育过程中选择花芽分化潜力大，在现蕾之前分化的花芽数目多的材料作为亲本配置杂交组合或者通过分析和筛选生产用种。选择具有广适应性、花芽分化潜力大的高产稳产型品种。

此外，油菜品种除了需要具备花芽分化潜力大外，同时需要具备无效花芽数少的特点。油菜在现蕾后，虽然至终花持续花芽分化，花芽数目仍然增加。但是，筛选从现蕾以后花芽数增加少的材料对于维持有效花芽数向有效角果数转化具有重要意义。在现蕾以后，油菜进入营养生长与生殖生长两旺的时期，需要大量的养分来维持其营养生长与生殖生长的需要。主花序及各分枝的顶端旺盛的花芽分化将争夺部分养分，与已经发育成的花蕾竞争养分，从而造成花蕾退化。因此，筛选现蕾后无效花芽数目分化少的油菜材料则是保持较多结实器官的另外一重要考虑因子。

二、合理施用氮肥

油菜的生长需要吸收大量的氮肥。氮肥的施用能够促进油菜产量的增加。许多研究表明，氮肥促进油菜产量增加主要由于油菜分枝数目的增加和角果数的增加，即氮肥能够促进油菜的有效结实器官的形成。油菜氮肥的施用量和施用时期

都能对其最终有效角果数的形成产生影响。有研究表明，油菜施氮量在 $200kg/hm^2$ 时最佳，即能够在保证质量（含油量适度降低）的情况下获得很高的产量。因此，足量施用氮肥，有利于油菜发挥最大的花芽分化优势，获得更多的有效花芽数，最终达到增加有效结实器官的目的。在生产上，70%的氮肥作基苗肥施用，而剩余的30%则以追肥的形式在蕾薹期施用。油菜在花芽分化前为营养生长阶段，该阶段大量氮肥被油菜叶片吸收，并且贮存于体内，有利于油菜进入花芽分化阶段后，叶片大量制造养分并作为"源"的形式源源不断输送至各生长点，包括花芽及其他非光合器官，供其使用。在蕾薹期，由于油菜各器官发育非常迅速，包括茎秆的伸长、花蕾的发育、短柄叶和无柄叶的发育等，养分需求量大。因此，蕾薹期追施氮肥，一方面有利于这些器官养分的继续供应；另一方面，这些养分运输至各分枝的分生组织后，既能在一定程度上促进花芽的分化，又能够促进部分无效花芽向有效花芽转化，成花后发育成结实器官。

尽管如此，在施用氮肥时仍然需要结合不同的基因型考虑。有些油菜对养分需求量大，只有在较大的供应量时才能发挥其促进花芽分化的潜势；而有些基因型比较耐瘠薄，因此对氮肥的需求量较少。在这种情形下，则对其最佳施氮量需要优化，以期能够在较少的肥料施用下获得最大的收益，最大程度地促进油菜的有效结实器官数目。

三、适期播种

油菜的播种期与花芽分化关系密切，适期早播有利于利用秋冬的温光条件，达到足够的营养生长，为花芽分化提供足够的养分。据早、中、晚不同成熟期油菜在不同播期下花芽分化的观察结果，直播油菜早熟品种在中播期花芽分化多，全株角果数也多，产量高。中熟品种早播与中播的花芽分化数和全株角果数差异不大。晚熟品种不同播期下花芽分化数和结角数：早播>中播>迟播，故提早播种产量高。

合适的播期对油菜生长发育至关重要。近年来，许多水稻-油菜轮作区面临着茬口紧的问题。由于温室效应，全球变暖，水稻的生育期延长；此外，现在许多育成的超级稻具有生育期晚的特点，因此，水稻收获后，油菜直播偏迟。而传统的油菜移栽方式费工费力和土地紧张的问题都是导致现在油菜生产中播种偏迟的重要原因。油菜播期推迟后，其产量显著下降。产量降低的重要原因是其未能得到充分的生长发育，从而影响油菜的花芽分化潜力，最终导致有效结实器官数目急剧减少。因此，筛选耐迟播品种，以及机械移栽等问题的解决，将是挖掘油菜花芽分化潜力、增产增效的重要途径。

四、合理密植

近年来，由于油菜规模化种植面积的扩大，以及农村劳动力减少，油菜直播的面积逐步上升。油菜直播时播种密度较传统的移栽方式高。因此，在直播时对油菜产量的首要考虑因子是其群体，而非个体。油菜直播时随着密度的增加，由于单株的生长空间变少，其分枝数也减少。最终，在高密度种植油菜时，油菜的单株角果数（有效结实器官）显著少于低密度种植油菜。且在高密度种植下，分枝数减少，促进油菜株型更加紧密，则有利于机械化收获。但是，要达到该目的的前提是能够在一定范围内通过促进主花序及剩余分枝的有效花芽数，以补偿由分枝减少引起的有效结实器官的损失。

低密度种植，则有利于油菜充分伸展空间，其花芽分化潜势得到最大程度的发挥。低密度种植与高密度种植油菜的理念刚好相反：低密度种植是靠单株的潜力和优势加以体现。因此，研究如何促进在低密度种植条件下油菜单株对水、肥、光和热的有效利用，以及保障单株油菜不生病，则也是一条促进油菜花芽分化潜力，提高油菜有效结实器官数目，并且达到节本增效的目的的途径。

五、生长调节剂

油菜花芽分化与多种内源激素的促进作用密切相关，如赤霉素、生长素等。通过喷施外源生长调节剂，可调控油菜花芽分化，从而影响结实器官的形成。

在果树中，赤霉素可抑制花芽分化；在油菜中，内源赤霉素与成花的关系仍有争论。张焱和官春云（1993）研究发现通过喷施外源赤霉素可导致冬性油菜品种开花期提前；通过检测不同时期植株内源赤霉素的含量与花芽分化的关系时提出，油菜从五叶期至花芽分化赤霉素含量的提高与花芽分化有关。然而，通过喷施赤霉素的拮抗剂（多效唑）时，无论在苗期还是在现蕾期均能促进油菜角果数的增加。因此，可以推断多效唑对促进花芽分化能力可能有正效应。赤霉素与多效唑虽然作用机制相反，但是，这些激素对植物的生长发育往往具有多效性，而且，不同激素间往往存在着窜扰（crosstalk）作用。因此，多效唑促进角果数增加（或花芽分化潜能）可能是通过其他途径或者诱导了与花芽分化相关基因的表达所致。

生长素是另外一类重要的植物激素。生长素在植物的分生组织中较为旺盛，因此，在植物生长发育过程中具有明显的顶端优势。油菜主花序及分枝顶端分生组织的生长素含量与花芽分化的关系目前尚未有明确的结论。色氨酸是生长素合成的前体物质，而色氨酸则是作物通过吸收土壤中的氮素、同化后合成的。在油菜生长过程中，适量地增加氮肥施用可促进有效角果数（花芽分化潜势）的增加；由此，通过增施氮肥，促进色氨酸合成，最后使得生长素含量增加而促进油菜有效角果数的增加（花芽分化潜势）。在果树中，有学者认为果树花芽内一定量生长素的存在有利于营养的输入，从而促进花芽分化。因此，在油菜花芽分化关键时期喷施一定浓度生长素类物质来提高其花芽分化潜势是可能的调控途径。

（执笔人：张冬青　华水金）

主要参考文献

蔡武纯. 1980. 油菜的花器分化. 上海农业科技, 5: 48.

丁秀琦. 1990. 白菜型春油菜花芽分化研究. 作物学报, 16(1): 83-90.

官春云. 1980. 甘蓝型油菜产量形成的初步分析. 作物学报, 6(1): 35-44.

湖南农学院. 1980. 作物栽培. 第四分册. 油菜, 大豆. 长沙: 湖南科学技术出版社: 14-18.

黄记生, 郑春光. 1960. 油菜结实器官形成的初步观察. 武汉大学自然科学学报, (3): 86-94.

江苏农学院. 1980. 作物栽培学(南方本). 下册. 上海: 上海科学技术出版社: 210-214.

四川省农科院. 1964. 中国油菜栽培. 北京: 农业出版社: 58-60.

尹继春, 严敦秀, 张燕, 等. 1984. 关于甘蓝型油菜的花芽分化研究——油菜花芽分化的电镜扫描图谱. 作物学报, 10(3): 179-184.

户苅义次, 齐藤清. 1941. 菜种の花器并に二子实の发育过程. 日本作物学会记事, 13(2): 170-191.

第五章　油菜生长发育与结实器官形成

从种子萌发开始，根、茎生长点体细胞分裂旺盛，叶、节、节间原始体依次形成，逐渐建立起一个具有根、茎、叶三种营养器官的有机体。有机体进入能对环境起反应而开花的生理状态，一旦遇到适宜的环境条件就开始花芽的分化，于是花、果等结实器官相继出现直至成熟。

第一节　油菜生长和发育

生长，既包括营养体的生长也包括生殖体的生长，通过细胞分裂和伸长来完成，是作物体积或者质量的量变过程。发育则是指作物一生中，结构和机能的质变过程，表现为细胞、组织和器官的分化，最终导致植株花、果实、种子的形成。没有生长便没有发育，没有发育也不会有进一步的生长，生长—发育、发育—生长总是相互交替推进。生长是发育的基础，种子的萌发、叶片的长大、茎秆的伸长增粗、根的伸展，以及分化更多的叶片、支侧根、分枝等，都为生殖器官提供了物质基础。

油菜营养器官——根、茎、叶的生长称营养生长；生殖（结实）器官——花、果实、种子的生长称生殖生长。二者通常以花芽分化为界限，把生长过程大致上分为两段。花芽分化之前属营养生长期，之后则属生殖生长期。油菜早在现蕾前即已开始花芽分化，现蕾后，茎（枝）、叶仍在分化、伸长，花、果相继出现，为营养生长和生殖生长并进期。

营养生长是作物转向生殖生长的必要准备。一般来说，只有根深叶茂，才能粒大粒满。在营养生长期间，若植株生长健壮，地下有强大的根系网络吸收水分和无机养分，地上部有大量的绿色面积（叶片、茎秆等）利用光能制造并积累有机物质，就能促进生殖器官的发育。反之，当温度低，水分、养分不足，或受荫蔽时，营养生长弱，则会影响生殖生长，抑制结实器官形成。营养生长和生殖生长并进期间，营养物质（叶片制造和根系吸收）不但流向营养体的尖端和幼嫩部位，而且供应正在成长的生殖体，双方对营养物质有明显的竞争。油菜同一分枝或主花序，角果呈向顶式生长，而不同分枝间则呈离顶式生长（图5-1）。

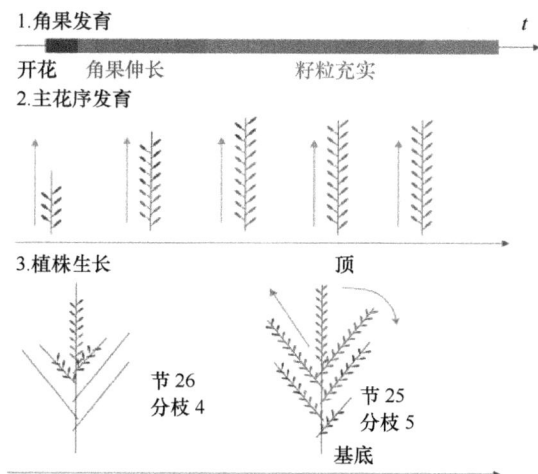

图 5-1　油菜生长发育与不同部位结实器官形成（Jullien et al.，2009b）

第二节　油菜生长发育规律与结实器官
（花蕾、角果、籽粒）形成

油菜生长和发育关系密切，冬春季节的低温环境可诱导冬油菜经历春化，在通过一定时间的光照和温度后，即进入生殖生长阶段，开始花芽分化，之后进入抽薹、开花阶段。油菜生长发育与光温生态特性密切相关。

一、油菜光温特性

油菜在长期系统发育过程中形成的对一定温度和光周期条件的感应性称为油菜的感温性和感光性。

（一）感温性

油菜一生中必须经过一段较低的温度才能现蕾开花结实，这种特性称为感温性。根据感温特性差异，可将油菜分为 3 种类型。

1. 冬性型

该类品种对低温要求严格，在 0～5℃条件下，经 30～40d 才能进入生殖生长阶段，如冬油菜晚熟品种、中晚熟品种。

2. 半冬性型

这类品种要求一定的低温条件，但对低温要求不严格，一般在 5～15℃条件下，经 20～30d 可进入生殖生长阶段。冬油菜中熟品种、早中熟品种，多数甘蓝型品种及长江中下游白菜型中熟品种均属此类。

3. 春性型

这类品种可在较高温度下通过感温阶段，一般在 10～20℃条件下，15～20d 甚至更短的时间就开始生殖生长。冬油菜的极早熟品种、早熟品种及春油菜品种属此类，包括我国华南地区白菜型及甘蓝型极早熟品种，西南地区白菜型早中熟和早熟品种，以及西北地区的春油菜品种等。

经低温诱导后油菜植株在形态、结构和生理上发生一系列变化。

（1）在形态上的变化。当满足油菜对温度的要求后，主茎伸长，幼苗叶片由匍匐变为半直立或直立，叶色变淡，叶柄变短。甘蓝型油菜在未满足其对低温的要求前，仅长出长柄叶，而在满足其对低温的要求后，才长出短柄叶。

（2）在茎端结构上的变化。胜利油菜在营养生长期茎端原套为 1～2 层，到花芽分化前增至 4～5 层，但到花芽分化时又降到 2～3 层，即通过春化阶段时茎端原套层数增加。

（3）在生理生化上的变化。营养生长阶段茎尖 RNA 含量呈现开口向下的抛物线趋势，在生殖生长前达到最高，转入生殖生长后又急剧下降；而 DNA 的含量则比较稳定。低温可诱导体内类似赤霉酸物质的形成。已春化了的冬性油菜叶片浸提液与 0.005%赤霉酸在长日照配合下都能使金光菊属植物抽薹开花，而未进行春化诱导的冬性油菜叶片浸提液则没有这种作用。

（二）感光性

油菜属长日照植物，根据油菜对光照长度的感应性，一般分为两种类型。

1. 强感光型

春油菜在开花前经历的日照长，一般对日照长度敏感，开花前需经过 14～16h 平均日照长度。例如，加拿大、澳大利亚和我国北方的春油菜品种均属这种类型。

2. 弱感光型

冬油菜在开花前一般经历的日长较短，故对长日照不敏感，花前需经历的平均日长为 11h 左右，如我国南方的冬油菜。

偏冬性和半冬性冬油菜以 11～12 叶期对长日照最敏感，春性冬油菜和春油菜以 9～10 叶期对长日照最敏感。由此可见，油菜感光敏感期均在感温期之后。

3. 我国甘蓝型油菜的光温生态类型

我国不同产区甘蓝型油菜代表品种对低温的敏感性可分为冬性、半冬性和春性 3 类。冬油菜中冬性、半冬性和春性 3 类都有，而春油菜仅有春性类型。我国不同产区甘蓝型油菜代表品种对长光照的感应性可分为强感光和弱感光两大类。

冬油菜均为弱感光，春油菜多为强感光。因此可将我国甘蓝型油菜品种光温生态类型分为 4 类，即冬性弱感光类型（冬油菜）、半冬性弱感光类型（冬油菜）、春性弱感光类型（冬油菜及部分春油菜）、春性强感光类型（春油菜）。

二、油菜生育时期

油菜一生可分为发芽出苗期、苗期、蕾薹期、花期和角果成熟期。油菜生育期的长短因品种、生态条件、栽培措施等的差异相差较大。一般情况下，甘蓝型油菜全生育期 170～230d，白菜型 150～200d，芥菜型 160～210d。以冬油菜为例，植株的生长和发育可分为以下几个不同阶段（图 5-2，表 5-1）。

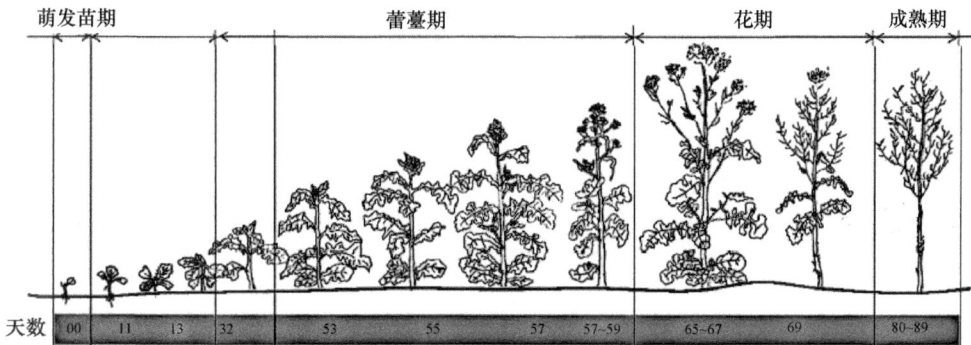

图 5-2　油菜生育时期划分（Bengtsson et al.，2012）

表 5-1　冬季油菜的生长发育阶段

发芽出苗期		苗期		蕾薹期		花期			角果成熟期	
萌芽	出苗	苗前期	苗后期	现蕾	抽薹	始花	盛花	终花	灌浆	成熟
9 月	10 月	10～11 月	12 月至翌年 1 月	2 月		3 月上旬至 4 月上旬			4 月中旬至 5 月上旬	

资料来源：参考胡立勇主编，作物栽培学——油菜

（一）发芽出苗期

油菜种子无明显休眠期，成熟种子外界条件适宜即可发芽。种子发芽最适温度为 25℃，低于 5℃或高于 36℃都不利于发芽。油菜种子发芽的下限温度为 3℃左右，一般 5℃以下需 20d 以上才能出苗，日平均温度 16～20℃时 3～5d 即可出苗。发芽以土壤含水量为田间持水量（土壤相对含水量）的 60%～70% 较为适宜，种子需吸水达自身干重 60% 左右才能发芽。油菜发芽需氧量较高，当种子胚根、胚芽突破种皮后，氧气消耗量为 100L/（g·h）左右，发芽初期土壤偏酸性有利。油菜种子吸水膨大后，胚根先突破种皮，幼根深入表土 2cm 左右时，根尖生长出许多白色根毛。胚根向上伸长，幼茎直立于地面，两片子叶张开，由淡黄色转绿色，称为出苗。这一时期的生长快慢主要与温度高低有关，与光照无关。

（二）苗期

甘蓝型中熟品种苗期为 120d 左右，约占全生育期的一半，生育期长的品种可达 130～140d。一般从出苗至开始花芽分化为苗前期，开始花芽分化至现蕾为苗后期。苗前期主要生长根系、缩茎段和叶片等营养器官，为营养生长期，油菜通过春化阶段进入苗后期，苗后期营养生长仍占绝对优势，如叶的生长加快、主根膨大、主茎开始进行花芽分化。通过光温试验证实，这一时期的生长与发育均与温光有密切的关系。苗期适宜温度为 1～20℃，高温下生长分化快，长光照对发育有促进作用。苗期遇短期 0℃ 以下低温不致受冻，但若持续时间长则易受冻害。土壤水分以田间持水量的 70% 以上为宜，否则叶片分化生长慢，若遇冻害和严重缺水，可导致叶片发皱和红叶现象。

初冬期油菜缺乏一定的低温锻炼，抗寒力较弱，骤然降温，很可能受冻。特别是在连续降温幅度较大、持续时间较长的气候条件下，如果再加上秋播发育不良的弱苗，如三类苗、等外苗，油菜的叶片更易冻伤，甚至部分整株死亡。越冬期植株的抗寒能力虽有所提高，但此时是一年中最冷的季节，最低温度经常在 0℃ 左右，甚至最低温度达 –6℃。当气温短时间在 –3℃ 时，油菜叶片便出现受冻症状，叶片细胞间隙结冰而受害，在 –6℃ 以下的低温时，其冻害率可达 20%，若之后气温再骤然上升，则叶片组织破坏更为严重。叶片的冻伤将会导致后期油菜的分枝减少，从而降低产量。在有冰冻且持续低温条件下，易产生湿型冻害；在连续无雪无雨条件下，白天温度较高，晚上温度过低，则易产生干型冻害。相比较而言，后者影响程度更为严重。暖冬气候条件下，温度持续偏高，油菜没有经历正常的生长期，将会提前抽薹、开花。一旦暖冬过后出现急速降温，已经开花的油菜将受到冰冻及霜冻的毁灭性打击，产量将会大幅下降，严重的甚至绝收。特别是在较高温度下播种的油菜，播种后 2～3d（即出苗）如遇有持续干燥，土壤中缺水，中午阳光强烈气温升高，造成地温过高且持续时间长，容易灼伤靠近土壤表面幼苗的根茎部，幼苗根茎部出现缢缩，轻者幼苗萎蔫，重者死苗。另外，暖冬气候，对来年的病虫害防治也极为不利。

（三）蕾薹期

蕾薹期是油菜从现蕾至始花的阶段，主要经历现蕾和抽薹 2 个过程。现蕾期是指扒开主茎顶端 1～2 片幼叶可见到明显花蕾的时期。抽薹是指油菜现蕾后或在现蕾的同时主茎节间开始伸长的时期。蕾薹期是油菜营养生长旺盛、生殖生长由弱转强的时期，是搭好丰产架子的关键时期，要求达到春发、稳长、枝多、薹壮。长江流域的甘蓝型油菜蕾薹期一般为 25～30d。甘蓝型中熟品种蕾薹期 30d 左右，一般在 2 月中旬至 3 月中旬，是油菜一生中生长最快的时期。此期营养生长和生殖生长并进，但仍以营养生长为主，表现为主茎伸长、增粗，叶片面积迅速增大，在蕾薹后期出现第 1 次分枝，根系继续扩大、活力增加。生殖生长则由弱转强，花蕾发育长大，花芽数迅速增加，至初花期达最大值。当油菜进入蕾薹期后，油菜抗寒力减弱，温度过高则主茎伸长太快，易出现茎薹纤细、中空和弯曲现象，偏高的气温还会造成油菜的早薹早花现象；温度低于 0℃时，油菜蕾薹容易受冻，生殖生长受阻，容易造成薹秆爆裂、死蕾现象，产量损失较大。此期土壤湿度达到田间持水量的 80%左右为佳，有利于主茎伸长。冬油菜一般初春后气温 5℃以上时现蕾，10℃以上时迅速抽薹。

（四）开花期

油菜花器由花柄、花萼、花冠、雄蕊、雌蕊、蜜腺等部分构成。花柄着生在花轴上。花最外层为花萼，由 4 片完全分离且狭长的萼片组成，蕾期为绿色，花期逐渐转淡呈黄绿色。花冠由 4 枚花瓣组成，开花时展开呈十字形，花瓣两侧常两两相互重叠，为黄或鲜黄等色泽。雄蕊为四强雄蕊，由 4 长 2 短共 6 枚组成。雌蕊 1 枚，细长，形似瓶状。4 枚蜜腺分布在两个短雄蕊的内侧与 4 个长雄蕊的外侧，与花萼对生；粒状，绿色，可分泌蜜汁（图 5-3）。

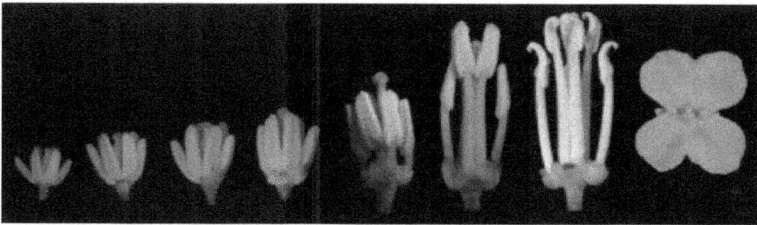

图 5-3　油菜花器结构（Hong et al.，2014）（彩图请扫书后二维码）

花期是指油菜始花到开花结束，是由基本的营养生长转向生殖生长的显著标志，此时对环境条件更为敏感。油菜开花存在 2 个开花诱导途径。第一，光周期途径（photoperiod pathway）：参与感光作用的基因被激活而开花。第二，春化途径（vernalization pathway）：低温引起开花。长江流域花期为 25～30d。开花期主茎叶片数最多，叶面积最大。至盛花期，根、茎和叶生长则基本停止，生殖生长转入主导地位并逐渐占绝对优势，表现在花序不断伸长，边开花边结角果，因而此期为决定角果数和每果粒数的重要时期。甘蓝型中熟品种开花的最佳花期是：3 月上中旬始花，4 月上中旬终花。具体过程包括花芽分化、花蕾分化和开花与授粉。

1. 花芽分化

油菜的花序是由主茎顶端和分枝顶端的生长锥分生组织细胞分化而成。整株分化顺序首先是主花序，其次是第 1 次分枝花序，再次为第 2 次分枝花序，以此类推，不同分枝花序的分化顺序是先上部分枝，后下部分枝。同一个花序分化顺序是由下而上依次进行的。

2. 花蕾分化

油菜每个花蕾的分化过程可分为 5 个时期。

（1）花蕾原始形成期　生长锥伸长，并在生长锥中下部周围出现半圆形的小突起，即为花蕾原始体。

（2）花萼形成期　花蕾原始体逐渐伸长和膨大，在上端四周又出现新月形突起，即为花萼原始体。

（3）雌雄蕊形成期　花萼原始体伸长至顶端相互合拢时，花蕾原始体上又出现新的半球状突起。中间为雌蕊原始体，四周有 4 个小突起为雄蕊原始体。其中有两个相对的雄蕊从顶端纵裂为二，发育成 4 个长的雄蕊，共形成 4 长 2 短 6 个雄蕊。

（4）花瓣形成期　当雌蕊原始体略有伸长时，在花蕾原始体基部靠近雄蕊原始体的下方，出现新的舌状花瓣原始体突起。花瓣原始体伸长很缓慢，当雌雄蕊迅速膨大时，花瓣原始体仅略有伸长，至胚珠形成后期才快速伸长。

（5）花药、胚珠形成期　雌蕊子房膨大形成假隔膜，出现胚珠。雄蕊形成花药，花粉母细胞经减数分裂后的四分体发育成花粉粒。同时花瓣、花萼、花柄也相继伸长，整个花蕾的分化即告完成。花药发育进入花粉粒成熟期过程中，当花蕾柄长约 6mm 时，是对营养条件最敏感的时期。此时营养不足，幼蕾极易发黄脱落。

3. 开花与授粉

油菜通常在开花的前一天下午花萼顶端露出黄色花瓣，第二天上午 8～10 时花瓣完全展开并散出花粉。开花后 3d 左右，花瓣凋萎脱落。中熟品种花期一般约30d。成熟花粉粒借助于昆虫或风力黏附到雌蕊柱头上即为授粉。花粉粒落到柱头上约 45min 后即可萌发，经 18～24h 完成双受精过程。雌蕊受精能力一般可保持5～7d，以开花后 1～2d 最强。油菜有一定的异花授粉率，不同品种或与其他十字花科作物相邻种植时常易"串粉"。白菜型油菜属典型的异花授粉，异交率在 75%～85%或以上；芥菜型和甘蓝型油菜属异交授粉作物，一般异交率为 10%～30%。

开花期需要 12～20℃的温度，最适温度为 14～18℃。早熟和中熟品种开花早，开花适宜温度偏低；中晚熟和晚熟品种开花迟，适宜温度偏高。每天开花数多少，与开花前 48h 的温度高低有关，温度高，开花多。气温在 10℃以下，开花数量显著减少；5℃以下不开花，并易导致花器脱落，产生分段结果现象。开花期若遇 0℃左右低温，则正在开放的花大量脱落，幼蕾黄化。当气温高达 25℃时，尚能开花，而当气温至 30℃以上，虽能开花，但结实不良。另外，开花期若温度过高，也会给昆虫授粉带来影响。开花期适宜的相对湿度为 70%～80%，低于 60%

或高于 94%都不利于开花。植物花的发育与种子的形成有密切的关系，直接影响着作物的经济产量。花期降雨、光照不足会显著影响开花结实。花期延迟、花期不足或者花器官异常都可能造成油菜产量的下降，如中国的长江流域，因为缺乏耕地，在实际生产中使用三熟耕作制度，茬口矛盾突出，限制了这些地区的油菜产量。

（五）角果成熟期

1. 角果

角果成熟期是指终花至角果种子成熟的这一段时间，是油菜种子充实，形成高产的主要时期。终花后受精子房膨大形成幼嫩的角果。油菜角果由果柄、果身、果喙三部分构成（图 5-4）。果喙由花柱和柱头发育而成，与下端的果身相连；果身由子房发育而成；果柄由花柄发育而成。甘蓝型油菜的角果一般长 7～9cm，粗 4～10mm。角果发育成熟期一般 30d 左右，角果先纵向伸长，15d 左右长度基本定型，20～22d 粗细基本定型。角果成熟时，多数品种由于其果瓣失水收缩能自动开裂，也有的品种因其果壳的厚皮机械组织发达，表现出强的抗裂果性。'华双 5 号'和'华航 901'10 个角果果壳重与抗裂角指数回归模型拟合度分别为 0.657 和 0.508（图 5-5），且回归分析表明 2 个方程均达极显著水平。由此可说明，果壳重是影响油菜抗裂角指数的决定性因素。

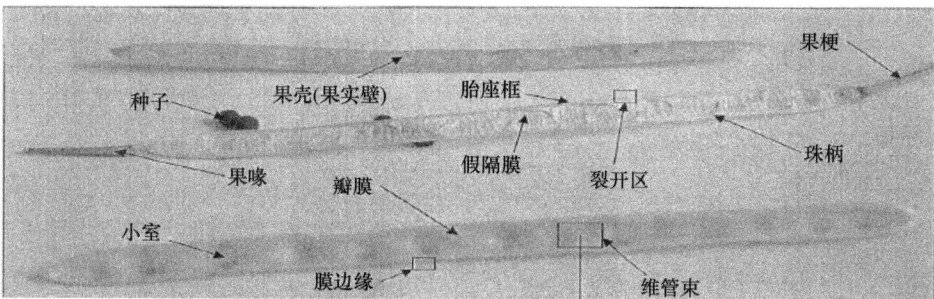

图 5-4 角果形态结构（Agius et al. 未发表数据）

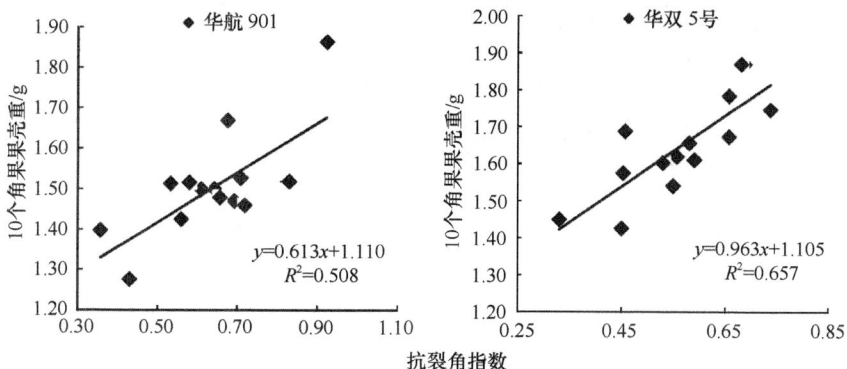

图 5-5 果壳重与抗裂角指数的回归分析（刘婷婷等，2015）

2. 种子

光合产物、根系、茎秆等部位贮藏的营养物质源源不断地向种子输送直至种子完全成熟。受精卵经 4～5d 的静止后进入细胞增殖和种胚分化发育期，最后形成种子。种子为球形或近似球形。色泽有黄、淡黄、淡褐、暗褐及黑色等。甘蓝型品种千粒重一般为 3～4g。一般大粒品种含油量高，中粒次之，小粒最低。种皮色泽浅的种子含油量高。种子由种皮、胚乳（遗迹）和胚三大部分构成。胚乳是包围在胚外的一层薄膜，细胞较大，含有较多的糊粉粒和油滴，是蛋白质的贮藏层；胚位于种子中央，主要成分是油脂和蛋白质，由胚根、胚芽、胚轴和子叶所组成，两片子叶占种子比例最大，在种皮内纵向折叠成球状。种子百粒重在花后 45d 左右即达到最大值，而籽粒水分含量则在花后 72d 最低（图 5-6）。随着种子的成熟，胚的含水量逐渐增加，而种皮含水量降低（图 5-7）。

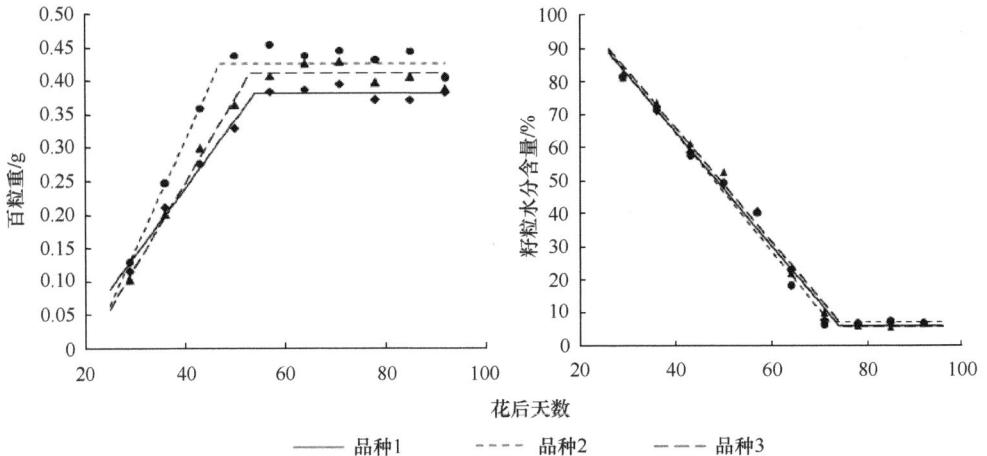

图 5-6　油菜籽粒重和水分含量动态变化（Ghasemi-Golezani et al.，2011）

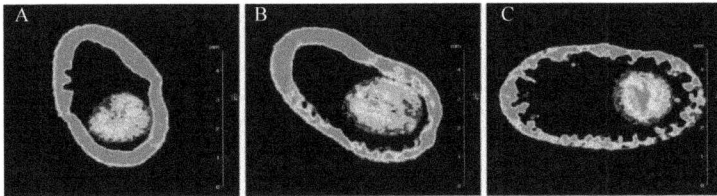

图 5-7　角果脱水过程籽粒水分分布（Timothy et al.，2003）（彩图请扫书后二维码）
MRI 观察结果，红色表示含水量最高；A，B，C 分别表示成熟度为 0.74（37d）、0.82（41d）、0.98（49d）

油菜每个角果有胚珠 15～40 粒，但能结成正常饱满种子的一般为 10～30 粒，角果长度与籽粒数呈显著正相关关系（图 5-8）。其他都是空粒（呈半透明薄膜状的胚珠）和秕粒。形成空、秕粒的主要原因是光照不足和光合产物供应不足。种胚发育经历静止期后 3～4d 到 8～9d，光照不足易形成空粒，之后光照不足和养分不足则易形成秕粒。

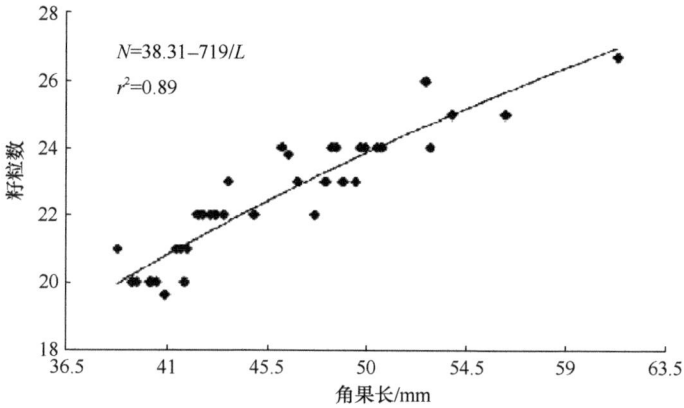

图 5-8　角果长度与籽粒数的关系（Hoseinzadeh et al.，2010）

油菜的产量是由单位面积上的角果数、每果粒数和粒重 3 个因素所决定（图 5-9）。其中，以单位面积角果数的变异最大，是调节潜力最大的产量因素，其他两个变异幅度相对较小。

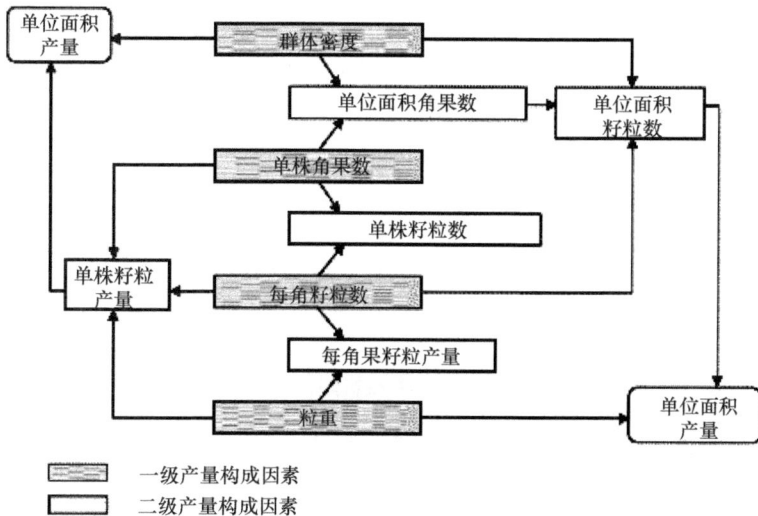

图 5-9　油菜产量构成因素（Rathkea et al.，2006）

角果成熟期叶片逐渐衰亡，光合器官逐渐被角果取代。这一时期是决定粒数和粒重的时期。角果发育期，温度在 16～22℃时，最适合昆虫授粉，只要正常开花受精，在日平均温度 6℃以上都能正常结实壮籽。20℃左右最为适宜，昼夜温差大，有利于营养物质的积累，提高种子千粒重。角果及种子形成的适宜温度为

20℃，日均温在 15℃以下则中晚熟品种不能正常成熟。天气晴朗、光照充足、昼夜温差大，种子含油量高；反之，低温阴雨、土壤多湿或极端干燥，成熟慢，种子含油量低。此段时期，若在 3 月上中旬以后遭遇"倒春寒"或春性品种遇暖冬天气，幼角果受冻，生殖生长受阻，角果易脱落，或出现明显分段结角现象，产量损失严重。如遇干热风天气，出现 30℃高温，易造成高温逼熟，种子千粒重不高，含油量降低。油菜角果成熟期的土壤含水量以田间持水量的 70%以上为宜。

第三节　油菜生长发育与结实器官形成的关系

从油菜结实器官的形成过程来看，首先是依靠营养器官（茎、枝、叶）的光合产物建造角果皮，再依靠营养器官干物质的转移与分配，以及角果皮的光合产物充实角果籽粒。

一、油菜个体生长发育（根、茎、叶）与结实器官形成

（一）根系

油菜根系为直根系，呈圆锥形，由主根、侧根、支根（二级侧根）、细根（三级侧根和根毛）组成。种子萌发后，其胚根深入土中逐渐形成主根。当油菜第一片真叶出现时，侧根从主根的基部两侧开始长出，然后侧根上生长出许多支细根。油菜苗前期主根以下扎为主，苗后期除继续下扎外，主根膨大，进行根颈充实，贮积养分。在越冬期间，气温逐渐下降，地上部生长减慢，而此时土温高于气温，而根系生长要求的温度又比地上茎叶低。因此在越冬期间根系生长仍比地上部茎叶生长快。开春后，随着气温的升高，根系向水平方向发生大量支细根，且主根生长状态与侧根生长关系密切（图 5-10），到盛花期达最大限度，这时根系的活力最强。盛花后根系逐渐衰老。

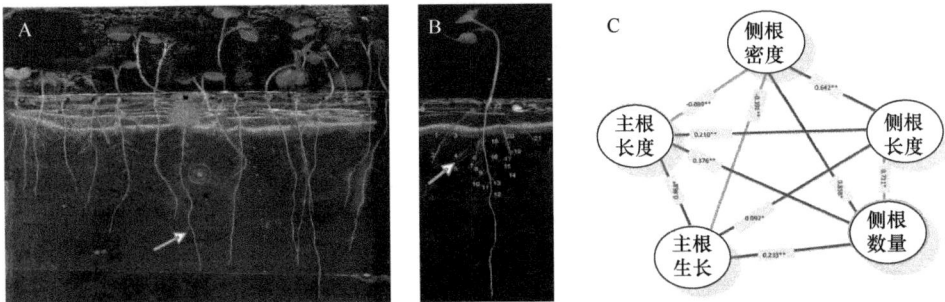

图 5-10　油菜苗期根系结构及其关系（Kiran，2014）（彩图请扫书后二维码）
A. 主根；B. 侧根；C. 主侧根关系；*表示在 0.05 水平上显著相关，**表示在 0.01 水平上显著相关

油菜出苗是由下胚轴伸长将子叶顶出土表来完成的。这段伸长的下胚轴通常称为幼茎。栽培学上把子叶节以下至侧根开始发生的这段幼茎称为根颈。根颈的生长包括伸长与增粗两个方面，油菜种子发芽至第一片真叶展开，是根颈的伸长期。第一片真叶展开后，根颈伸长基本停止，继而形成层开始活动，产生次生韧皮部和次生木质部，根颈进入增粗期，第1～3片真叶期间是根颈快速增粗的时期，5叶期以后增粗减缓，而以内部组织充实为主。根颈是油菜冬前养分的重要贮藏器官，短粗直立的根颈可贮藏较多的营养物质，有利于安全越冬。4～5叶期根颈靠根端的皮层破裂，产生不定根，使根系扩大。因此，5叶期菜苗的根颈是否产生不定根也是衡量菜苗生长是否健壮的标志之一。根系干物质分配与倒伏角度显著负相关，与抗裂角指数显著正相关，因此增加根系干物质分配有利于提高油菜抗倒伏能力与抗裂角能力（表5-2）。

表 5-2　干物质分配率与产量、机械收获关键性状相关性分析（杨阳等，2015）

生育阶段	器官	单株产量	倒伏角度	抗裂角指数
蕾薹初期	根	−0.025	−0.567	0.583[*]
	茎秆	−0.212	0.383	−0.441
	叶	0.652[*]	0.106	0.024
蕾薹期	根	−0.310	−0.867[**]	0.961[**]
	茎秆	−0.277	0.563	−0.754[**]
	叶	0.609[*]	−0.253	0.471
花期	根	−0.435	−0.963[**]	0.985[**]
	茎秆	−0.186	0.653[*]	−0.817[**]
	叶	0.540	−0.325	0.545
成熟期	根	−0.628[*]	−0.967[**]	0.920[**]
	茎秆	−0.349	0.490	−0.671[*]
	角果	0.624[*]	−0.149	0.362

*，**分别表示在 0.05，0.01 水平上显著相关

（二）主茎和分枝

1. 主茎

油菜子叶以上的幼茎向上延伸生长形成主茎，一般呈圆柱形，株高达 100～200cm，主茎的茎段和茎节在花芽开始分化的时候就已经完成，各节之间处于紧密相接的状态，到现蕾抽薹后才可见到明显伸长的节间。下粗上细，柱面上常有不规则的棱。中熟品种主茎有 25～30 节，茎色有绿色、微紫色和深紫色；茎表覆盖有一薄层蜡质粉状物质，光滑或被有稀疏刺毛。主茎过早伸长使得基部裸露，遇低温易受冻害。始花时茎的伸长基本停止。

甘蓝型油菜的主茎可根据其节间的长短变化和茎节上所着生的叶片特征，由

下而上分为缩茎段（contracting stem）、伸长茎段（elongating stem）、薹茎段（bolting stem）3 个部分。

（1）缩茎段　位于主茎基部，节间短缩密集，圆形无棱，着生长柄叶。缩茎段的节间在正常栽培条件下均不伸长。

（2）伸长茎段　位于主茎中部，节间由下而上依次由短变长，后又依次由长变短，茎表突起的棱逐渐明显，各节上着生短柄叶，叶痕较宽，两端略向下垂。

（3）薹茎段　位于主茎上部，顶端着生主花序轴，节间依次变短，有明显的棱；节上着生无柄叶，叶柄背部与茎相接处较平整，多呈圆弧状，叶痕较窄，中部凸，两端平伸。

茎的生长可分为 3 个时期，即伸长期、充实期和物质分解运转期。第 1 个时期是从始薹至始花的 20 多天时间内，茎秆迅速伸长、增粗；第 2 个时期在始花后，茎秆质量迅速增加，贮藏物质不断积累，茎逐渐充实；第 3 个时期贯穿结角及发育成熟全过程，在此期间，茎秆贮藏物质逐渐分解转移，以供角果中的种子发育充实所需。

油菜的茎枝也是产生光合产物的器官，起着源的作用，但与油菜产量的关系少见报道。通过摘薹试验发现，相同密度下，摘薹油菜与不摘薹油菜相比，植株高度降低，茎秆增粗，分枝高度显著下降，一次有效分枝数略有减少，而二次有效分枝却明显增多，单株有效角果数大量增加，每角粒数少量增加，千粒重略微下降，单株产量提高（吴宗棠，1990；裴正峰，1998）。而整枝使油菜籽粒饱粒数增加，粒重和每角籽粒数都增加（Tayo and Morgan，1975），可见适当整枝应用在生产上对构建合理群体结构、提高油菜产量有一定效果。此外，茎的粗细与其上着生的一次有效分枝数、单株角果数、每角果粒数和粒重间有着密切的关系。因此，在栽培上也将茎粗作为衡量植株长势强弱及其经济性状优劣的重要指标，一般适当降低株高，增加根茎粗，有利于提高油菜抗倒性和产量（表 5-3）。生产中，

表 5-3　根倒和茎倒角度与根和茎秆特性的相关性（杨阳等，2015）

指标	根颈粗	根鲜重	鲜重根冠比	株高	地上鲜重	抗折力	倒伏指数
根颈粗	1						
根鲜重	0.938**	1					
鲜重根冠比	0.894**	0.949**	1				
株高	−0.687*	−0.859**	−0.815**	1			
地上鲜重	−0.001	0.012	−0.293	0.037	1		
抗折力	0.731**	0.860**	0.790**	−0.969**	0.070	1	
倒伏指数	−0.743**	−0.866**	−0.864**	0.978**	0.186	−0.946**	1
根倒角度	−0.856**	−0.919**	−0.928**	0.892**	0.232	−0.847**	0.946**
茎倒角度	−0.740**	−0.843**	−0.918**	0.817**	0.425	−0.710**	0.872**
总倒伏角度	−0.800**	−0.887**	−0.935**	0.861**	0.348	−0.778**	0.916**

*，**分别表示在 0.05 和 0.01 水平上显著相关

要获得生长粗壮的油菜茎秆，首先必须培育壮苗、促进根颈粗壮，同时在茎的伸长和充实期，保持田间植株群体中下部有较好的光照条件，并供应充足的肥水，保证短柄叶合成较多的糖类物质，避免薹茎过分伸长。

2. 分枝

油菜的每一叶腋都有 1 个腋芽，在条件适宜时形成分枝。着生在主茎上的分枝称为第 1 次分枝；由第 1 次分枝的腋芽形成的分枝称为第 2 次分枝，依此类推。一般以第 1 次分枝较多，第 2 次分枝较少。

油菜主茎下部缩茎段上的长柄叶的腋芽在越冬前形成，很少能形成分枝或多形成无效分枝。中部伸长茎段上的短柄叶腋芽在越冬期形成，大多数可以形成分枝，其中有部分为有效分枝。上部薹茎段的无柄叶的腋芽在春后形成，一般都可成为有效分枝。

在提高油菜单株生产力实现增产的种植模式下，第 1 次分枝是构成油菜产量的重要因子，与产量高度正相关。同时，油菜主茎总叶数与第 1 次分枝数高度正相关；抽薹期主茎绿叶数与第 1 次分枝数也呈正相关。因此在花芽分化前争取有较多的绿叶数，对提高第 1 次分枝数和角果数有重要意义。稀植、通风透光、营养状况良好、适时早播，培育壮苗的条件下则分枝较多，反之则分枝较少。合理施肥，尤其是在抽薹期（薹高 10cm 左右时）及时施肥，可显著地增加第 1 次分枝。

（三）叶片

1. 子叶

油菜种子发芽出苗时，首先出现的黄绿色肥厚小叶片，一大一小两片即为子叶。子叶见光平展后逐渐转为绿色，叶面积逐渐扩大，甘蓝型油菜子叶的形状为肾脏形，它既是幼苗生长初期的营养供体，也能进行光合作用制造养料。

2. 真叶

油菜子叶以上的胚轴延伸形成茎，茎上各节着生的叶片都称为真叶，是不完全叶，只有叶片和叶柄（或无叶柄）。早熟品种 20～25 片、中熟品种 25～30 片、晚熟品种 30～40 片。如肥水条件好，播期早则叶片数多。甘蓝型品种按真叶发生的顺序有长柄叶、短柄叶和无柄叶 3 种形态，分别在不同的生育时期为油菜的根茎生长、花器分化和籽粒形成提供光合产物。长柄叶的主要功能期在苗期，它的直接作用是影响根和根颈的生长，同时对主茎、分枝、花序、角果和种子也有间接作用，可为油菜冬前营养生长及越冬提供保障。短柄叶和无柄叶对生殖生长影响较大。短柄叶的功能期主要在蕾薹期。短柄叶对主茎、分枝、角果、种子影响最大，对根和根颈也有一定作用。短柄叶是一组上下兼顾的功能叶，油菜要实现春发稳长就必须有生长良好的短柄叶。短柄叶太少则春发不足，而短柄叶太多又会徒长。无柄叶是叶面积最小的一组叶片，功能期主要在初花后。无柄叶的光合产物只向主茎、分枝和角果输送，对种子粒重也有一定影响。分枝上的无柄叶主要影响本分枝生长发育。

油菜主茎上叶片是苗期分化形成的。叶片不仅构成了根茎及分枝生长的基础，而且对籽粒的形成也有直接的贡献。油菜苗期以植株最大叶的光合强度最高，向上各新生叶及向下各定型叶均逐渐下降，但向下各叶光合强度下降的幅度较小，下部变黄叶片的光合强度则急剧下降，下降幅度与光照强度、叶绿素含量及植株生长状态有关。Rood 等（1984）在油菜终花期用 $^{14}CO_2$ 饲喂不同部位的叶片后观察营养物质的运输，结果表明，下部叶片（主要为长柄叶和部分短柄叶）$^{14}CO_2$ 光合产物约有 31.8% 向茎扩散，31.9% 向根扩散，角果和种子所占比例较少。上部叶片（主要为无柄叶和部分短柄叶）与之相反，65% 以上的 $^{14}CO_2$ 光合产物输入角果和种子。这表明，在油菜生长后期，下部叶片光合产物主要输入根部，维持根系活力，起着保根、护根的作用，而上部叶片的光合产物则主要用于种子形成。

二、源库关系对结实器官形成的影响

油菜生长发育中，源器官的发育对结实器官的影响较大（图 5-11），而源活性常用光合速率来衡量，源的大小一般可以用叶面积、比叶重、比叶面积、叶片含氮百分率等指标来衡量。通过剪叶、遮光减少源，疏花、疏果减少库，或同时改变源、库大小可以调节源库关系（屠乃美和官春云，2001），源不仅产生同化物，同时也产生推力使同化物由源向库输送。库是同化物由源至库移动的启动因子。作物源库关系的协调与否会影响其光合效率的高低。对油菜的研究认为，种子产量在光照良好的角果中受库容量的大小所约束，光照条件差的角果产量受源强度制约（稻永忍等，1987）。油菜从子叶伸展期起置于较长期低温处理下，在相对较短的花期生长期间只分化了较少的主茎叶片数，结实器官形成受分枝和花芽数的减少而限制（Tommey et al.，1992）；置于较高温度下的植株结实器官形成受源强度限制。龚宏伟和张振兰（2011）研究认为，油菜角果既是源又是库，籽粒干物质由角果自身光合产物、果皮中贮存物质及其他器官的运输提供；角果自身光合产物起主

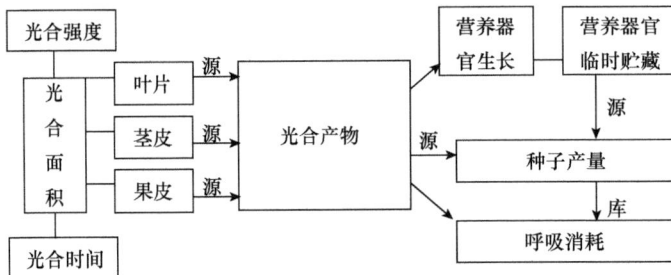

图 5-11　油菜光合作用与产量形成的关系（傅寿仲，1980）

要和决定性作用。在源不足时，其他器官运输量具有一定调节作用，但主要是源通过毛管机制推动同化物。屠乃美和官春云（2001）认为果皮的同化能力和同化物向籽粒的输送强度受制于库容量的大小和单位库容的物质占有量。湖南农业大学李凤阳等（2011）指出，油菜源库关系复杂，要增产既要增源，又要增库。库容的生理活性对源的光合与输出有积极的促进作用，油菜要获得高产，就要使"源"、"库"、"流"这三者相互协调。

三、油菜群体结构与结实器官形成

油菜生产是田间条件下的群体生产，是由单叶光合作用所构成的群体光合作用系统，而不再是单叶光合的累加，它比单叶光合作用更为复杂，与干物质生产和经济产量的关系更为密切。油菜籽粒中干物质的来源有 3 个方面：一是来自残留叶片制造的和茎秆内贮藏的光合产物，约占 10%；二是来自绿色茎皮制造的光合产物，约占 20%；三是来自绿色角果皮制造的光合产物，约占 70%（其中，8%来源于果喙）。冷锁虎等（2004）认为，高产群体要具有高的物质生产和积累能力，高效群体冠层特征为：合理的茎枝组成及其形成；适宜叶面积的发展与适宜角果皮面积的合理交替；各期干物质的积累与籽粒产量的关系等。

（一）油菜群体光合面积

在冬油菜产区，正常年份生育期间叶面积的增长是单峰曲线（图 5-12）；在偏冷年份，由于叶片受冻，越冬期叶面积有所下降，呈双峰曲线。最大叶面积指数一般出现在开花期（高产田往往出现在盛花期），随之下降。在一定的叶面积指数范围内，随着叶面积指数的增加，产量也增加，而超过一定范围产量反而下降。一般情况下的最大叶面积指数以 4～5 为宜。对于油菜来说，当达到最大叶面积指

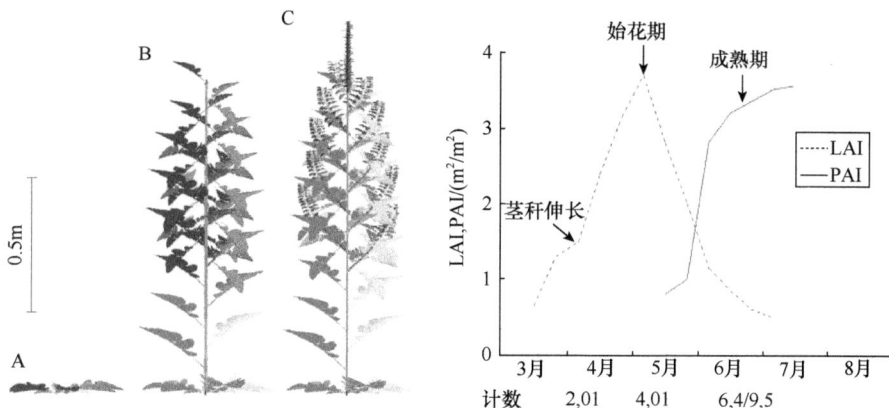

图 5-12 冬油菜叶面积指数、角果皮面积指数动态变化
（Diepenbrock and Grosse，1995；Jullien et al.，2011）

数后，随着开花结实，角果皮的功能开始显现出来。随着角果表面积的增长，其表面积也有一定的指数。

1. 油菜叶面积 LAI 与产量的关系

油菜干物质积累是形成籽粒产量的物质基础，但不同时期形成的干物质对最终籽粒产量的形成有不同的影响。冷锁虎等（2004）的研究结果表明，初花期和盛花期的LAI与油菜干物质积累表现为抛物线形二次曲线变化，在初花期 LAI 为 4.46、盛花期 LAI 为 4.62 时，植株干物质积累达最大值（冷锁虎等，2004；戴敬等，2001）。而终花期 LAI 与植株干物质积累呈显著线性正相关，即终花期 LAI 越大，植株干物质积累越多。说明油菜在开花期以前，群体有适宜的干物质积累量是构成高产群体的基础，过低、过高都不利于高产群体的形成；在初花期和盛花期保持较高的 LAI 有利于提高油菜生物学产量；在终花期保持一定的 LAI，有利于提高植株后期的光合能力，增加成熟期的生物产量，提高最终籽粒产量。

2. 油菜角果皮面积 PAI 与产量的关系

油菜终花后，叶片的光合能力逐渐下降，油菜角果生长发育，PAI 迅速增大，角果皮成为油菜后期进行光合作用的主要器官。它具有表面积大，处于植株的冠层，在果轴上呈螺旋形排列，易于接收阳光的特点；具有与叶片相近似的高光合强度。因此，在角果的发育和成熟期，使角果皮充分地接收阳光，延长其光合作用功能期就能有效提高油菜籽的产量。油菜终花期 PAI 与油菜干物质积累呈显著线性正相关，即油菜干物质积累随终花期 PAI 的增加而提高，说明油菜角果皮面积越大，植株光合能力越强，油菜的生物学产量越高。在群体中，PAI 决定了油菜光合效率，PAI 过大，群体中小角果、无效角果数量的大幅度增加，则会导致籽粒产量的大幅下降。因此，角果皮面积指数也存在一个适宜的水平。冷锁虎等（2004）分析不同产量水平下 PAI 与籽粒产量的关系得出：籽粒产量随 PAI 的增加呈先增后减的趋势。戴敬等（2001）的研究结果则表明，产量随终花期 PAI 的增加而提高；成熟期油菜 PAI 与产量之间呈极显著的线性正相关（表 5-4）。

表5-4　不同生育期 LAI 和 PAI 与干物质累积的关系（戴敬等，2001）

项目	生育期	方程	相关系数	显著性
叶面积指数 LAI	初花期	$y=4.02+5122.44x-574.35x^2$	0.7856	0.01
	盛花期	$y=10.02+4926.03x-534.85x^2$	0.8263	0.01
	终花期	$y=7488.75+1715.31x$	0.6106	0.05
角果皮面积指数 PAI	终花期	$y=4378.99+3299.18x$	0.6260	0.05
	成熟期	$y=2274.10+2720.43x$	0.9208	0.01

（二）油菜结角层结构

油菜结角层是由角果和果序轴组成的一个空间结构，在结角层中包含了油菜所有的产量构成因素和后期的源库结构关系。整个结角层中，角果皮面积指数较小，一般只能达到 3.5mg/cm^3 左右，而单位角果皮面积生产力较高，平均达 9～10mg/cm^2。油菜的结角层一般在 70～80cm，终花后不久，角果的鲜重增加，使果序弯曲，上部角果相互重叠，从而使结角层变薄，厚度为 50～60cm。角果最多地集中在 10～60cm，占总角果数的 90%，并以 10～30cm 的角果最多，占角果总数的 65%，属于高效结角层，其阴角比例小，大中角果比例高，每角粒数多，千粒重高，单位角果皮面积指数高。因此，要充分发挥结角层的生产潜力，必须促进油菜下部分枝的生长以增加上部 30cm 结角层的角果密度。结角层中的角果相互遮光是导致结角层效率不高的主要原因（Chapmen et al.，1984），即使是主花序和第 1 次分枝上发育较早的下部角果，虽然其生产潜力最大，但实际因光照不足没有充分发挥其优势。有试验表明，在角果生长期去掉 20% 的角果，反而提高了产量，无论是在秋播还是春播的条件下，去掉 50% 的花，产量也不会降低，因此可以通过降低包括主花序在内的各枝序上的结角数，改善结角层中的光照分布，改善角果受光条件，从而使单个角果的生产力和整个结角层的效率提高（Freyman et al.，1973）。基于油菜结角层不同则果皮生产力不同，上、中层角果（自上而下约 30cm）比下层角果生产力好，饱果率高，阴角率低，大角果多，每角粒数高，千粒重高这一结论，在生产实践中，应使群体结角层合理，在措施上主要是通过合理密植，科学施肥，适当控制第 2 次分枝的数量，促进第 1 次分枝上下位枝序的均衡发展，使各枝序的经济性状发育良好，整体产量才可得到提高。提高结角层生产力的关键是在结角层的纵向上提高千粒重，横向上增加角粒数，从而进一步提高产量。朱耕如等认为，结角层以华盖形结构比较合理，油菜一次枝序较长，各枝序结角起止点较高且整齐，有利于提高光合效率。高光效结角层结构的建立应具备以下要求：一是群体直立不倒；二是提高群体中主花序的比例，扩大总茎枝数，群体总茎枝数以 21 万～28 万/亩为宜，其中主花序占 1/4～1/3；三是增加上部分枝的角果比例，使其达 45% 左右；四是各有效分枝的结角起止点整齐一致（徐进东等，2000）。这样，控制下位分枝的生长，改善结角层内部的光照条件，最终形成一个高光效的结角层结构。

第四节　油菜的养分需求特性与结实器官形成

一、氮、磷、钾需求特性

（一）氮、磷、钾吸收特性

油菜是需肥量较大的作物。其根系发达，吸收土壤矿物养分能力较强，对肥料利用率较高。在较长的生育周期内，植株需要吸收大量的氮、磷、钾养分，且对氮、钾素的需求量显著高于磷素（Holmes，1980；邹娟，2010）。油菜成熟期，地上部氮素累积量可达到 200～300kg N/hm^2，磷素累积量可达到 40～60kg P/hm^2，而钾素累积量则可达到 300～380kg K/hm^2。在大田油菜 100～150kg/亩的产量下，需氮 8.8～11.6kg，平均 10.1kg；需磷 3.0～3.9kg，平均 3.4kg；需钾 8.5～10.1kg，平均 9.4kg，是禾谷类作物需氮量和钾量的 2.5 倍，磷量的 1 倍多。不同地力条件下，油菜养分需求量存在差异。孙克刚等（2002）研究发现，油菜的百千克籽粒氮、磷、钾需求量分别为 9.5kg N、1.6kg P 和 7.4kg K，氮、磷、钾素需求量比例为 1∶0.4∶0.9。而王文昌和郝玉红（2008）研究认为，每生产 100kg 籽粒油菜植株需吸收 9.0～11.0kg N、1.3～1.7kg P 和 7.1～10.4kg K，氮、磷、钾素的比例为 1∶0.5∶1。邹娟（2010）通过多年多点研究发现，油菜的百千克籽粒氮、磷、钾需求量为 4.7～5.5kg N、0.83～1.18kg P 和 5.7～7.3kg K，氮、磷、钾素的比例为 1∶（0.5～0.6）∶（1.6～1.8）。

油菜生育期内植株氮、磷、钾素的分配中心随生育进程发生变化，且 3 种元素在不同生育阶段的分配中心不同（朱洪勋等，1995；郭庆元等，2000；孙克刚等，2002）。叶片是油菜营养生长阶段氮素分配中心，而角果和籽粒则是生殖生长阶段氮素的分配中心。油菜苗期吸收的磷素主要供给根系生长，因此根系是油菜苗期磷素分配中心，而薹花期后植株地上部成为磷素分配中心，成熟期时则转移至角果和籽粒。油菜苗期植株体内钾素分配中心为叶片，花期为茎秆，而角果成熟期则转移至角果皮。一定的产量水平下，油菜对于氮、磷、钾养分的需求量明显不同。

1. 氮

氮素是油菜生长需要量最大的营养元素，油菜除可吸收极少量的酰胺态氮化合物外，主要从土壤中吸收无机态氮——氨态氮和硝态氮。氮是作物体内许多重要有机化合物（如叶绿素、蛋白质、核酸、酶等）的组分，作物体内氮含量直接或间接影响着光合作用的速率和光合产物的形成。在适宜的施氮量范围内，油菜的净光合速率、叶面积指数、叶绿素含量均随施氮量的增加而提高，但施氮量过高或过低时，则会下降（Rathke et al.，2006；杜艳丰等，2011）。

油菜对氮素的吸收累积主要在生育前期，即营养生长阶段（表 5-5）。油菜苗期和蕾薹期的氮素累积量为生育期总累积量的 27%～44%，薹花期为 40%～51%，而成熟期为 12%～23%（孙克刚等，2002）。氮素总积累量呈先升后降的变化，0～170d 直线上升，170d（初花期）达最大值，为 217.6kg/hm^2，后期略有下降。苗期氮素积累量最大，占最大积累量的 80.9%，蕾薹期仅占 19.1%。根、茎、绿叶中氮素积累量均先升高后降低，分别在 130d（苗后期）、185d（花期）、140d（蕾薹期）达最大值，为 29.2kg/hm^2、70.5kg/hm^2、107.1kg/hm^2，之后三者氮积累量均有不同程度下降，降幅表现为绿叶＞茎秆＞根。生殖器官中的氮素在角果形成后呈直线上升，最终有 66.5%的氮素积累在籽粒中。落叶的氮素积累量在 170d（蕾薹期）后快速增加，220d 时达最大值，为 19.9kg/hm^2，占植株氮素总积累量的 10.0%（图 5-13）。

表 5-5　油菜不同生育阶段对养分的吸收（王晓燕，2008）

生育阶段	生育期/d	吸收量/（mg/株）			吸收率/%		
		N	P_2O_5	K_2O	N	P_2O_5	K_2O
苗期	149	405.8	80.0	213.2	43.9	20.0	24.3
蕾薹期	30	423.3	86.6	474.6	45.8	21.7	54.1
开花结角期	50	94.5	233.1	189.8	10.3	58.3	21.6
总计	229	923.6	399.7	877.6	100.0	100.0	100.0

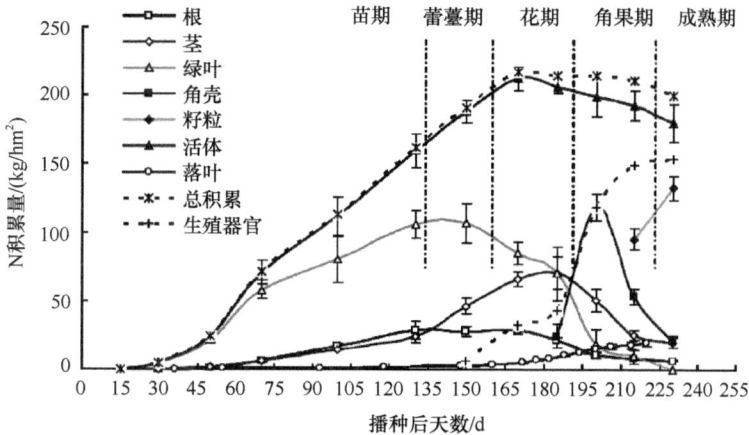

图 5-13　油菜氮养分累积动态（优质油菜生理生态）

2. 磷

油菜对磷的吸收量远低于氮和钾，但油菜对磷营养极为敏感，磷供应水平是影响油菜结实器官形成最重要的养分因子之一。油菜细胞中磷的浓度与光合速率密切相关，当磷供给量不足时，严重影响油菜的光合碳同化进程。曲文章等研究认为，不同施磷量处理之间的各叶位叶片光合速率随着施磷量的增加而提高，并且不同处理间的单叶和群体光合速率在各个生育时期都随着施磷量的增加而提高。

油菜对磷素的吸收累积在苗期较少，主要集中于薹花期和成熟期。孙克刚等（2002）研究发现，油菜苗期的磷素累积量占全生育期总累积量的 23%，蕾薹期占 31%，而花期到成熟期则占 46%。邹娟等（2008）研究显示，不同品种冬油菜苗期对磷素的吸收为全生育期的 23%～38%，蕾薹期为 23%～30%，而花期则为 33%～54%。与氮素不同，磷总积累量在整个生育期内持续增加，0～130d（苗期）缓慢上升，135～185d 趋于平缓，185～230d（角果至成熟期）直线上升至成熟期，磷（P_2O_5）吸收量达 91.7kg/hm²。根、茎、绿叶中磷积累量先升后降，分别在 150d（蕾薹期）、185d（花后期）、130d（苗后期）达最大值，为 5.73kg/hm²、17.7kg/hm²、22.9kg/hm²，而后下降幅度以绿叶最大，茎秆次之，根系最小。生殖器官中的磷积累量直线上升，收获时生殖器官 88.4%的磷积累在籽粒中。落叶中磷积累量较少，仅占总积累量的 6.2%（图 5-14）。

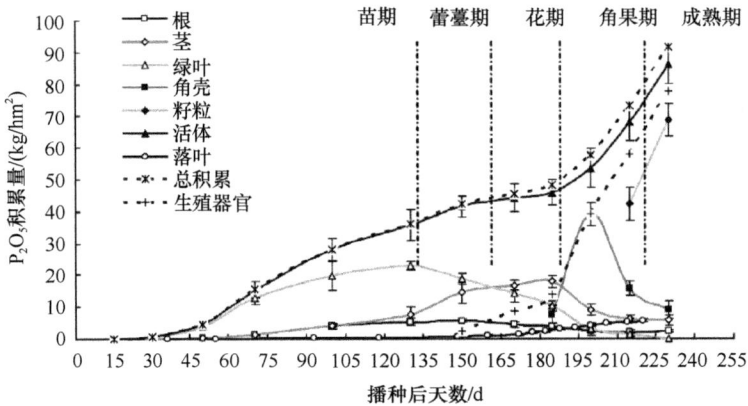

图 5-14　油菜磷养分累积动态（优质油菜生理生态）

3. 钾

油菜是需钾较多的作物之一，近年来随着品种的改良及氮、磷肥施用量的增加，产量水平大幅度提高，油菜对钾的需要量也相应增加，不少地区出现了缺钾症状，钾成为油菜产量进一步提高的限制因子之一。适量增施钾肥有利于叶片生长、叶绿素含量增加及光合势的增加（董春华等，2010；李得宙，2005）。

油菜苗期的钾素累积量一般低于全生育期的 30%，而薹花期则超过 50%（朱洪勋等，1995；孙克刚等，2002；邹娟等，2008），表明油菜的钾素吸收累积主要集中于薹花期。钾积累动态与氮相似，先升高后降低，在 185d 达最大值，为 263.8kg/hm^2。不同生长期的积累顺序表现为苗>蕾薹期>花期>角果、成熟期。根、茎、绿叶中的钾积累量分别在 150d（蕾薹期）、185d（花期）、135d（苗后期）达到最高值，为 35.0kg/hm^2、119.0kg/hm^2、72.4kg/hm^2，之后均有降低，降幅仍以绿叶最大，茎秆次之，根系最小。生殖器官中的钾大部分积累在角壳中，最终分配到籽粒中的仅为 19.5%。绿叶中 63.0%的钾残留在落叶中，占植株总积累量的 18.4%（图 5-15）。

氮、磷、钾肥用量对油菜抗裂角指数的影响均呈波峰曲线变化，'华双 5 号'和'华航 901'达最大抗裂角指数时的纯氮用量分别为 160kg/hm^2 和 140kg/hm^2、P$_2$O$_5$ 为 120kg/hm^2 和 160kg/hm^2、K$_2$O 均为 180kg/hm^2；油菜抗裂角指数的变化大小因肥料种类而异，氮、磷、钾 3 种肥料中，钾肥对抗裂角指数的影响最大（表 5-6）。

以上研究结果说明，油菜的氮、磷、钾养分需求可能由于品种、栽培条件、产量水平及施肥措施等方面的影响而存在较大变异性。可见，油菜对氮、磷、钾

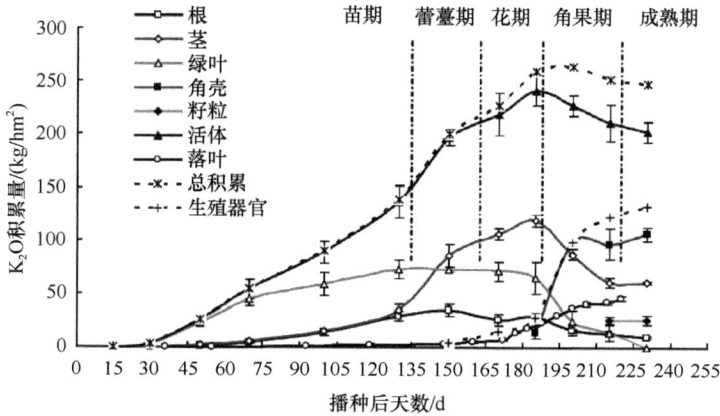

图 5-15 油菜钾养分累积动态（优质油菜生理生态）

表 5-6 氮、磷和钾肥与抗裂角指数的单因子回归方程（刘婷婷等，2015）

年份	肥料	品种	单因子回归方程	R^2	最优值/(kg/hm^2)
2012~2013	N	华双 5 号	$Y=-3\times10^{-6}X^2+0.001X+0.403$	0.813^{**}	160
		华航 901	$Y=-5\times10^{-6}X^2+0.001X+0.507$	0.874^{**}	140
	P$_2$O$_5$	华双 5 号	$Y=-9\times10^{-6}X^2+0.002X+0.418$	0.816^{**}	120
		华航 901	$Y=-9\times10^{-6}X^2+0.002X+0.451$	0.716^{**}	160
	K$_2$O	华双 5 号	$Y=-8\times10^{-6}X^2+0.002X+0.236$	0.853^{**}	180
		华航 901	$Y=-8\times10^{-6}X^2+0.002X+0.277$	0.883^{**}	180
2013~2014	N	华双 5 号	$Y=-4\times10^{-6}X^2+0.001X+0.516$	0.729^{**}	160
		华航 901	$Y=-7\times10^{-6}X^2+0.001X+0.652$	0.867^{**}	140
	P$_2$O$_5$	华双 5 号	$Y=-1\times10^{-5}X^2+0.003X+0.537$	0.807^{**}	120
		华航 901	$Y=-1\times10^{-5}X^2+0.003X+0.564$	0.715^{**}	160
	K$_2$O	华双 5 号	$Y=-1\times10^{-5}X^2+0.003X+0.330$	0.821^{**}	180
		华航 901	$Y=-1\times10^{-5}X^2+0.003X+0.361$	0.852^{**}	180

**分别表示在 0.01 水平下的显著相关

养分的吸收累积规律及其需求量均存在差异，并且受到各方面因素的影响。因此，油菜的养分管理措施应针对不同环境和条件进行，以做到因地制宜、合理施肥。

（二）氮、磷、钾肥推荐用量

推荐施肥是根据作物养分需求规律，结合土壤养分供应能力及肥料利用率，对肥料适宜用量及相应施肥技术进行推荐，目的在于实现作物增产增收、肥料高效利用、培肥土壤并减少污染，促进作物生产的可持续发展（张福锁，2006）。目前较常用的推荐施肥方法主要归为三大类：一是地力分区法；二是目标产量法，包括养分平衡法和地力差减法；三是田间试验法，包括肥料效应函数法、养分丰缺指标法和氮磷钾比例法。

对于油菜的氮、磷、钾肥推荐施用量，前人在不同地区已进行了大量探索和研究。不同年代、不同气候条件、不同地力水平及不同研究条件下，油菜适宜的氮、磷、钾肥用量均有一定差异（Rathke et al.，2006）。因此，以土壤养分测试为基础进行推荐施肥可更好地适应油菜需求。Brennan 和 Holland（2007）研究显示油菜施磷效果与土壤磷素水平呈极显著的负相关关系，油菜施钾效果与土壤速效钾含量之间也存在类似的负相关关系（鲁剑巍等，2001）。而且，不同土壤速效磷、速效钾养分条件下，油菜的磷肥和钾肥推荐施用量与土壤养分含量之间也存在显著负相关关系（李银水等，2008b，2009）。因此，对于油菜的磷、钾肥推荐施用量，可以根据土壤速效磷、速效钾养分含量作为指标进行确定。由于现有的土壤氮素含量测试指标无法较好地反映水旱轮作区的土壤供氮能力，因而可结合目标产量，以不施氮小区产量或以相对产量为指标评估土壤基础氮素水平而确定适宜施氮量（邹娟，2010；Wang et al.，2012）。多年多点多地试验表明，油菜适宜氮肥用量主要在 140~280kg N/hm²，适宜磷肥用量在 60~140kg P₂O₅/hm²，而适宜钾肥用量则在 80~240kg K₂O/hm²（涂运昌等，1991；刘讽等，1991；张文学和李殿荣，2000；郭庆元等，2001；袁卫红，2002；鲁剑巍等，2005；李志玉等，2007；李银水等，2008a，2008b，2009；曼泽民等，2012）。

二、其他微量元素

其他微量元素中以硼、锌对油菜生长发育和结实器官形成影响最大，浓度过高或过低均不利于花粉管萌发（表 5-7），影响到结实器官形成，最终导致减产。

1. 硼

油菜是对硼元素敏感的作物。就品种而言，白菜型油菜一般不缺硼，但施硼仍可达到增产 10%的水平；甘蓝型油菜对硼反应敏感，叶片有效硼含量低于20mg/kg（干重）即表现出明显的缺硼症状，减产严重。甘蓝型油菜中，杂交品种较常规品种对硼反应敏感，优质油菜品种最为敏感，晚熟品种较早熟品种敏感。正常生育所要求的土壤有效硼含量的临界指标，普通油菜为 0.5μl/L，杂交油菜为0.7μl/L。油菜整株硼含量以蕾薹期为最高，以后缓慢下降，植株含硼量与出苗后天数的曲线方程为：$y=10.743+4.9316x-0.0456x^2$，$R^2=0.9428$。适量施硼有利于叶片中叶绿素含量提高，而不施硼或施硼过量均会导致油菜叶片叶绿素含量降低，不利于叶面积指数发展。增施硼肥可以提高油菜茎秆、叶片中可溶性糖含量，并在角果发育中、后期维持较高水平，这将有利于促进灌浆中、后期籽粒中光合产物的积累（龙飞，2007）。

在同等栽培管理条件下，硼肥用量的多少、施用的次数对油菜的营养生长和经济性状的形成具有同样明显的影响。具体表现在茎粗、株高、一次和二次有效

表 5-7　营养元素对油菜花粉萌发及生长的影响（李秀菊等，1999）

营养元素	浓度	萌发率/%	花粉管长/μm
硼砂/%	0.000	8.0	33.7±20.0
	0.001	20.8	45.4±19.0
	0.010	23.8	71.2±23.6
	0.020	17.4	48.3±21.0
	0.050	15.0	44.2±21.7
	0.100	12.2	33.2±14.3
	0.200	8.1	15.0±4.4
尿素/%	0.0	46.4	163.0±34.5
	0.1	64.6	194.0±40.2
	0.2	44.3	183.0±31.0
	0.4	37.4	170.0±37.3
	0.6	29.8	137.5±24.7
	1.0	28.2	133.5±27.3
硫酸锌/（mg/L）	0.00	10.1	80.5±17.6
	0.01	10.5	81.3±18.4
	0.10	17.5	97.6±15.7
	1.00	14.7	86.1±22.3
	10.00	10.0	51.8±21.2
	50.00	0.0	0.0
钼酸钠/（mg/L）	0	10.4	75.8±15.8
	1	10.2	84.0±18.3
	10	13.4	86.6±23.1
	20	13.6	83.4±16.6
	40	14.0	82.1±16.4
	80	7.9	83.2±20.1
	160	7.7	83.4±20.6
	320	7.5	65.6±17.2
	640	5.6	57.3±17.7
	1280	0.0	0.0

分枝、主花序长度及单株有效角果数的增加。以 0.7mg/kg 施硼量对油菜经济性状的效果最佳，有效分枝增加 68.7%，有效角果数增加 32.3%，每角粒数增加 3.7 粒，单株产量增加 6.42g。但施硼量在 0.7mg/kg 基础上继续增加，硼的作用逐渐减弱，说明硼过量（中毒）和硼不足都不利于油菜产量的提高。施硼量在 0~45kg/hm²，施硼量与籽粒产量之间呈二次曲线关系，二次曲线方程为：$y=2745.5+45.808x-1.2836x^2$，$R^2=0.8597$，根据此二次曲线方程可获得理论最高产量的施硼量临界值为 17.84kg/hm²，此时理论籽粒最高产量为 3154.18kg/hm²。从各产量构成因子变

化可以看出，随着施硼量的增加单株角果数逐渐增加，二者呈正相关关系，其直线方程为单株角果数 $y=180.4+1.2x$，$R^2=0.9506$。因此，良好的硼素营养能促进油菜的营养生长与生殖生长，形成良好的经济性状。

硼对油菜籽粒品质的影响，以冬油菜的报道较多，普遍认为施硼可以提高脂肪含量。中国农业科学院油料作物研究所研究表明：施硼的油菜籽含油量为 $40.49\%\sim41.94\%$，比缺硼的含油量 $35.73\%\sim37.87\%$ 提高了 $10.75\%\sim13.32\%$。上海农业科学院研究认为施硼油菜的芥酸含量为 48.33%，比对照中芥酸（含量为 50.17%）也有明显减少的趋势。多数研究表明，施硼对降低硫苷含量有积极作用。需要指出的是，关于施硼对油菜蛋白质含量影响结论不一，Malhi 指出施硼提高了油菜籽蛋白质含量；王震宇研究表明硼阻碍了蛋白质的代谢，降低了油菜叶片可溶性蛋白的含量；熊汉峰、皮美美等也认为施硼有降低蛋白质含量的趋势。以春油菜为研究对象，适量增加施硼量，可明显提高甘蓝型双低春油菜籽粒的粗脂肪和粗蛋白质含量，降低硫苷含量，有利于改善甘蓝型双低春油菜品质，提高单位面积籽粒粗脂肪和粗蛋白质产量，进而提高经济效益。

2. 锌

缺锌可导致植株矮小，开花受抑制。油菜各生育时期，以开花期锌含量最高，苗期和成熟期最低。植株锌含量与生育进程关系方程为：$y=-84.062+8.1094x-0.0667x^2$，$R^2=0.9443$，峰值出现在出苗后 60d 左右，即开花期前后适量增施锌肥后促进了油菜干物质积累，有利于油菜茎秆中可溶性糖含量向籽粒快速转移（龙飞，2007），单株角果数、每角粒数、千粒重及含油量均显著高于对照，增产幅度为 $10.1\%\sim19.7\%$。在生产试验中油菜施锌必须根据土壤养分状况与氮磷钾等肥料配合施用才能达到显著增产的效果。

施锌量为 $0\sim30kg/hm^2$，施锌量与籽粒产量之间呈二次曲线关系，根据此二次曲线方程可获得理论最高产量的施锌量临界值为 $14.64kg/hm^2$，此时理论籽粒最高产量为 $2958kg/hm^2$。施锌量较低时能显著增加油菜籽粒产量，而施锌过量则会严重影响产量的形成。不同施锌量处理下，甘蓝型双低春油菜主要产量构成因素表现为，单株角果数、每角果粒数、一次有效分枝数随施锌量的增加均呈先增后减的趋势，千粒重则无显著差异。适宜的施锌量不仅保证了甘蓝型双低春油菜生育后期的光合源（角果）的适度发展，也保证了后期籽粒库同化产物的充实，为高产创造了良好的条件。

关于施锌对油菜品质方面的影响研究报道较少。王利红、陈钢认为单独施锌或与其他营养元素配施有利于含油量的提高，但有的品种施用锌肥后反而含油量出现下降现象。锌对蛋白质合成有重要影响，因为锌是合成蛋白质所必需的 RNA 聚合酶，影响氮代谢的蛋白酶、肽酶和合成谷氨酸的谷氨酸脱氢酶的组成成分，也是核糖和蛋白质的组成成分。高俊杰在研究蔬菜类油菜时认为施锌可以显著提高油菜叶片中蛋白质含量。王利红认为单独施用锌对油菜籽蛋白质含量有促进作用，而对硫苷、芥酸含量降低的趋势显著。适量施用锌肥，可明显提高甘蓝型双低春油菜籽粒的粗脂肪和粗蛋白质含量，而降低硫苷含量，有利于改善甘蓝型双低春油菜品质，提高油菜经济系数，进而提高经济效益、饲用价值。

第五节　油菜水分需求特性与结实器官形成

一、需水特性

油菜是需水较多的作物，整个生长发育需要的水分包括用于蒸腾损失、土壤散失和组织器官建成，整个生育期需水量在 400mm 以上，形成 1g 干物质蒸腾耗水量为 337～912g。植物体内所含的水分，苗期地上部分高达 91.4%～92.0%，地下部分含水量为 83.8%～86.8%；到花期和角果期干物质增加，水分下降，地上部分为 87.0%～88.6%，地下部分为 81.7%～84.0%。油菜一生中的田间耗水量受气象要素、土壤质地、灌溉方式、栽培技术及品种特性的影响变化较大。在品种和生产条件一致时，降水量、蒸发量、温湿度等气象要素决定需水量与需水规律。一般情况下，种子发芽至出苗阶段，要求土壤水分为田间持水量的 70%～80%，低于 60%则出苗困难。油菜播种后，种子吸水至自身质量的 60%～65%，这个阶段对水的需求主要是维持出苗过程适宜的土壤墒情，需水量主要是土壤表面散失的水分，与温度密切相关。苗期由于叶片小、气温低，耗水强度相对较少，但苗前期根系尚不发达，吸收能力较弱，土壤应保持湿润，土壤水分应为田间持水量的 70%～80%。苗后期为了促进根系发展，应适当控制水分。薹花期是油菜蒸腾量最大、耗水量最多的时期，土壤水分为田间持水量的 70%～85%较为适宜。开花期是油菜对水分反应最为敏感的临界期，该时期缺水，易造成油菜分枝短、花序少、花器脱落等，严重影响油菜产量。结角到角果成熟期土壤湿度较大，有利于油分的积累，要求土壤持水量为 60%～80%。产量高，根系活力大，植株新陈代谢旺盛，生理需水多，叶面蒸腾量大，需水量也大。当油菜产量从 2308.6kg/hm^2 增至 4072.5kg/hm^2，需水从 356.7mm 增加至 455.6mm，水分生产率则由 0.65kg/m^3 增至 0.91kg/m^3，平均为 0.76kg/m^3。

油菜生长发育过程中，散失水分数量远远超过积累的数量。苗前期，植株较小，叶面蒸腾散失水分相对较少，占需水量的 20%以下，随着叶面积增加，蒸腾量增加，蒸腾散失水分占需水量的 50%以上，至终花期达到最高，蒸腾散失水分占需水量的 64%，后期随着根系活力降低、叶片脱落，蒸腾量有所减少，但仍维持在 50%以上（表 5-8）。水分散失量与温度、日照时数、蒸发量及油菜生长发育状况有关。温度高，日照时数长，蒸发量大，水分散失也大。北方冬油菜全生育期需水 472.48mm，其中播种至出苗需水 21.68mm，出苗至越冬需水 102.5mm，越冬至返青需水 39.1mm，返青至现蕾需水 47mm，在现蕾前散失水分不到需水量的 45%，而现蕾后至成熟需水超过 55%，尤其是现蕾至结角阶段需水最旺，达到整个生育期的近 1/3。

表 5-8　油菜各生育阶段水分散失情况分析（单位：mm）（张永忠，2003）

生育阶段	叶面蒸腾	株间蒸发	需水量
播种—出苗	5.72	15.96	21.68
出苗—越冬	24.70	77.80	102.50
越冬—返青	7.90	31.20	39.10
返青—现蕾	22.80	24.20	47.00
现蕾—角果	95.40	58.70	154.10
角果—成熟	45.50	62.60	108.10
全生育期	202.02	270.46	472.48

二、水分对光合作用的影响

水是光合作用的原料，油菜对水分比较敏感，水分过多或过少都会对油菜生长尤其是光合作用造成严重的影响。干旱胁迫可导致油菜 PSⅡ反应中心受损，PSⅡ潜在活性受到抑制直接影响了光合作用的电子传递和 CO_2 的同化过程（云菲等，2010；蒙祖庆等，2012）。不同叶位叶片光合速率受干旱胁迫影响不同，即油菜叶片的光合速率随叶位的降低而降低，上部、下部叶间光合速率相差 4.11mg/$(dm^2·h)$，而充分供水时仅为 2.90mg/$(dm^2·h)$，这说明干旱处理加速了油菜下部叶片的衰老，使其光合速率降低，促进了光合作用中心上移，使上部叶片保持较高的光合速率（毛明策等，2001）。干旱胁迫对油菜叶片的光合速率影响最大的时期是花期。渍水胁迫也会影响油菜的光合作用。渍水胁迫下，油菜幼苗叶绿素 a、叶绿素 b 和叶绿素 a+b 的含量随渍水时间的延长逐渐降低，光合速率降低。苗期渍水处理植株的光合速率降低 28.51%。蕾期渍水处理时，低于对照 27.12%，达显著水平（李玲等，2011）。

三、水分对产量、品质的影响

花期是油菜对干旱最敏感的时期，可造成 30%左右的产量损失，产量构成因素中，单株角果数对干旱反应最敏感（Ahmadi and Bahrani，2009）。花前干旱降低了油菜一次分枝数、单株总角数、每角粒数、千粒重和单株产量，下降幅度分别为 9.2%、28.1%、9.8%、3%和 36.9%，而花后干旱，上述各指标的下降幅度分别为 7%、14.4%、2.4%、0.3%和 18.8%。这些结果表明，花前干旱胁迫对产量性状的影响要比花后处理的大。干旱导致油菜含油量下降、蛋白质增加、硫苷含量上升（Shafii，1992）。花前和花后干旱胁迫后种子平均含油量分别下降 3.75%和

0.29%。干旱对脂肪酸各成分有不同的影响，干旱胁迫后，籽粒中棕榈一烯酸、亚油酸、亚麻酸、花生一烯酸等脂肪酸含量上升；硬脂酸、油酸含量下降。

苗期渍水，油菜角果数、每角果粒数、千粒重分别下降 31.00%、24.25%、26.11%，最终可导致单株产量下降 61.49%。蕾期渍水，单株产量降低 98.04%。花期渍水，落花增多、结粒减少，角果数、每角粒数、千粒重分别下降 79.86%、74.46%、81.48%，最终导致单株产量下降 88.63%。角果期渍水，角果数、每角果粒数、千粒重分别下降 20.20%、23.17%、39.90%，植株单株产量降低 62.72%。蕾薹期渍水对单株产量的影响最大（宋丰萍等，2010）。渍水对品质也有较大影响。苗期渍水导致油菜籽蛋白质、硫苷含量有一定程度的升高，且随渍水时间的延长，升高幅度加大，而含油量随渍水时间延长有一定减少，其中耐湿性品种含油量变化较小，不耐湿性品种含油量随渍水时间延长降幅为 7%～14%。

第六节 油菜生长发育和结实器官形成其他影响因素

作物产量和品质形成是内因（基因型）、外因（生态环境、栽培措施）共同作用的结果，是品种在一定生态条件下和栽培技术下的最终表现。作物的遗传基础对其产量和品质起重要的决定作用，如不同品种、同一品种不同的生长发育阶段、同一植株不同部位的叶片、同一叶片的不同生长发育时期，光合速率的明显差异导致最终产量和品质不同。同时，环境因子（光、温、水、CO_2、矿质营养等）对作物性状的形成也有很大影响，首先，油菜生长发育需要一定的温度、光照、水分等；其次环境因子可通过影响光合作用影响油菜生长发育。各生态因素中，对油菜生长发育影响最大的是温度和光照。

一、温度

（一）油菜生长发育的温度指标

春油菜发芽出苗所需最低温度为 3.3℃，所需积温量为 77.3°/日（≥3.3℃）；蕾薹期生长起点温度为 8.7℃，有效积温为 294.3℃；角果发育的起点温度为 11.2℃，有效积温为 333.3℃（冷锁虎，1991）。一定范围的温度积累直接决定油菜不同生育阶段的出现和发育进程。油菜苗期、蕾薹期、花期和角果期所需要的积温量分别为 959.3℃、294.5℃、314.8℃、575.5℃，分别占油菜发育总积温量的 44.8%、13.7%、14.7%和 26.8%（汪剑明，1997）。油菜角果发育与花后积温量有密切关系，Baux（2007）在低亚麻酸油菜品种上的试验表明，花后积温 470℃时，油菜籽粒千粒重达 1.0g，当积温量达到 800℃时，千粒重不再增加。油菜角果充实期主要发生在花后 550～850℃的积温范围内，当积温量达到 900℃时，含油量达到最大值（Scarth，2003）。平均气温是影响油菜生长发育的又一关键性指标。油菜籽粒灌浆以 16.5℃最为适宜，日均温为 21～22℃时，成熟加快，籽粒成熟期最高气温高于 20～25℃，含油量降低（刘后利，1987）。

（二）温度对光合作用的影响

油菜光合碳代谢过程是一系列酶促反应，温度主要通过影响光合酶活性、叶绿体超微结构、气孔开闭等影响光合反应进行。温度低时，叶绿体结构遭到破坏，叶绿素含量降低，光合酶活性及 CO_2 同化速率降低。温度高时，油菜角果皮叶绿素合成受阻，不仅影响了光能的吸收，而且会使类囊体膜的热稳定性下降，从而导致油菜光合速率迅速下降。在较低的温度条件下，油菜的光合强度随着温度的上升而提高，温度达 20～25℃时，光合强度最高，以后光合强度随着温度的升高而下降，并且下降幅度较大，温度由 25℃上升至 30℃，光合强度下降 30%～40%，温度达 35℃时，光合强度很低。

（三）温度对产量、品质的影响

冬油菜苗期温度的高低，特别是有效积温决定植株绿叶数，进而影响年后分枝数：苗期有效积温多，年前绿叶数多，分枝多，产量高。蕾薹期适宜的温度有利于油菜稳定生长，温度过高造成主茎伸长太快，易出现茎薹纤细、中空和弯曲现象，温度过低则易引发裂茎和死蕾，都会降低产量。油菜在花期影响产量的温度条件主要为低温，低温会导致开花、受精不良，结实率明显降低或不能结实（冷锁虎，1993）。温度低于 15℃时，一般中、晚熟品种不能正常成熟。角果发育期的高温（30℃以上）则易造成高温逼熟现象，粒重显著下降而减产。

油菜种子和角果发育需要 20℃以上的温度。抽薹期日平均温度（6.27～8.91℃）与种子含油量呈负相关，种子形成期（油菜开花后 40d）的日平均温度、≥3℃有效积温与含油量呈正相关（沈惠聪，1989）。油分的合成和积累主要发生在角果发育的后期，当角果干物重达到 0.5mg 时，籽粒含油量达到 5%～10%。油菜种子含油量与角果和种子发育期间的平均最高温度呈显著负相关，回归方程为 $y=53.974-0.66T$，即角果和种子发育期间的平均最高温度每上升 1℃，油菜种子含油量下降 0.66%（张友贵，1982）。Ahmad 和 Abdin（2000）认为油脂的快速合成发生在花后 7d 左右，此后持续增长，至花后 35d。油菜角果成熟期，16～17℃的日均温有利于脂肪的积累，但角果发育期过高的日平均温度会使籽粒含油量下降（胡立勇，2004）。角果种子发育期的昼夜温差大，也有利于油分的积累，提高种子含油量。

环境因子中以温度对油菜脂肪酸组成影响最大。油菜籽粒在高温下，芥酸含量较低，油酸含量较高；在低温下芥酸含量增加，油酸含量减少（Canvin，1965）。

脂肪酸含量，特别是芥酸含量与开花至成熟期的平均气温呈显著负相关（李正日，1975）。磷脂酸磷酸酯酶和二酰基甘油酰基转移酶是油菜种子三脂酰甘油生物合成过程的限速酶（Randall，1993），温度主要通过影响磷脂酸磷酸酯酶活性，进而影响细胞器内物质的转运来影响脂肪酸的合成和组分构成。此外，温度还能够影响甘蓝型油菜种皮颜色，黄色种皮基因型比深色基因型种子的油分和蛋白质含量高，而高温有利于形成黄色种子（刘后利，1987）。

二、光照

光照对油菜生长发育的影响也至关重要。油菜属于长日照作物，即在较长的日照条件下才能正常开花结实。光既是油菜光合作用的能量来源，又是质体分化、叶绿素形成的重要条件。光照条件的改变可明显地改变植物的光合作用、营养物质的吸收与分配等一系列生理过程，对部分光合酶活性也有很大影响，还能调节气孔开度，从而影响外界 CO_2 进入叶片，最终影响油菜的产量。

（一）对光合作用的影响

1. 光强

一定光强范围内，油菜光合速率随光照强度的增加而增加，当光照超过或低于某一临界值（光饱和点和光补偿点）以后，光合强度不再增加。油菜叶片的光饱和点一般为 $(20\sim30)\times10^3$ lx，角果的光饱和点较叶片低。当油菜叶片接收的光能超过它所能利用的光量时，光合活性降低，表现光合作用的光抑制。在高温、高光强条件下，油菜叶片存在着明显的"光合午休"现象。主要是因为在干热的正午，叶片萎蔫、气孔导性下降、CO_2 吸收减少，造成光呼吸增强，产生光抑制现象。

2. 光质

一般情况下，油菜在红光下光合速率最高，蓝紫光其次，绿光最低（Warpeha et al.，1989）。红光较蓝紫光可有效提高油菜叶片总叶绿素含量，增加绿叶面积，提高抗氧化酶的活性，促进油菜幼苗的生长（杜建芳等，2002）。

（二）光照对油菜产量、品质的影响

油菜产量和花角期日照时数同步增减（朱耕如，1987）。光照充足，单位面积内适宜的角果数或角果皮指数较高（稻永忍，1979），光照减弱，结角率、每角粒数、千粒重、含油量会降低（Tayo，1979；van Hal，1980；姚金宝，1990），这可能是角果遮光后阻碍碳水化合物向籽粒的运送，或抑制了子房某些生长物质的活性或合成，使胚胎滞育变成空秕粒。日长对种子中脂肪酸组成有一定的影响。

种子形成期光照减弱至自然光强的 1/4，含油量比对照降低 16.63%。在种子形成期，较短的日照时数有利于芥酸的合成和积累，反之则有利于油酸、亚麻酸的合成和积累（沈惠聪，1989，1990）。在一定范围内，亚油酸和亚麻酸含量随日照增加而降低（van Hal，1980），光照充足时，高芥酸品种的油菜种子中芥酸含量也较高。

三、CO_2

CO_2 是植物进行光合作用的重要原料。在同等光照条件下，不同油菜品种的 CO_2 响应曲线也不同。但相对于光饱和点而言，油菜叶片的 CO_2 补偿点在不同品种间相对差异较小，当给定光合有效辐射为 800μm/mol 时，一般油菜叶片的 CO_2 补偿点约为 800μm/mol。空气中 CO_2 浓度约为 0.03%，植物光合作用的最适 CO_2 浓度约为 0.1%，因此大气中的 CO_2 浓度一般不能满足植物光合作用的需求。适当提高 CO_2 浓度，可有效提高油菜不同生育期光合速率。将自然大气 CO_2 浓度由 365μm/mol 增加至 550μm/mol、750μm/mol 后，油菜苗期光合速率分别提高 23.44%、59.6%，蕾薹期光合速率分别提高 20.63%、47.09%，开花期光合速率分别提高 22.69%、34.03%，角果成熟期光合速率分别提高 15.48%、30.86%。在油菜不同的生育期时，随着大气 CO_2 浓度的升高，油菜的蒸腾速率、气孔导度在不同的生育期均表现下降，叶片叶绿素含量呈现增加趋势。高浓度 CO_2 使甘蓝型油菜地上部生物量、单位面积籽粒产量和产油量显著增加（图 5-16，表 5-9）。

表 5-9　CO_2 对油菜产量相关性状的影响（Franzaring et al.，2008）

性状	CON	AMB	FACE	处理间比较（P-Levels）	
				AMB 和 CON	AMB 和 FACE
地上部重/（g/m²）	1133.47±109.1	1062.37±130.8	1239.1±147.1	0.40 ns	0.052 ns
茎秆重/（g/m²）	488.76±61.3	456.52±75.6	539.32±57.6	0.45 ns	0.068 ns
角果重/（g/m²）	644.72±50.7	605.86±62.5	699.78±90.4	0.39 ns	0.055 ns
角果壳重/（g/m²）	284.55±21.6	265.73±27.4	310.57±3.07	0.37 ns	0.046*
籽粒重/（g/m²）	360.17±29.9	340.13±35.9	389.21±48.1	0.72 ns	0.068 ns
收获指数	0.32±0.009	0.32±0.018	0.31±0.004	0.70 ns	0.370 ns
单株地上部重/（g/株）	16.47±2.46	15.76±2.23	18.92±2.66	0.65 ns	0.064 ns
单株籽粒重/（g/株）	5.23±0.70	5.05±0.71	5.95±0.88	0.72 ns	0.092 ns
千粒重/g	3.45±0.12	3.33±0.16	3.37±0.09	0.18 ns	0.670 ns
含油量/%	43.14±1.11	41.49±1.05	42.44±0.6	0.068 ns	0.421 ns
产油量/（g/m²）	155.4±14.2	142.9±17.9	165.3±21.9	0.29 ns	0.076 ns

注：CON，AMB，FACE 分别表示对照，环境 CO_2 浓度及增加 CO_2 浓度

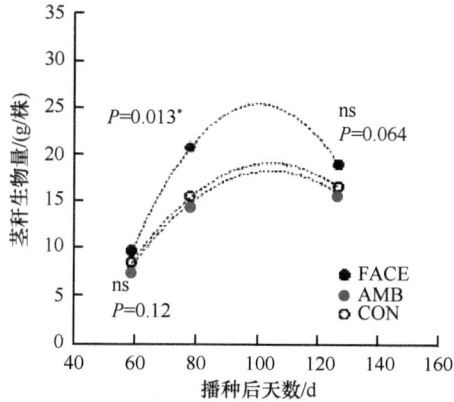

图 5-16　CO_2 对油菜茎秆生物量的影响（Franzaring et al.，2008）

*表示回归方程达显著水平；ns，回归方程未达显著水平

四、生长调节剂

生长调节剂可直接影响结实器官形成。研究表明，在适宜的浓度范围内，6-苄基腺嘌呤（BA）和萘乙酸（NAA）对花粉萌发均有促进作用。1mg/L 的 BA 和 10mg/L 的 NAA 促进花粉萌发及花粉管生长的作用最显著（表 5-10）。此外，施用外源生长调节物质可有效提高油菜的光合能力（图 5-17），其机制是：叶片中叶绿素含量、气孔导度、CO_2 浓度增加；Rubisco 酶和蔗糖磷酸合成酶等光合酶活性升高；促进同化产物的运输。目前，可提高油菜光合能力的物质有 ABA、BR、6-BA、烯效唑、多效唑等（李俊等，2010；马霓等，2009）。研究表明，油菜在封行期喷施 150mg/L 的多效唑，既可显著增强易高产不抗倒田块的抗倒伏能力（图 5-18），进一步提高产量，又可通过增加角果干重和含水量（图 5-19）提高抗裂角指数，从而满足了油菜机械收获的要求（Kuai et al.，2015）。

表 5-10　生长调节剂对油菜花粉萌发及生长的影响（李秀菊等，1999）

生长调节剂	浓度/%	萌发率/%	花粉管长/μm
苄基腺嘌呤 BA/（mg/L）	0	31.1	68.0±15.8
	1	34.3	87.9±17.5
	5	28.7	68.4±14.3
	10	19.7	52.9±25.9
	20	12.2	54.7±35.2
	30	9.5	60.2±21.6
	50	7.3	16.1±10.3
萘乙酸 NAA/（mg/L）	0	13.6	59.2±16.0
	10	18.8	52.8±13.6
	50	15	43.0±12.5
	100	14.6	27.0±14.4
	200	11.5	19.9±7.6
	400	4.3	13.0±3.5
	800	0.0	0.0

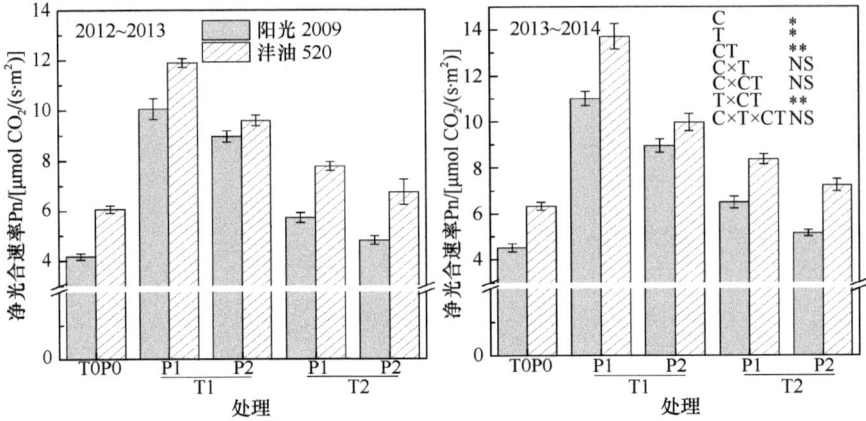

图 5-17　多效唑对油菜角果净光合速率的影响

T1 和 T2 表示封行期和蕾薹期喷施；P1 和 P2 表示喷施 150mg/L 和 300mg/L 多效唑；T0P0 表示不喷施多效唑；C、T 和 CT 分别表示品种、喷施时期和喷施浓度；*，**分别表示处理间互作在 0.05 和 0.01 水平差异显著；NS 表示不显著

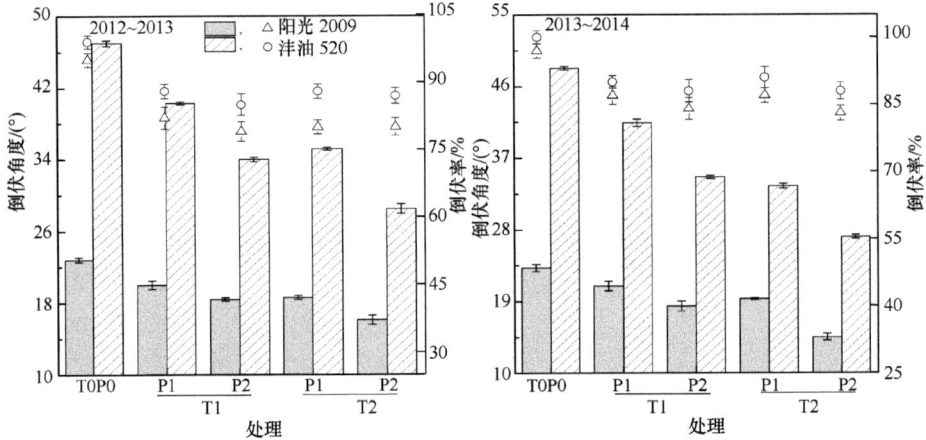

图 5-18　多效唑对油菜田间倒伏角度的影响

T1、T2、P1、P2、T0P0 的含义同图 5-17

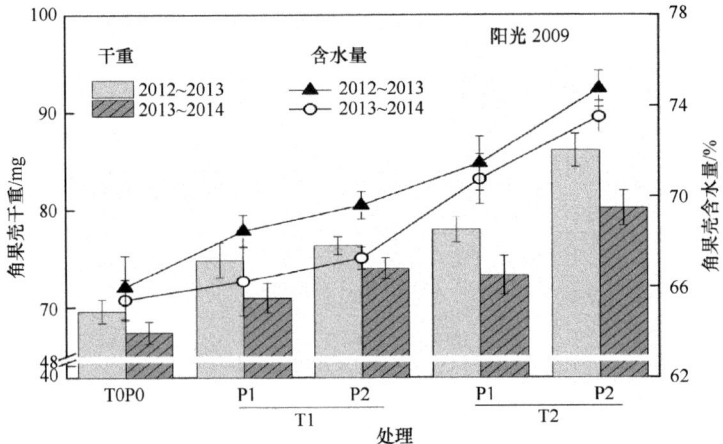

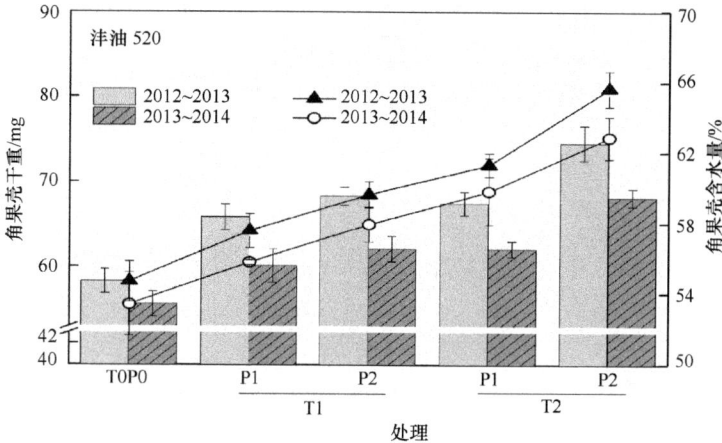

图 5-19　多效唑对油菜角果干重与含水量的影响

T1、T2、P1、P2、T0P0 的含义同图 5-17

（执笔人：蒯　婕　周广生）

主要参考文献

杜建芳, 廖祥儒, 叶步青, 等. 2002. 光质对油菜幼苗生长及抗氧化酶活性的影响. 植物学通报, 19(6): 743-745.

傅寿仲. 1980. 油菜的光合作用和产量形成. 江苏农业科学, 6: 18-21.

傅寿仲, 朱耕如. 1995. 江苏油作科学. 南京: 江苏科学技术出版社.

龚宏伟, 张振兰. 2011. 甘蓝型杂交油菜角果的源库特性研究. 扬州大学学报(农业与生命科学版), 32(4): 51-54.

官春云. 2006. 改变冬油菜栽培方式, 提高和发展油菜生产. 中国油料作物学报, 28(1): 83-85.

官春云. 2006. 优质油菜高效栽培关键技术. 北京: 中国三峡出版社.

官春云. 2007. 农业概论. 2 版. 北京: 中国农业出版社.

官春云, 谭太龙, 王国槐, 等. 2011. 湖南高产油菜的产量构成特点及主要栽培措施. 湖南农业大学学报(自然科学版), 37(4): 351-355.

胡会庆, 刘安国, 王维金. 1998. 油菜光合速率日变化的初步研究. 华中农业大学学报, 17(5): 430-434.

胡立勇, 单文燕, 王维金. 2002. 油菜结实特性与源库关系的研究. 中国油料作物学报, 24(2): 37-42.

冷锁虎, 夏建飞, 胡志中, 等. 2002. 油菜苗期叶片光合特性研究. 中国油料作物学报, 22(4): 10-13.

冷锁虎, 左青松, 戴敬, 等. 2004. 油菜高产群体质量指标研究. 中国油料作物学报, 26(4): 38-44.

李得宙. 2005. 双低油菜高产栽培生理基础的研究. 呼和浩特: 内蒙古农业大学硕士学位论文.

李凤阳, 何激光, 官春云. 2011. 油菜叶片和角果光合作用研究进展. 作物研究, 25(4): 405-409.

李寒冰, 白克智, 胡玉熹, 等. 2002. 4 种作物非叶器官气孔频度及其在光合作用中的意义. 植物生态学报, 26(3): 351-354.

李俊, 张春雷, 马霓, 等. 2010. 栽培措施对冬油菜抗冻性和产量的影响. 江苏农业科学, (1): 95-97.

李俊, 张春雷, 秦岭, 等. 2011. 不同磷效基因型油菜对低磷胁迫的生理响应. 中国油料作物学报, 32(2): 222-228.

李玲, 张春雷, 张树杰, 等. 2011. 渍水对冬油菜苗期生长及生理的影响. 中国油料作物学报, 33(30): 247-252.

李万昌, 姜丽娜, 马三梅, 等. 2009. 杂交小麦冠层性状与产量结构间的协调性分析. 湖北农业科学, 48(1): 51-54.

李秀菊, 朱坤华, 张永军, 等. 1999. 营养元素与植物生长调节剂对油菜花粉萌发的影响. 中国油料作物学报, (1): 24-26.

梁颖, 李加纳, 唐章林, 等. 1999. 油菜光合生理指标与产量的关联分析. 西南农业大学学报, 21(3): 244-247.

刘强, 李晓红, 李蕴, 等. 2008. 铝胁迫对油菜叶片光合特性的影响. 井冈山学院学报(自然科学版), (2): 14-15.

龙飞. 2007. 硼、锌营养对甘蓝型春油菜生理特性及产量、质量影响的研究. 呼和浩特: 内蒙古农业大学硕士学位论文.

马霓, 刘丹, 张春雷, 等. 2009. 植物生长调节剂对油菜生长及冻害后光合作用和产量的调控效应. 作物学报, 35(7): 1336-1343.

马文波, 马均, 明东风. 2003. 不同穗重型水稻品种剑叶光合特性的研究. 作物学报, 29(2): 236-240.

毛明策, 郭冬伟, 梁银丽. 2001. 水分处理对油菜叶位光合速率、蒸腾速率及水分利用效率的影响. 中国生态农业学报, 1(9): 49-51.

蒙祖庆, 宋丰萍, 刘振兴, 等. 2012. 干旱及复水对油菜苗期光合及叶绿素荧光特性的影响. 中国油料作物学报, 34(1): 40-47.

宋蜜蜂. 2009. 大气 CO_2 浓度升高对油菜光合生理及产量品质的影响. 安徽: 安徽农业大学硕士学位论文.

陶汉之. 1992. 甘蓝型油菜叶片光合作用与比叶重和气孔分布的关系. 中国油料, (2): 41-47.

屠乃美, 官春云. 1995. 作物源-库关系研究的现状. 作物研究, 9(2): 44-48.

屠乃美, 官春云. 2001. 油菜库器官分化发育期剪叶对源库关系的影响. 湖南农业大学学报, 27(4): 258-263.

王晓燕. 2008. 油菜需肥规律及科学施肥. 种业导刊, (7): 22-23.

王寅. 2014. 直播和移栽冬油菜氮磷钾肥施用效果的差异及机制研究. 武汉: 华中农业大学博士学位论文.

魏幼璋. 2000. 稀土元素钕对油菜光合作用的影响及作用机制. 浙江大学学报(农业与生命科学版), 26(3): 271-273.

杨光. 2002. 油菜高效结角层结构的研究. 扬州: 扬州大学硕士学位论文.

余利平, 田立荣, 张春雷, 等. 2008. 低磷胁迫对油菜不同生育期叶片光合作用的影响. 植物生理科学, 24(12): 232-236.

周可金, 官春云, 肖文娜, 等. 2009. 催熟剂对油菜角果光合特性、品质及产量的影响. 作物学报, 35(7): 1369-1373.

周可金, 肖文娜, 官春云. 2009. 不同油菜品种角果光合特性及叶绿素荧光参数的差异. 中国油料作物学报, 31(3): 316-321.

Bengtsson S B, Eriksson J, Golrdenols A I, et al. 2012. Influence of development stage of spring oilseed rape and spring wheat on interception of wet-deposited radiocaesium and radiostrontium. Atmospheric Environment, 60(11): 227-233.

Chapman J F. 1984. Field Studies on ^{14}C assimilate fixation and movement in oilseed. Agrie Sci Camb, 102: 23-31.

Diepenbrock W, Grosse F. 1995. Rapeseed (*Brassica napus* L.) physiology. *In*: Diepenbrock W, Becker H C. Physiological potentials for yield improvement of annual oil and protein crops. Adv Plant Breeding, 17: 21-53.

Franzaring J, Högy P, Fangmeier A. 2008. Effects of free-air CO_2 enrichment on the growth of summer oilseed rape (*Brassica napus* cv. Campino). Agriculture, Ecosystems & Environment, 128(1-2): 127-134.

Freyman S, Charnetski W A, Crookston R K. 1973. Role of leaves in the formation of seeds in rape. Can J Plant Sci, 53: 693-694.

Gammel Vind L H, Schjoerring J K, Mogensen V O, et al. 1996. Photosynthesis in leaves and siliques of winter oilseed rape (*Brassica napus* L.). Plant and Soil, 186: 227-236.

Ghasemi-Golezani K, Sheikhzadeh-Mosaddegh P, Shakiba M R, et al. 2011. Development of seed physiological quality in winter oilseed rape (*Brassica napus* L.) cultivars. Notulae Botanicae Horti Agrobotanici Cluj-Napoca, 39(1): 208-212.

Hogy P, Franzaring J, Schwadorf K, et al. 2010. Effects of free-air CO_2 enrichment on energy traits and seed quality of oilseed rape. Agriculture, Ecosystems & Environment, 139: 239-244.

Hong A, Yang Z, Yi B, et al. 2014. Comparative transcript profiling of the fertile and sterile flower buds of pol CMS in *B. napus*. Bmc Genomics, 15(2): 162-182.

Hoseinzadeh B, Esehaghbeygi A, Ragham N. 2010. Silique picking force for canola. Int J Agric Biol, 12: 632-634.

Jullien A, Mathieu A, Allirand J M, et al. 2011. Characterization of the interactions between architecture and sourcesink relationships in winter oilseed rape (*Brassica napus*) using the greenlab model. Annals of Botany, 107(5): 765-779.

Rathke G W, Behrens T, Diepenbrock W. 2006. Integrated nitrogen management strategies to improve seed yield, oil content and nitrogen efficiency of winter oilseed rape (*Brassica napus* L.): A review. Agr Ecosyst Environ, 117: 80-108.

Rathkea G W, Behrensb T, Diepenbrockb W. 2006. Integrated nitrogen management strategies to improve seed yield, oil content and nitrogen efficiency of winter oilseed rape (*Brassica napus* L.): A review. Agriculture, Ecosystems & Environment, 117(2-3): 80-108.

Rood S B, Major D J, Chametski W A. 1984. Seasonal changes in $^{14}CO_2$ assimilation and ^{14}C translocation in oilseed rape. Field Crops Res, (8): 341-348.

Squires T M, Gruwel M L, Zhou R, et al. 2003. Dehydration and dehiscence in siliques of *Brassica napus* and *Brassica rapa*. Can J Bot, 81: 248-254.

Tayo T O, Morgan D G. 1975. Quantitative analysis of growth, development and distribution of flowers and pods in oilseed rape (*B. napus* L.). J Agri Sci, (85): 103-110.

Uprety D C, Mahalaxmi V. 2000. Effect of elevated CO_2 and nitrogen nutrition on photosynthesis, growth and carbon-nitrogen balance in *Brassica juncea*. Journal of Agronomy and Crop Science, 184: 271-276.

第六章　油菜营养状况与结实器官形成

第一节　油菜的养分需求特性

一、氮磷钾硼的营养特点

油菜生育期长，生物学产量高，是一种需肥量较多的作物，在我国油菜生产中，氮、磷、钾是产量提高的主要限制因子，同时我国油菜主产区土壤有效硼含量较低，缺硼也是油菜生产的重要限制因素。

（一）氮素营养特点

氮素是蛋白质、氨基酸、核酸、叶绿素、酶等活性物质的主要成分。氮素营养状况对油菜生长发育有着极为重要的作用（Holmes，1980；刘后利，1987）。油菜对氮的吸收、转化、利用与生长发育进程一致。研究表明，苗期根系是植株生长最活跃、最旺盛的部位；薹花期随着植株生育中心向地上部转移，氮素分配中心亦转至地上部；角果发育期中角果和籽粒是植株生育及氮分配中心（郭庆元等，2000）。油菜各生育期氮含量与施氮水平有关，不同生育期植株氮含量随施氮量的增加呈上升趋势。

大量研究表明，油菜植株高大、枝繁叶茂、生育期长，对氮肥的需求量较大，合理施用氮肥，能显著地提高油菜植株高度、分枝数、角果数和生物学产量。然而，氮肥用量过低则制约油菜高产水平的发挥，过高则又导致氮素的奢侈吸收及对环境产生不利的影响。

油菜缺氮时，植株生长受阻。随着缺氮程度的加深，油菜植株依次表现为叶片、茎秆颜色变淡，甚至呈现紫色，下部叶还可能出现叶缘枯焦状，部分叶片呈黄色或脱落；植株矮小，茎秆纤细，分枝少，根系不发达；花芽分化慢而少，开花期缩短，终花期提前，单株角果数减少，角、粒发育不良，产量较低（鲁剑巍，2010）。过量氮素易引起植株徒长，增加分枝数，降低光能利用率，不利于适宜群体结构的构建，同时会伴随着高呼吸消耗，加剧油菜病虫危害和倒伏，进而降低氮肥利用率。此外，当氮肥供应过量时，还会降低油菜籽的含油量（邹娟，2010）。

（二）磷素营养特点

磷是核酸和核苷酸的组成成分，在油菜的能量和物质代谢中起着重要作用，参与分生组织的多种化学反应，具有向生命活跃的新生组织集中运转的特点

（Holmes，1980）。研究表明，油菜磷素营养的代谢中心随生长发育进程而变化。苗期磷素主要供给根系生长；开花期营养生长和生殖生长并进，植株地上部是磷素分配中心；成熟期磷分配中心转至繁殖器官（刘晓伟等，2011a，2011b）。

　　磷能促进油菜根系的生长，提高原生质的黏性和弹性，增强油菜抗寒、抗旱能力，促进油菜光合作用产物在体内的运输和分配，并在脂肪合成过程中起重要作用。研究表明，施磷肥能显著提高油菜籽产量，提高籽粒含油量和磷的含量。在缺磷土壤上施磷能大幅度增加油菜分枝数、单株荚角数、每角粒数，在一定程度上提高千粒重，从而增加籽粒产量，并能提高籽粒、茎秆等器官氮、磷、钾的养分含量。同时，施磷能够促进油菜对磷、钾、镁、钼养分的吸收和利用，并能增加油菜不同生长时期植株和籽粒磷、钾养分的含量，成熟期植株地上部钼的含量，以及籽粒镁的含量，促进植株对磷、钾、钼、镁等元素的吸收。

　　油菜对磷较为敏感，当土壤磷素缺乏或磷肥施用量不足时会影响油菜生长发育，严重时会导致油菜籽减产，但过量施用又会引起磷肥利用率低下从而影响经济收益，同时过量的磷肥还会导致农田磷素养分大量积累，当发生地表径流时甚至会引起水体富营养化（邹娟，2010）。缺磷时油菜植株叶片小，不能自然平展，呈灰绿色、暗绿色到淡紫色，茎秆呈现蓝绿色、紫色或红色，开花推迟；根系明显减少，吸收力弱；叶片、分枝发育和花芽分化受阻，光合作用减弱，角果、角粒数少，产量低（Holmes，1980；刘后利，1987；鲁剑巍，2010）。

（三）钾素营养特点

　　油菜需钾量较大，钾素以离子态形式参与作物体内碳水化合物的代谢和运转，对各种酶起活化剂的作用。钾能促进油菜体内机械组织的形成，增强油菜的抗倒性和抗病性；钾还能提高细胞液浓度和渗透压，增强油菜的抗寒性，促进油菜正常发育和成熟。钾还是作物的品质元素（Holmes，1980；刘后利，1987）。不同生育期对钾素的吸收利用差异较大，薹期是油菜吸收钾的高峰期，吸收的钾素约占整个生育期的一半。油菜各生育期钾素的分配与氮磷不同，苗期到薹期，叶片是钾素的分配中心；花期钾素的分配中心是茎秆；成熟时，运转到籽粒中的不足30%，大部分钾素都集中在茎秆和角壳中，约占70%（朱洪勋等，1995）。

　　施用钾肥可以提高油菜的株高、分枝高度、分枝数、全株有效角果数、每角粒数、千粒重和产量，同时可以提高油菜的经济效益和油菜对氮、钾肥的利用效率，但是钾肥的大量施用会导致油菜对钾的奢侈吸收，从而可能会因为钾与钙、镁间的拮抗作用对油菜的生长发育产生不良的影响（鲁剑巍和曹一平，2000；鲁剑巍等，2001）。油菜供钾不足时，新叶长出速度慢，下部叶片从尖端和边缘开始黄化；沿脉间失绿，并出现斑点状死亡组织，有时叶卷曲，似烧焦状；植株瘦小，茎细而柔弱，易倒伏和感染病虫害，抗寒力差。钾素供应过量时，油菜植株也比正常供钾水平的小，茎粗壮但表皮较粗糙，叶数少，叶片尤其是下部叶常呈紫红色，叶片厚但稍小，紫红色叶片伴随整个越冬期，结角期角果呈灰绿色（Holmes，1980；鲁剑巍和曹一平，2010）。

（四）硼素营养特点

油菜是含硼量较高的作物之一，对缺硼反应比较敏感（刘昌智，1985；刘武定，1995；Xue et al.，1998）。硼能促进油菜生殖器官的生长发育，加强花粉的萌发和花粉管伸长，有利于受精和种子的形成；对碳水化合物在植株体内的分配和运输起重要作用，参与蛋白质的合成，从而影响生长点分生组织的生长，影响植株叶绿素含量及叶绿体结构。另外，硼素还与纤维素合成及细胞壁形成有关（Bell et al.，2002；杨玉华等，2002）。研究表明，油菜根、茎、叶中硼含量的高峰期均出现在初蕾期至盛蕾期，说明初蕾期至盛蕾期油菜体内需硼量最大。在缺硼和正常供硼情况下，油菜花器官的含硼量均明显高于叶片，当硼过量时，过量的硼多积累在叶片中（张秀省和沈振国，1994）。

油菜缺硼的主要症状表现为：苗期缺硼时，根系发育不良，叶小，叶柄粗，叶端倒卷，叶色由暗绿变为紫色；蕾薹期缺硼，薹茎延伸缓慢、矮化，中下部功能叶叶缘紫色，蕾发育不正常，甚至枯萎；花期缺硼会造成"花而不实"，花期延长，且有"返花"现象；角果成熟期缺硼，造成角果中胚珠萎缩，不结籽或籽弱小，角果或茎秆皮呈紫红色（刘武定，1995；王淑芬，2003；鲁剑巍和曹一平，2010）。

二、油菜主产区域土壤养分状况

（一）油菜种植的土壤养分丰缺指标

准确判断土壤养分的丰缺状况并提出相应推荐用量的前提是建立土壤养分丰缺指标。第二次土壤普查时制定的土壤丰缺指标和推荐施肥指标已经不能满足当前农业生产的需要，为此华中农业大学油菜养分资源综合管理课题组近年来在长江流域油菜主产区布置大量的油菜氮、磷、钾、硼肥效果田间试验，结合土壤养分含量测定，根据籽粒产量对土壤有效养分含量的关系，建立了当前生产条件下的土壤养分丰缺指标（邹娟等，2009）。具体方法为：利用缺素处理占全肥处理的相对产量数据与土壤有效养分测定值的关系作散点图，把相对产量<60%的土壤养分测定值定为"严重缺乏"，60%～75%为"缺乏"、75%～90%为"轻度缺乏"、90%～95%为"适宜"、>95%为"丰富"，以此确定土壤磷、钾、硼养分丰缺指标。

根据研究，确定的当前油菜种植的土壤有效磷的临界指标为（表6-1）："严重缺乏"范围为<6.0mg P/kg，"缺乏"为6.0～12.0mg P/kg，"轻度缺乏"为12.0～25.0mg P/kg，"适宜"为25.0～30.0mg P/kg，"丰富"为>30.0mg P/kg。土壤有效钾的临界指标："严重缺乏"为<25mg K/kg，"缺乏"为25～60mg K/kg，"轻度缺乏"为60～135mg K/kg，"适宜"为135～180mg K/kg，"丰富"为>180mg K/kg。

土壤有效硼"缺乏"指标为<0.2mg B/kg,"轻度缺乏"为0.2~0.6mg B/kg,"适宜"为0.6~0.8mg B/kg,"丰富"为>0.8mg B/kg。

表6-1 油菜种植的土壤有效磷、钾、硼分级指标

肥力等级	不施肥时相对产量	有效磷/（mg/kg）	有效钾/（mg/kg）	有效硼/（mg/kg）
严重缺乏	<60%	<6.0	<25	—
缺乏	60%~75%	6.0~12.0	25~60	<0.2
轻度缺乏	75%~90%	12.0~25.0	60~135	0.2~0.6
适宜	90%~95%	25.0~30.0	135~180	0.6~0.8
丰富	>95%	>30.0	>180	>0.8

为了对油菜种植区域耕作土壤的各种养分丰缺状况进行评估,对近期全国相关研究进行了汇总,初步建立了各养分低(严重缺乏和缺乏)、中(轻度缺乏和潜在缺乏)、高(丰富)分级指标(表6-2)。

表6-2 土壤各种养分丰缺分级指标

养分	低	中	高
有机质/（g/kg）	<20	20~40	>40
全氮/（g/kg）	<1.0	1.0~2.0	>2.0
有效氮/（mg/kg）	<110	110~160	>160
有效磷/（mg/kg）	<12	12~30	>30
有效钾/（mg/kg）	<60	60~180	>180
有效钙/（mg/kg）	<400	400~1200	>1200
有效镁/（mg/kg）	<50	50~100	>100
有效硫/（mg/kg）	<25	25~50	>50
有效铁/（mg/kg）	<10	10~50	>50
有效锰/（mg/kg）	<5	5~15	>15
有效铜/（mg/kg）	<0.2	0.2~2.0	>2.0
有效锌/（mg/kg）	<0.5	0.5~1.0	>1.0
有效硼/（mg/kg）	<0.2	0.2~0.8	>0.6

（二）主产区域的土壤养分状况

表6-3为长江流域油菜主产区土壤养分状况及丰缺发生频率(邹娟,2010)。结果显示,长江流域油菜区272个土壤样品pH变幅为4.5~8.3,平均为6.2,变异系数为14.8%,50%的土壤样品pH集中在5.5~6.9。土壤有机质含量变幅为8.2~57.4g/kg,平均为29.5g/kg,16.9%的样品有机质含量<20g/kg,69.9%的样品含量为20~40g/kg,13.2%的样品含量>40g/kg,根据土壤养分分级指标,83.1%的土样有机质含量处于中等或丰富水平,说明从整体水平看,长江流域油菜区土壤有机质含量属中等偏上水平。所有土样全氮含量为0.4~4.1g/kg,变异系数为34.2%,

土壤全氮含量<1.0g/kg、1.0~2.0g/kg 和>2.0g/kg 的样品分别占 11.4%、62.5%和
26.1%。272 个样品平均有效氮、磷和钾含量分别是 116.6mg/kg、17.2mg/kg 和
92.8mg/kg，根据分级指标，分别有 47.4%、39.7%和 29.0%的土样处于缺乏范围。
有效钙、镁、硫平均含量分别为 1896mg/kg、203.8mg/kg 和 48.5mg/kg，据分级指
标，所有样品有效钙及镁含量均属中等或丰富水平，有效硫缺乏，占 27.8%。微
量元素土壤有效铁、锰、铜、锌和硼平均含量分别是 99.9mg/kg、28.5mg/kg、
3.6mg/kg、1.6mg/kg 和 0.38mg/kg。据分级指标，土壤有效硼含量处于缺乏、中等
和丰富水平的分别占 13.0%、74.0%和 13.0%；土壤有效铁和锌仅 1.9%和 5.8%，
处于缺乏范围；土壤有效锰和铜均处于中等或丰富水平。

表 6-3 长江流域油菜种植区土壤养分状况及丰缺发生频率

养分	平均值	丰缺发生频率/%		
		低	中	高
pH	6.2	—	—	—
有机质/（g/kg）	29.5	16.9	69.9	13.2
全氮/（g/kg）	1.70	11.4	62.5	26.1
碱解氮/（mg/kg）	116.6	47.4	41.2	11.4
速效磷/（mg/kg）	17.2	39.7	47.8	12.5
速效钾/（mg/kg）	92.8	29.0	65.2	5.8
有效钙/（mg/kg）	1896	0	26.2	73.8
有效镁/（mg/kg）	203.8	0	7.8	92.2
有效硫/（mg/kg）	48.5	27.8	35.3	36.9
有效铁/（mg/kg）	99.9	1.9	15.5	82.6
有效锰/（mg/kg）	28.5	0	20.1	79.9
有效铜/（mg/kg）	3.6	0	18.3	81.7
有效锌/（mg/kg）	1.6	5.8	41.3	52.9
有效硼/（mg/kg）	0.38	13.0	74.0	13.0

三、不同产量水平油菜养分需求量

据各地资料统计表明，每生产 100kg 油菜籽因品种、目标产量等不同，吸收
氮、磷、钾的量而有差异，吸收的氮（N）为 4.5~5.5g，磷（P_2O_5）为 1.8~2.5kg，
钾（K_2O）为 5.0~7.5kg，硼（B）为 4.5~5.5g，油菜对 N、P_2O_5 和 K_2O 的吸收
比例大约为 1∶0.4∶1.2。

不同种植区域的油菜吸收养分量明显不同，其中差别最大的是对钾的吸收。
尽管表 6-4 资料来源不同，但每公顷生产油菜籽 1.50~2.25t，或者干物质产量
10.5~14.5t 时，油菜植株所吸收氮、磷、钾的数量及氮、磷、钾的比例均基本相

似，说明油菜生长期内吸收养分量比较稳定，油菜吸收氮磷比相近，氮钾比和磷钾比有一定变化，吸收氮钾量大时其变化幅度也大（邹娟，2010）。

表 6-4 油菜吸收氮磷钾数量及其比例

干物质产量/（kg/hm²）	N/（kg/hm²）	P₂O₅/（kg/hm²）	K₂O/（kg/hm²）	N∶P₂O₅∶K₂O	资料来源
14 604	217.6	91.7	263.8	1∶0.42∶1.21	中国
10 140	222.0	67.2	115.5	1∶0.30∶0.52	瑞典
10 725	151.5	80.6	192.0	1∶0.53∶1.27	法国
13 650	258.0	84.0	312.0	1∶0.33∶1.21	法国
12 675	231.0	84.0	298.5	1∶0.36∶1.29	丹麦

注：干物质产量为吸收 N、P、K 高峰时的平均数，不是最后产量。均为冬油菜品种

根据华中农业大学油菜养分资源综合管理课题组的研究，油菜产量不同其养分的吸收量也不同，同时每形成 100kg 籽粒产量所需的养分也有较大的差别。表 6-5 是 67 个大田试验得出的不同产量水平下每生产 100kg 油菜籽粒植株地上部所吸收的养分平均值。结果表明，当籽粒产量很低时，每生产 100kg 油菜籽所需要的氮、钾养分量最高，而在一般正常产量时养分需求量最经济，当产量很高时每生产 100kg 油菜籽所需要的养分量又开始增加。

表 6-5 每生产 100kg 油菜籽油菜植株地上部所需的氮、磷、钾养分量（平均值）

产量水平/（t/hm²）	氮/（kg N）	磷/（kg P₂O₅）	钾/（kg K₂O）	N∶P₂O₅∶K₂O
<0.75	6.66	1.84	8.01	1∶0.28∶1.20
0.75～1.50	5.54	1.83	6.26	1∶0.33∶1.13
1.50～2.25	4.76	2.16	5.76	1∶0.45∶1.21
2.25～3.00	4.80	2.06	5.70	1∶0.43∶1.19
3.00～3.75	5.13	1.91	6.38	1∶0.37∶1.24

数据来源：华中农业大学油菜养分资源综合管理课题组

施肥对油菜养分吸收也产生明显影响。74 个田间试验结果表明（表 6-6），缺素处理生产单位籽粒相应养分需求量明显低于施肥处理，如缺氮（–N）处理百千克籽粒，N 素需求量为 4.4kg，显著低于施 N 处理的 4.9～5.2kg；缺磷（–P）处理百千克籽粒，P₂O₅ 需求量为 1.8kg，而施 P 处理为 2.0～2.3kg；缺钾（–K）处理百千克籽粒，K₂O 需求量为 5.7kg，施 K 处理为 6.8～7.4kg。结果还显示，施肥处理中，NPKB 处理单位籽粒养分需求量略低于其余施肥处理。以 N 素为例，在施 N 处理中，NKB（–P）和 NPK（–B）处理百千克籽粒 N 素需求量分别为 5.2kg 和 5.1kg，而 NPKB 处理需 N 量为 4.9kg，百千克籽粒 P₂O₅ 和 K₂O 需求规律与 N 素一致，说明氮、磷、钾、硼配合施用能促进油菜的生长发育和产量潜力的发挥，进而有效提高养分利用效率。

表6-6 氮、磷、钾、硼肥施用对百千克籽粒养分需求量的影响

处理	N / (kg/100kg)	P₂O₅/ (kg/100kg)	K₂O / (kg/100kg)	B / (g/100kg)	N∶P₂O₅∶K₂O
NPKB	4.9±0.8 a	2.0±0.4 b	6.9±1.8 a	5.4±1.4 a	1∶0.4∶1.4
−N	4.4±0.8 b	2.3±0.5 a	7.4±2.0 a		1∶0.5∶1.7
−P	5.2±1.5 a	1.8±0.6 c	7.0±1.8 a		1∶0.3∶1.3
−K	5.0±1.1 a	2.0±0.4 b	5.8±1.8 b		1∶0.4∶1.2
−B	5.1±1.2 a	2.1±0.5 b	6.8±1.8 a	4.8±1.6 a	1∶0.4∶1.3

数据来源：华中农业大学油菜养分资源综合管理课题组（邹娟，2010）
注：同一列中不同小写字母表示处理间差异在 $P<0.05$ 水平上显著

四、油菜对不同养分的需求特征

（一）油菜对氮的吸收特征

华中农业大学油菜养分资源综合管理课题组以'华双5号'油菜品种为对象研究了油菜干物质和养分积累动态变化规律（刘晓伟等，2011a）。油菜干物质积累动态（图6-1）结果表明，油菜全生育期总干物质积累量呈"S"形曲线，干物质的积累可分为3个阶段，0～130d缓慢增加，仅占整个生育期的27.1%；130～215d快速增加，72.9%的干物质积累集中在这一阶段，积累速率高达 158kg/(hm²·d)；215～230d（成熟期）平稳略降。不同生育时期积累量表现为花期＞苗期＞蕾薹期＞角果期。根、茎、绿叶的干物质积累均先升高后降低，三者分别在185d（花期）、200d（角果期）、130d（苗期）达最大值，分别为2286kg/hm²、5450kg/hm²、2306kg/hm²，随着植株生长，三器官干物质积累均有不同程度降低，降幅表现为绿叶＞茎＞根。生殖器官的干物质自现蕾后不断增加，230d时干物质积累量达最大，占总积累量的48.6%。油菜苗期落叶较少，170d（花期）后迅速增加，215d

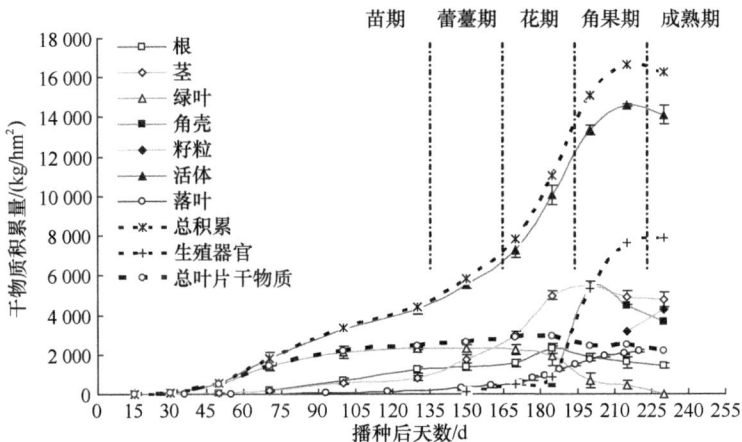

图6-1 油菜干物质累积动态

时达最大值（2162kg/hm²），占干物质积累总量的 13.3%。抽薹前干物质积累量表现为绿叶＞根≈茎＞落叶，抽薹后，由于角壳和籽粒的形成及叶片脱落，收获时干物质积累量表现为茎≈籽粒＞角壳＞落叶＞根。

氮养分含量结果表明（图 6-2），油菜根、茎中氮含量在出苗后缓慢上升，70d 时达最大值，分别为 3.5%、3.6%，其后持续下降，收获时分别降至 0.5%、0.4%。绿叶的氮含量在 15d 时最高，为 5.6%，随着生物量的增加，稀释效应逐渐明显，100d 时出现一低谷，135d 略有升高，而后迅速下降，收获时降至最低值（2.1%）。生殖器官的形成经历蕾—花—角果—角壳、籽粒 4 个阶段，除籽粒外，氮含量依次逐渐降低。落叶氮含量在苗期较高，蕾薹期后稳定在 1.0% 左右。抽薹期以前，各器官的氮含量表现为绿叶＞茎＞根＞落叶，收获时则表现为籽粒＞落叶＞根≈茎≈角壳。

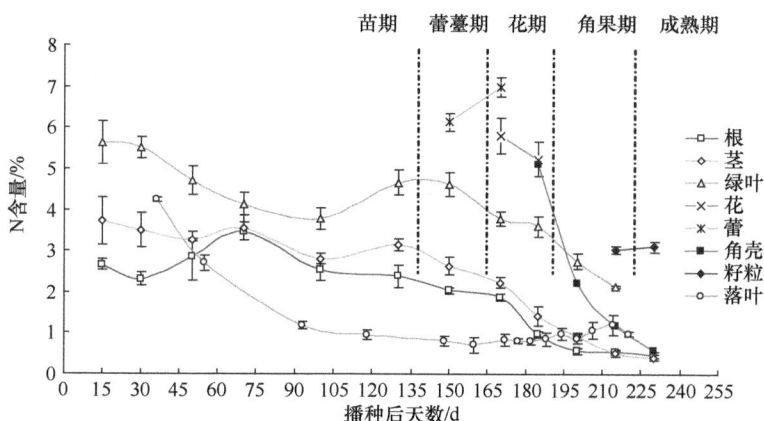

图 6-2　油菜氮含量动态

氮素总积累量呈先升后降的变化，0～170d 直线上升（图 6-3），170d（初花期）达最大值，为 217.6kg/hm²，后期略有下降。苗期氮素积累量最大，占最大积累量的 80.9%，蕾薹期仅占 19.1%。根、茎、叶中氮素积累量均先升高后降低，分别在 130d（苗后期）、185d（花期）、150d（薹期）达最大值，为 29.2kg/hm²、70.5kg/hm²、107.1kg/hm²，之后三者氮积累量均有不同程度下降，降幅表现为绿叶＞茎＞根。生殖器官中氮素在角果形成后呈直线上升，最终有 66.5% 的氮素积累在籽粒中。落叶的氮素积累量在 170d（蕾薹期）后快速增加，230d 时达最大值，为 19.9kg/hm²，占植株氮素总积累量的 10.0%。

（二）油菜对磷的吸收特征

图 6-4 数据显示，不同器官磷含量变化较平缓，根中磷含量在苗期最高，为 0.30%，随着生物量的增加含量持续下降，230d 时降至 0.07%。茎和绿叶中的磷

含量出苗后缓慢上升，在 130d（苗后期）时达到最大值，分别为 0.41% 和 0.44%，随后直线下降，收获时降至 0.05% 和 0.14%。生殖器官除籽粒磷含量逐渐升高外其他部分均逐渐降低。落叶磷含量在苗期较高，之后磷含量保持在 0.10% 左右。

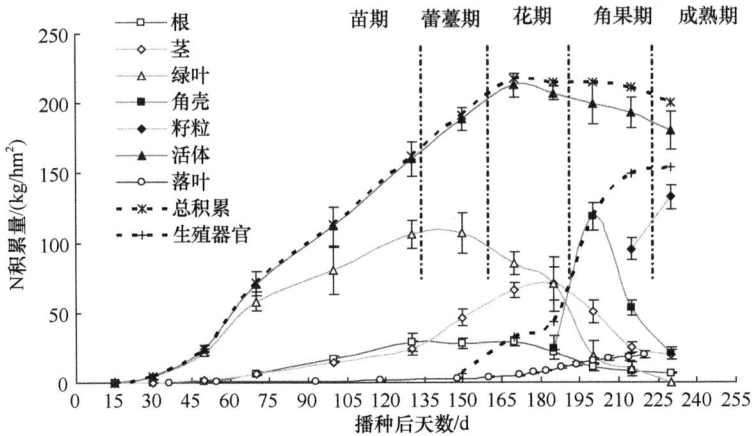

图 6-3　油菜氮积累量动态

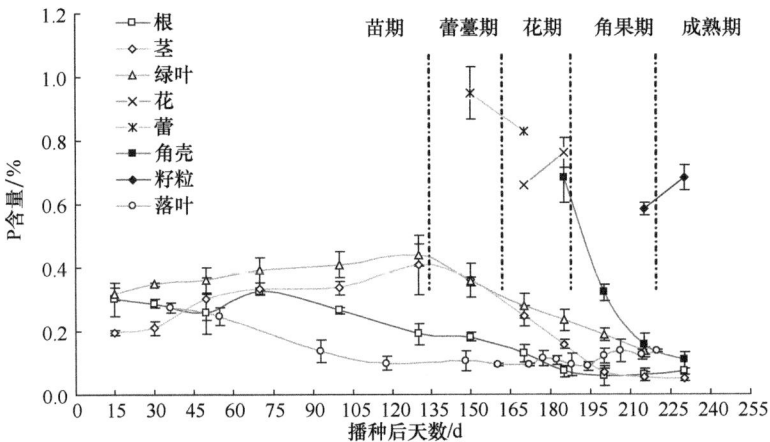

图 6-4　油菜磷含量动态

从图 6-5 可以看出，与氮素不同，磷总积累量在整个生育期内持续增加，0～130d（苗期）缓慢上升，135～185d 趋于平缓，185～230d（角果至成熟期）直线上升至成熟期磷（P_2O_5）吸收量达 91.7kg/hm^2。根、茎、绿叶中磷积累量先升后降，分别在 150d（蕾薹期）、185d（花后期）、130d（苗后期）达最大值，为 5.73g/hm^2、17.7kg/hm^2、22.9kg/hm^2，而后下降幅度以绿叶最大，茎次之，根系最小。生殖器官中的磷积累量直线上升，收获时生殖器官 88.4% 的磷积累在籽粒中。落叶中磷积累量较少，仅占总积累量的 6.2%。

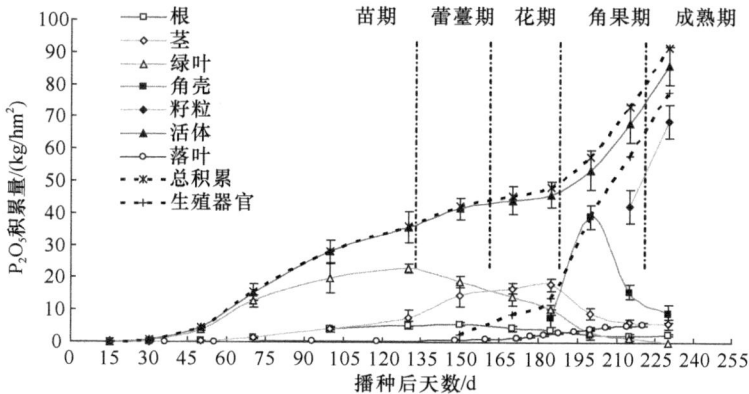

图 6-5　油菜磷积累量动态

（三）油菜对钾的吸收特征

由图 6-6 钾含量变化曲线可知，根中钾含量 0～130d（苗期）一直保持在 2.0% 左右，145d（抽薹期）后迅速下降，收获时降至 0.6%。茎钾含量出苗后迅速下降，70d 时出现一低谷，随后缓慢升高，150d（蕾薹期）升至 4.0%，而后迅速降低，230d 时降至最低。绿叶中钾含量出苗后略有上升，之后一直稳定在 2.5%左右。生殖器官中钾含量的变化趋势有别于氮和磷，角果壳钾含量在成熟期后逐渐上升，而籽粒钾含量则逐渐下降。落叶中钾含量无明显规律，花期后变幅较大。

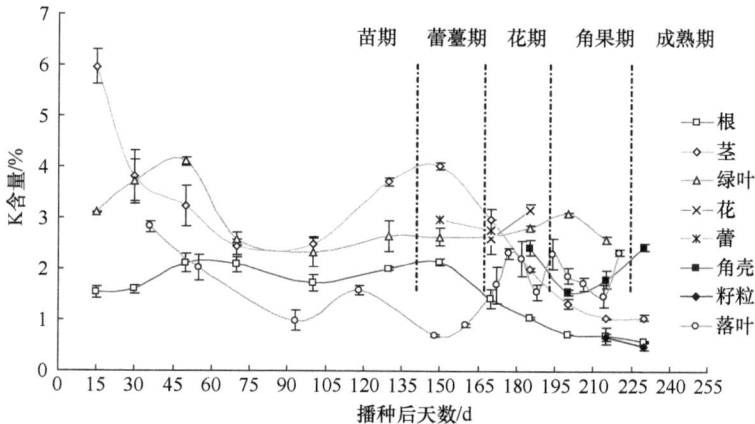

图 6-6　油菜钾含量动态

钾积累动态（图 6-7）与氮相似，也呈先升高后降低的变化趋势，在 185d 达最大值，为 263.8kg/hm²。不同生长期的积累顺序表现为：苗期＞蕾薹期＞花期＞角果、成熟期。根、茎、绿叶中的钾积累量分别在 150d（蕾薹期）、185d（花期）、135d（苗后期）达到最高值，为 35.0kg/hm²、119.0kg/hm²、72.4kg/hm²，之后均有降低，降幅仍以绿叶最大，茎次之，根系最小。生殖器官中的钾大部分积累在角果壳中，最终分配到籽粒中的仅为 19.5%。叶中 63.0%的钾残留在落叶中，占植株总积累量的 18.4%。

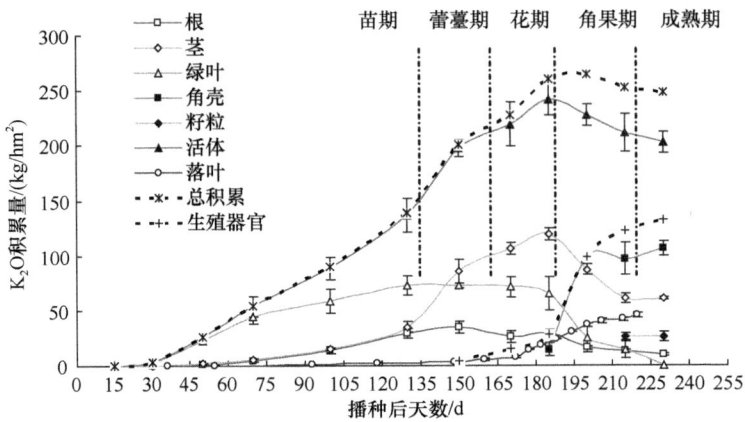

图 6-7　油菜钾积累量动态

（四）油菜对硼的吸收特征

植株根、茎的硼含量均先升高后降低（图 6-8），根的硼含量在初花期最高，茎的硼含量在苗期向蕾薹期过渡时达到最大值。绿叶、落叶的硼含量则随生育期的推进逐渐升高，在蕾薹期之后落叶硼含量逐渐高于绿叶。生殖器官经历蕾—花—角壳—籽粒的过程，硼含量依次逐渐降低。收获时各器官的硼含量表现为落叶＞角壳＞籽粒、根＞茎。

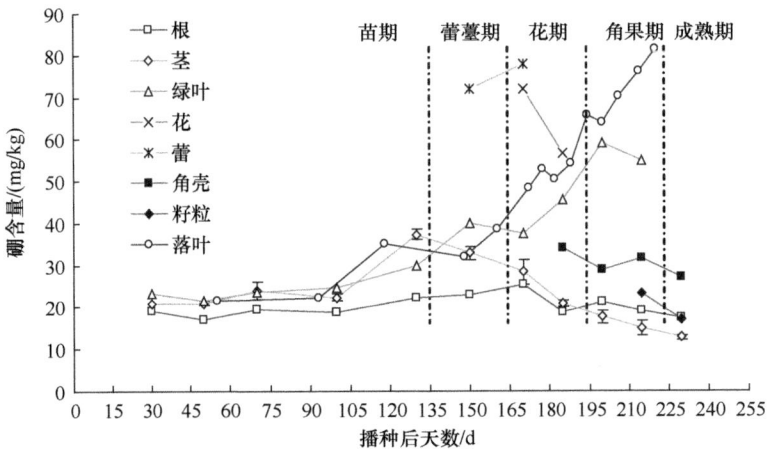

图 6-8　油菜硼含量动态

硼总积累量呈先升后降的变化（图 6-9），在 215d（角果期）达到最大值，为 454.2g/hm²，收获时降低至 383.9g/hm²。苗期、薹花期、角果期的积累比例分别为

28%、44%、28%。根、茎、绿叶的硼积累量呈先增加后降低的变化，分别在185d（花期）、185d（花期）、150d（蕾薹期）达到最大值，分别为43.2g/hm²、103.6g/hm²、92.3g/hm²，生殖器官中的硼在215d（角果期）达到最大值，之后略有下降。收获时，各器官硼积累量大小为落叶＞角壳＞籽粒、茎＞根。

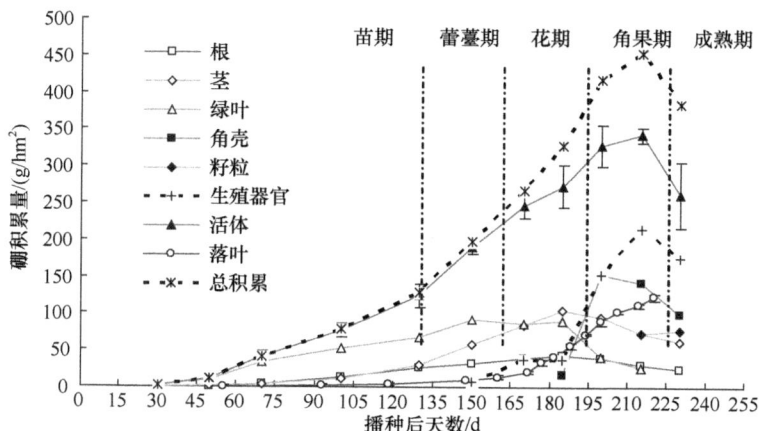

图 6-9　油菜硼积累量动态

第二节　氮素营养状况与结实器官形成

一、氮素营养对花器形成的影响

对不同氮肥用量下移栽和直播冬油菜各生育期结实器官数量进行分析（表6-7），移栽油菜各生育期结实器官数量显著大于直播油菜。两种种植方式的油菜结实器官数量总体上均在初花期达到最大值（直播条件下'中油杂12号'在氮肥用量较高时最大值出现的时间有所推迟），之后迅速降低。收获期植株结实器官数量与蕾薹期相当，可见花芽分化至蕾薹期为冬油菜有效花芽数决定期。氮肥的施用显著增加了各生育时期全株花芽数量，但在较高氮用量下，植株的花芽数变幅较小。两种种植方式下'华油杂9号'各生育期结实器官数量一般大于'中油杂12号'，说明了不同品种存在差异。

研究结果表明，'华油杂9号'和'中油杂12号'结实器官最终发育成有效角果的比例约为40%（图6-10）。氮肥用量对直播油菜成角率的影响较大。在低氮用量下，直播油菜结实器官败育严重，随着氮肥用量的增加，成角率显著上升并高于移栽油菜。两个品种成角率差异较小。

在明确各生育期植株结实器官总数变化的基础上，以'华油杂9号'油菜品种为例，对两者种植方式下油菜各分枝结实器官的数量变化总结如图6-11所示。移栽油菜分枝数和各时期分枝结实器官数量显著大于直播油菜。初花期油菜分枝数及各分枝结实器官数量最大，随着生育进程的推进，分枝数和结实器官数量均显著降低。氮肥用量影响分枝数，并且显著影响分枝结实器官数量。

表 6-7　氮肥用量对移栽和直播油菜各生育期全株结实器官数量的影响

种植方式	氮肥用量/(kg/hm²)	华油杂 9 号					中油杂 12 号				
		蕾薹期	初花期	盛花期	终花期	收获期	蕾薹期	初花期	盛花期	终花期	收获期
移栽	0	102	349	182	177	108	92	304	194	206	99
	45	169	587	295	303	199	148	468	377	397	164
	90	211	622	338	364	243	223	612	515	431	226
	135	299	882	445	462	325	261	814	464	471	285
	180	320	873	539	527	350	288	956	576	577	323
	270	389	892	597	523	357	273	942	661	692	342
直播	0	63	129	94	40	29	37	139	101	118	19
	45	144	303	247	200	103	88	291	174	268	79
	90	176	334	223	236	117	110	284	136	311	124
	135	204	378	306	309	172	132	321	345	315	132
	180	210	413	292	319	191	151	348	347	322	164
	270	221	447	374	335	210	178	367	491	451	186

注：结实器官数量=花蕾数+花朵数+角果数

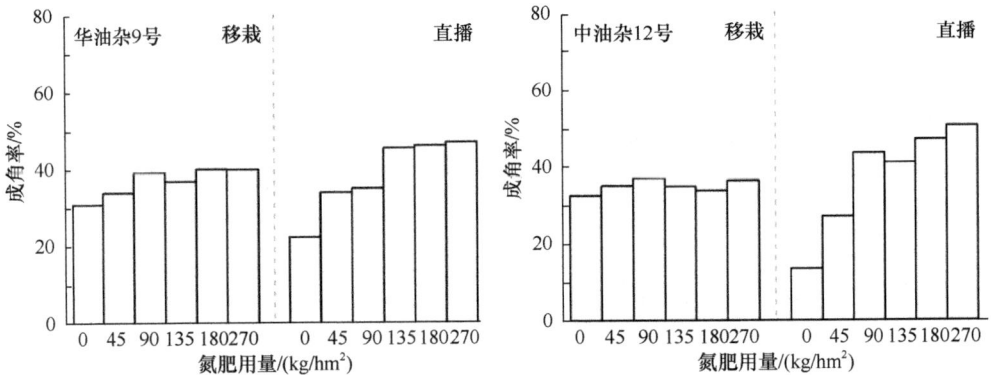

图 6-10　氮肥用量对油菜成角率的影响

成角率=收获期角果数/初花期结实器官数量

　　结合各枝序的成角率可以发现，主花序角果数和成角率最高，在各分枝中第 2 分枝的成角率高于其他分枝，随着分枝部位的下移，成角率显著降低（图 6-12）；且施氮能显著增加主花序和各分枝的成角率。

　　结实器官数量的不同意味着库存上的差异，将直接导致库构成的其他因子（角果数和角粒数）之间的差异，并最终影响籽粒产量。

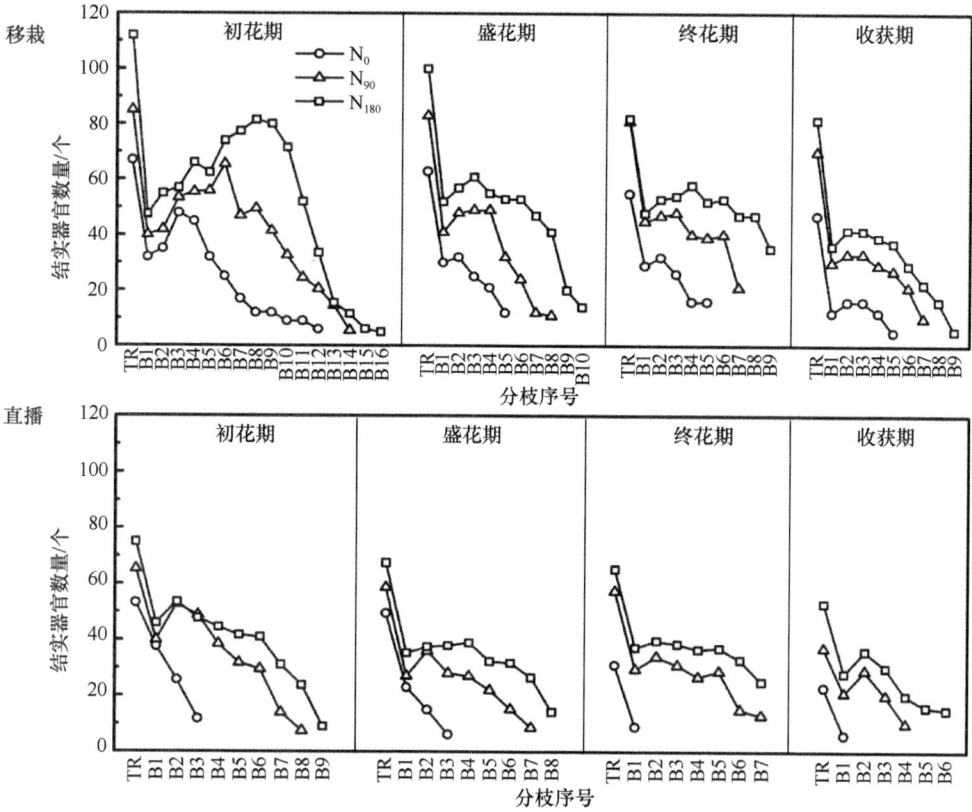

图 6-11　华油杂 9 号不同枝序结实器官发育情况

TR 为主花序，B 为分枝，字母 B 后编号为自上而下分枝序号；N_0、N_{90} 和 N_{180} 分别表示 N 用量为 0、90kg/hm^2

和 180kg/hm^2，图 6-12 同

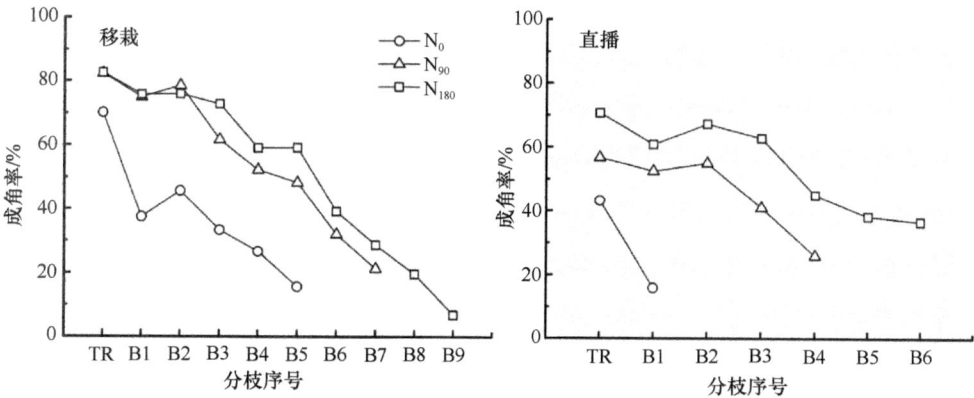

图 6-12　华油杂 9 号不同枝序成角率

二、氮素营养对角果数、角粒数和千粒重的影响

华中农业大学油菜养分资源综合管理课题组研究发现，氮素营养状况显著影响油菜的单株角果数、角粒数和千粒重（王寅，2014）。多年多点田间试验结果显示（表 6-8），随氮肥用量的增加，直播和移栽油菜的单株角果数、角粒数均显著提高，而且两个指标均在施氮量超过 180kg N/hm² 后不再显著增加。主花序角果数随氮肥用量增加的变化趋势与单株总角果数表现相似，但相比移栽油菜，直播油菜主花序角果数占单株总角果数的比例随氮肥用量的增加下降幅度更大。与角果数和角粒数的表现不同，直播冬油菜的千粒重随施氮量的增加呈现出下降趋势，并在施氮超过 270kg N/hm² 时显著降低。而移栽冬油菜的千粒重在所有施氮水平下均无显著差异。直播油菜在缺氮条件下千粒重提高，可能是由于缺氮导致植株生长较差，单株所产生的角果过少，由于补偿效应其籽粒重增加。

表 6-8　氮肥用量对油菜角果数、角粒数和千粒重的影响

氮肥用量/ （kg N/hm²）	角果数/ （No./株）	主花序角果数/ （No./株）	主花序角果数 比例/%	角粒数/ （No./pod）	千粒重/g
直播种植方式（n=12）					
0	62.3±23.6 c	46.0±15.4 c	73.8	19.2±2.6 c	3.04±0.30 a
90	83.7±23.6 b	54.7±11.7 b	65.4	20.0±2.4 b	3.02±0.29 a
180	102.3±21.9 a	59.0±9.1 ab	57.7	20.6±2.1 a	3.00±0.29 ab
270	111.7±18.6 a	62.3±8.2 a	55.8	20.5±2.1 a	2.97±0.29 b
360	113.1±22.7 a	62.3±7.8 a	55.1	20.6±2.1 a	2.97±0.31 b
移栽种植方式（n=11）					
0	195.6±65.1 c	79.5±12.8 c	40.6	20.1±2.2 c	2.96±0.35 a
90	284.5±86.2 b	89.7±10.9 b	31.5	21.2±2.2 b	2.94±0.32 a
180	362.8±83.1 a	97.5±10.9 a	26.9	21.8±2.1 a	2.96±0.33 a
270	382.6±96.0 a	100.7±9.9 a	26.3	21.9±2.3 a	2.93±0.31 a
360	388.0±100.1 a	98.5±8.7 a	25.4	22.0±2.3 a	2.91±0.34 a

注：同一列中不同小写字母表示处理间差异在 P<0.05 水平上显著

三、氮素营养对油菜籽产量构成的综合影响

对不同施氮水平条件下油菜产量与产量构成因素进行相关分析发现（图 6-13，图 6-14），受氮肥用量的影响，直播和移栽油菜产量与所有产量构成因素均存在显著的线性相关关系。而直播油菜的产量与其种植密度的相关关系的决定系数最高，之后依次为单株角果数、分枝数、主花序角果数和角粒数。对于移栽油菜，其产量与分枝数和单株角果数相关关系的决定系数最高，之后为种植密度、主花序角果数和角粒数。对于千粒重，两种种植方式下其与产量的相关关系尽管表现为显著，但均相对较弱。

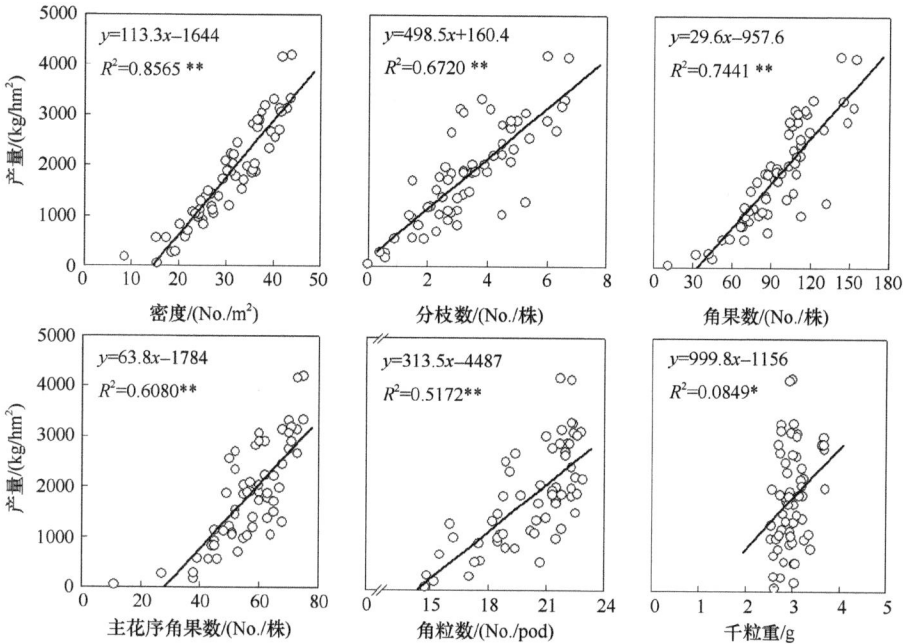

图 6-13 不同施氮量条件下直播油菜产量与产量构成因素之间的相关关系（n=60）
**表示在 P<0.01 水平上显著，*表示在 P<0.05 水平上显著

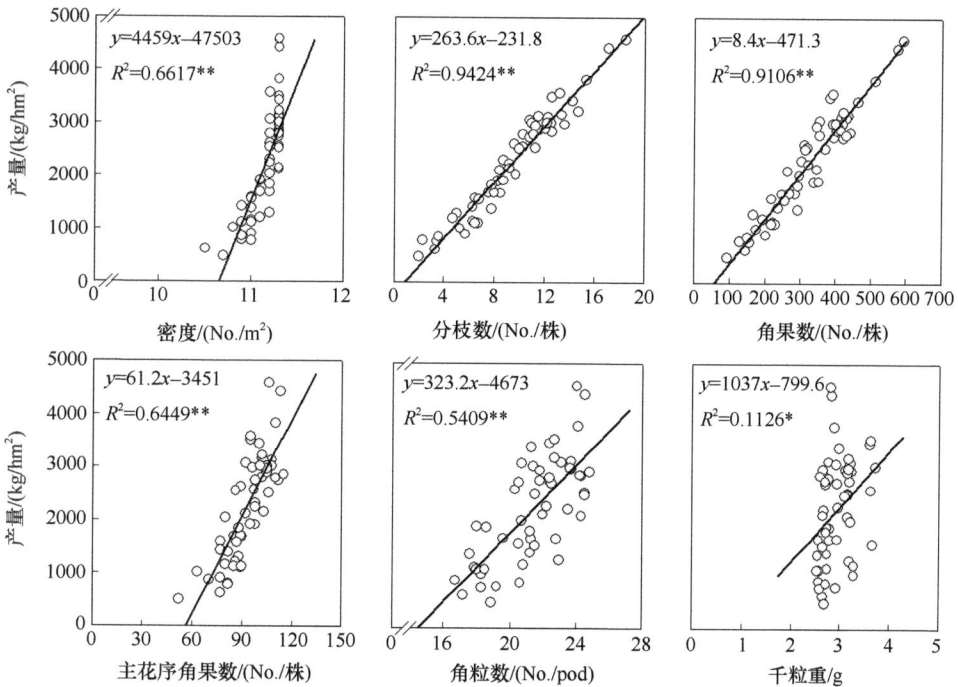

图 6-14 不同施氮量条件下移栽油菜产量与产量构成因素之间的相关关系（n=55）
**表示在 P<0.01 水平上显著

通径分析表明（表6-9），不同施氮水平下单株角果数对油菜产量表现出最强的正直接影响。对于直播油菜而言，种植密度对产量显示出较强的正直接影响，千粒重有较弱的正直接影响，角粒数的直接影响非常弱。分枝数和主花序角果数对直播油菜产量则表现出较弱的负直接影响。种植密度通过影响单株角果数对直播油菜产量表现出较强的正间接影响，而单株角果数也通过种植密度对产量有较强的正间接影响。分枝数、主花序角果数和角粒数通过种植密度和单株角果数对直播油菜产量表现出较强的正间接影响，千粒重通过其他产量构成因素对产量的间接影响均较弱。而对于移栽油菜，其产量受到分枝数、角粒数和千粒重较弱的正直接影响，主花序角果数和种植密度的直接影响则非常弱。种植密度、分枝数、主花序角果数和角粒数均通过单株角果数对移栽油菜产量产生强或较强的正间接影响，而千粒重通过其他产量构成因素对移栽油菜产量的间接影响均较弱。可以发现，氮素营养主要通过影响油菜的单株角果数而对产量造成影响，其中种植密度对于直播油菜产量的影响也非常重要。

表6-9　不同施氮量条件下直播和移栽油菜产量与产量构成因素之间的通径分析

指标	直接通径系数	间接通径系数					
		种植密度	分枝数	单株角果数	主花序角果数	角粒数	千粒重
直播种植方式（n=60）							
种植密度	0.6000		−0.1983	0.6574	−0.2005	0.0362	0.0307
分枝数	−0.2789	0.4265		0.7963	−0.1807	0.0220	0.0346
单株角果数	0.8621	0.4575	−0.2576		−0.2417	0.0263	0.0160
主花序角果数	−0.2787	0.4317	−0.1809	0.7477		0.0321	0.0278
角粒数	0.0492	0.4414	−0.1247	0.4610	−0.1819		0.0740
千粒重	0.1985	0.0928	−0.0486	0.0694	−0.0390	0.0183	
移栽种植方式（n=55）							
种植密度	−0.0832		0.2014	0.4956	0.0159	0.1331	0.0506
分枝数	0.2518	−0.0665		0.6115	0.0153	0.1173	0.0415
单株角果数	0.6291	−0.0655	0.2448		0.0162	0.1094	0.0202
主花序角果数	0.0193	−0.0688	0.1999	0.5303		0.1193	0.0030
角粒数	0.1757	−0.0630	0.1680	0.3918	0.0131		0.0498
千粒重	0.1872	−0.0225	0.0558	0.0680	0.0003	0.0468	

四、氮素营养对油菜籽产量的影响

总结长江中下游地区多年多点大田试验发现，氮肥用量显著影响油菜籽的产量水平。图 6-15 显示，不施氮条件下直播油菜产量为 56~2167kg/hm²，平均为 1005kg/hm²，而移栽油菜产量为 203~2305kg/hm²，平均为 1124kg/hm²。直播油菜在施氮 90kg N/hm²、180kg N/hm²、270kg N/hm² 和 360kg N/hm² 条件下的产量平均分别为 1618kg/hm²（范围为 285~2817kg/hm²）、2082kg/hm²（范围为 697~3133kg/hm²）、2250kg/hm²（范围为 1037~4195kg/hm²）和 2218kg/hm²（范围为 1105~4165kg/hm²）。移栽油菜在这些处理下的产量分别为 1714kg/hm²（范围为

277～3159kg/hm²）、2188kg/hm²（范围为 444～3816kg/hm²）、2348kg/hm²（范围为 393～4415kg/hm²）和 2373kg/hm²（范围为 352～4579kg/hm²）。综合图 6-15 和图 6-16 发现，当施氮量在 0～180kg N/hm² 时，直播和移栽油菜的产量均随施

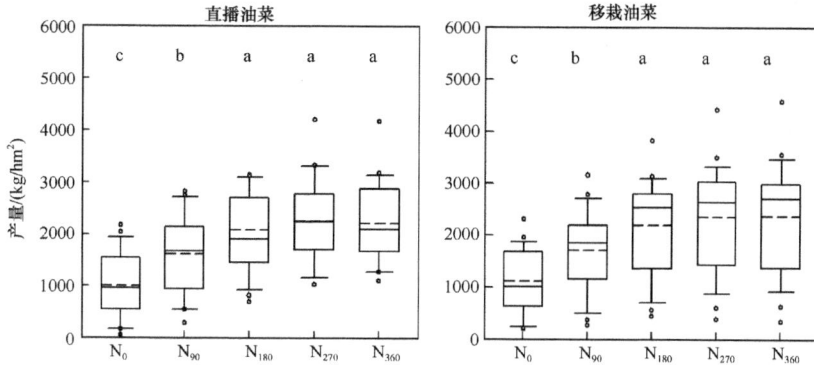

图 6-15　氮肥用量对直播油菜（n=23）和移栽油菜（n=25）产量的影响

不同小写字母表示处理间差异在 $P<0.05$ 水平上显著。N_{90} 表示氮肥施用量为 90kg/hm²；N_{180} 表示氮肥施用量为 180kg/hm²；N_{270} 表示氮肥施用量为 270kg/hm²；N_{360} 表示氮肥施用量为 360kg/hm²

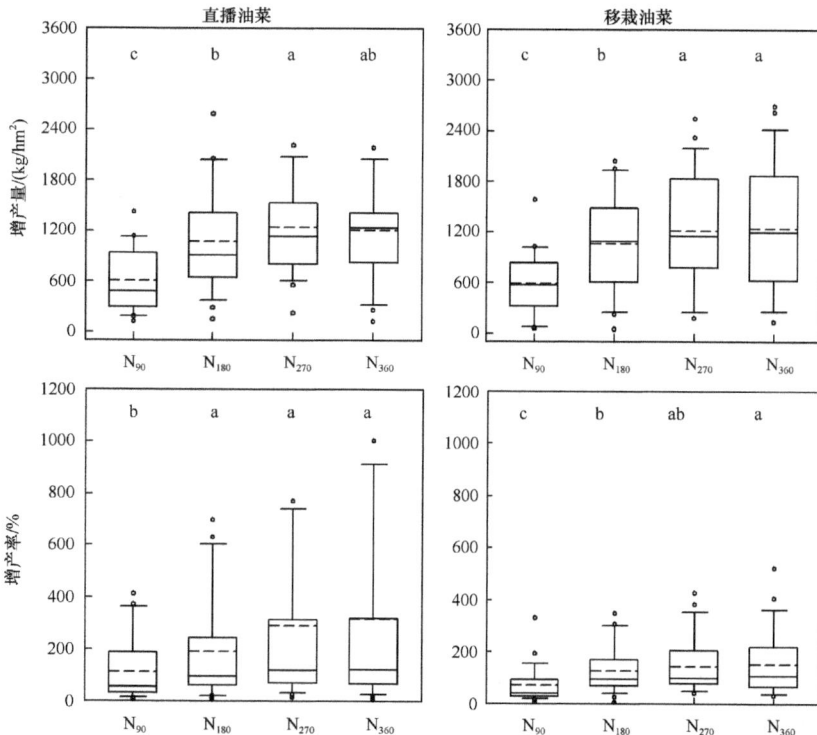

图 6-16　不同氮肥水平下直播油菜（n=23）和移栽油菜（n=25）的增产量和增产率

不同小写字母表示处理间差异在 $P<0.05$ 水平上显著。N_{90} 表示氮肥施用量为 90kg/hm²；N_{180} 表示氮肥施用量为 180kg/hm²；N_{270} 表示氮肥施用量为 270kg/hm²；N_{360} 表示氮肥施用量为 360kg/hm²

氮量增加而持续提高，增产效果逐步提升。当施氮超过 180kg N/hm^2 后，两种种植方式下油菜的产量均表现出平台现象，而施氮超过 270kg N/hm^2 后无显著增产。直播和移栽油菜产量分别在 N$_{270}$ 处理和 N$_{360}$ 处理达到最高值，平均分别增产 1245kg/hm^2（范围为 225～3645kg/hm^2）和 1248kg/hm^2（范围为 238～2694kg/hm^2）。直播和移栽油菜的增产率均在 N$_{360}$ 处理达到最高，平均分别为 316.2% 和 152.5%。直播油菜的增产率在施氮量超过 180kg N/hm^2 后达到平台，而移栽油菜的增产率则在施氮 270kg N/hm^2 时达到平台。各施氮水平下，直播油菜的产量水平均略低于移栽油菜，两者施氮的绝对增产量无显著差异，而直播油菜施氮的相对增产率则显著较高，说明其对于氮素营养更为敏感。

第三节 磷素营养状况与结实器官形成

一、磷素营养对花器形成的影响

由于花芽分化及幼果受精后的初期发育，均以细胞的旺盛分裂为其主要特征，而决定细胞分裂能否正常进行的关键因素是核酸及其构成物质能否充分供应。而这些物质及能量的供应均与磷密切相关，因此磷素营养在植物花芽分化及整个花芽的形态建成中具有重要作用（孙敏等，2009；艾育芳，2011）。在整个花芽分化期，叶片、茎秆中的磷含量呈显著下降的趋势（刘晓伟等，2011a），其目的是满足生殖器官建成过程中对磷的旺盛需求。植株一旦缺磷不仅会影响花器建成和发育，也会引起细胞分裂素的降低，抑制花芽分化，显著降低成花数量（康洋歌等，2015）。另外，从图 6-5 也可以看出，全生育期植株磷元素累积量逐渐增加，在角果初期，各器官磷素均向胚胎和籽粒转移。充足的磷素对保障籽粒物质存储、油脂合成的能源供应有着关键作用，同样对籽粒的充实、产量的形成有着重要影响。

二、磷素营养对角果数、角粒数和千粒重的影响

除氮素营养外，磷素供应状况也显著影响油菜的各项产量构成因素（王寅，2014）。多年多点田间试验结果显示（表 6-10），与不施磷处理相比，磷肥施用显著增加了直播和移栽油菜的单株角果数、主花序角果数、角粒数和千粒重。其中，直播油菜的单株角果数、主花序角果数和角粒数均随磷肥用量的增加而显著提高，在施磷量超过 90kg P$_2$O$_5$/hm^2 后无显著变化，而千粒重则表现出持续提高的趋势，在施磷 180kg P$_2$O$_5$/hm^2 时达到最高值。移栽油菜的角果数和角粒数在各施磷水平之间无显著差异，而主花序角果数和千粒重在施磷 0～180kg P$_2$O$_5$/hm^2 时随施磷量增加而显著提高，但之后并无显著变化。相比移栽油菜，直播油菜主花序角果数占单株总角果数的比例明显较高，且随施磷量增加而下降的幅度更高。总体上，

直播油菜产量构成因素受磷肥用量的影响较移栽油菜更为明显。与氮素营养的相比，磷素营养对油菜千粒重的影响更为显著。

表 6-10 磷肥用量对油菜角果数、角粒数和千粒重的影响

磷肥用量/ (kg P$_2$O$_5$/hm^2)	角果数/ (No./株)	主花序角果数 / (No./ 株)	主花序角果数 比例/%	角粒数/ (No./pod)	千粒重/g
直播种植方式 (n=10)					
0	89.2±23.5 c	51.8±8.8 c	58.1	20.3±1.7 c	3.13±0.28 c
45	103.3±23.9 b	57.0±9.9 b	55.2	20.7±1.8 b	3.15±0.29 bc
90	114.2±22.9 a	59.6±9.3 a	52.2	21.0±1.7 ab	3.17±0.31 b
180	114.2±26.3 a	59.7±9.6 a	52.3	21.3±1.8 a	3.20±0.28 a
移栽种植方式 (n=13)					
0	250.9±107.6 b	78.9±14.1 c	31.4	21.6±1.6 b	3.01±0.24 c
45	295.3±80.5 a	84.7±10.8 b	28.7	22.2±1.6 a	3.07±0.24 b
90	315.2±81.2 a	88.4±13.7 a	28.0	22.2±1.5 a	3.10±0.24 ab
180	309.9±73.9 a	87.4±11.8 ab	28.2	22.3±1.5 a	3.11±0.23 a

注：同一列中不同小写字母表示处理间差异在 $P<0.05$ 水平上显著

三、磷素营养对油菜籽产量构成的综合影响

通过对不同施磷水平条件下油菜产量与产量构成因素进行相关分析发现（图 6-17，图 6-18），受磷肥用量的影响，直播油菜产量与除千粒重外的各项产量构成因素均存在显著的线性相关关系，而移栽油菜产量与所有产量构成因素均有显著的线性相关关系。对于直播油菜，产量与分枝数、种植密度和单株角果数相关关系的决定系数最高，之后为主花序单株角果数和角粒数。对于移栽油菜，产量与单株角果数、分枝数和主花序角果数相关关系的决定系数最高，之后为角粒数、种植密度和千粒重。

通径分析表明（表 6-11），单株角果数对直播油菜产量表现出最强的正直接影响，之后分别为种植密度、千粒重、角粒数和主花序角果数，分枝数则表现出较弱的负直接影响。分枝数和主花序角果数通过影响角果数而对直播油菜产量表现出较强的正间接影响，而种植密度和角粒数通过影响单株角果数对产量正间接影响较弱，千粒重则通过单株角果数对产量表现出一定的负间接影响。移栽油菜产量受到单株角果数的正直接影响最强，角粒数和千粒重也表现出弱的正直接影响，而种植密度、分枝数和主花序角果数的直接影响非常弱。种植密度、分枝数、主花序角果数和角粒数通过单株角果数对移栽油菜产量均表现出强或较强的正间接影响，各项指标通过密度对产量均表现为负间接影响。可以发现，磷素营养除主要影响油菜的单株角果数，还通过对千粒重和角粒数而影响油菜籽产量。对于直播油菜，施磷后种植密度对产量也表现出较强的直接影响。

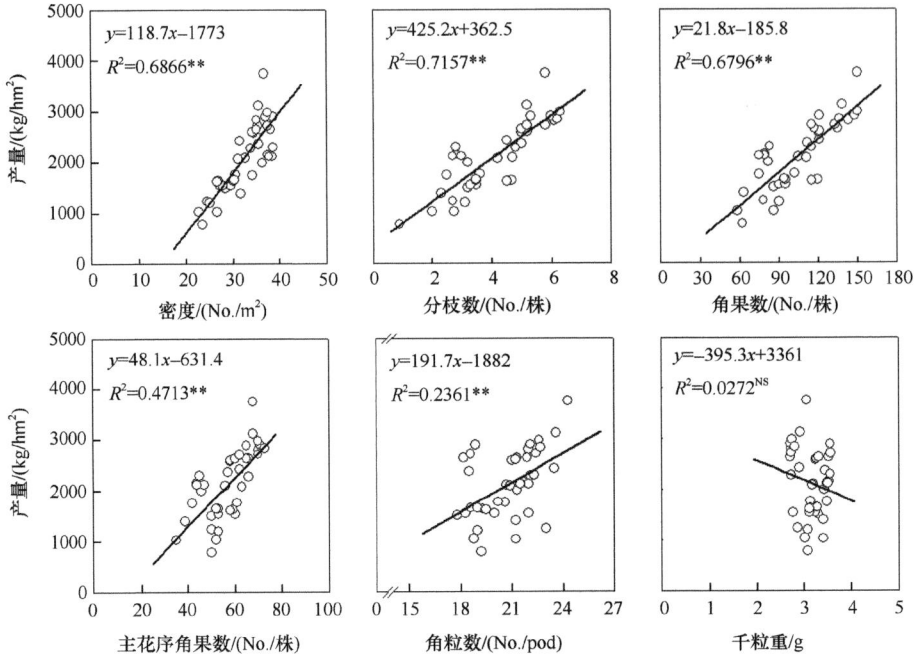

图 6-17　不同施磷量条件下直播油菜产量与产量构成因素之间的相关关系（$n=40$）

**表示 $P<0.01$ 水平上显著，NS 表示不显著

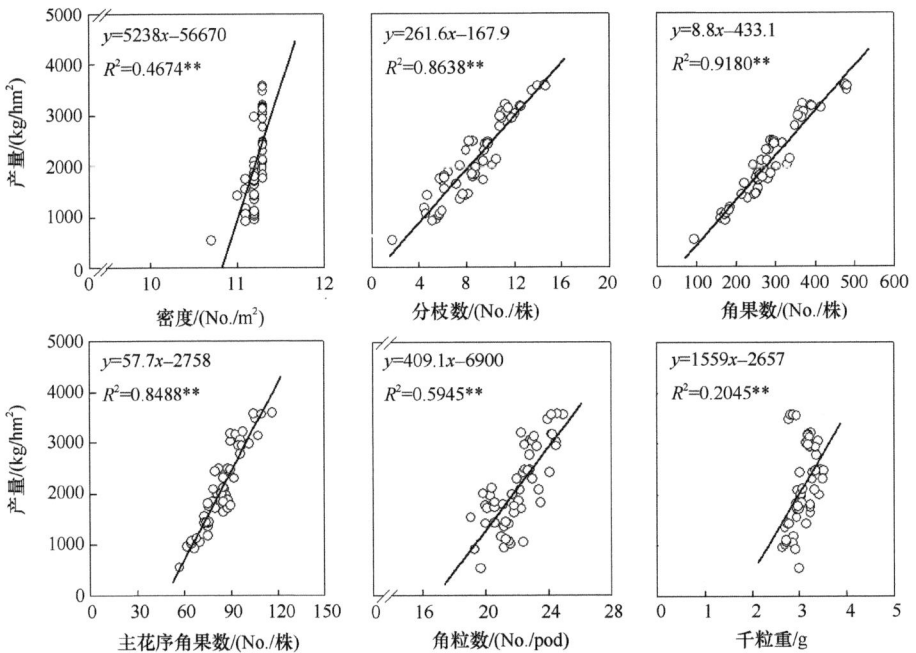

图 6-18　不同施磷量条件下移栽油菜产量与产量构成因素之间的相关关系（$n=52$）

**表示 $P<0.01$ 水平上显著

表 6-11　不同施磷量条件下直播和移栽油菜产量与产量构成因素之间的通径分析

指标	直接通径系数	间接通径系数					
		种植密度	分枝数	单株角果数	主花序角果数	角粒数	千粒重
直播种植方式（*n*=40）							
种植密度	0.3753		−0.0596	0.3057	0.0503	0.0899	0.0671
分枝数	−0.1113	0.2008		0.6642	0.1516	0.0710	−0.1305
单株角果数	0.6894	0.1664	−0.1073		0.1601	0.0849	−0.1693
主花序角果数	0.1726	0.1093	−0.0978	0.6397		0.0615	−0.1989
角粒数	0.2594	0.1300	−0.0305	0.2257	0.0409		−0.1397
千粒重	0.3103	0.0811	0.0468	−0.3761	−0.1107	−0.1168	
移栽种植方式（*n*=52）							
种植密度	−0.0390		0.0712	0.4509	0.0169	0.1231	0.0606
分枝数	0.0973	−0.0285		0.6394	0.0222	0.1504	0.0486
单株角果数	0.6704	−0.0262	0.0928		0.0239	0.1421	0.0551
主花序角果数	0.0257	−0.0257	0.0842	0.6234		0.1380	0.0757
角粒数	0.2105	−0.0228	0.0695	0.4527	0.0168		0.0448
千粒重	0.2049	−0.0115	0.0231	0.1802	0.0095	0.0460	

四、磷素营养对油菜籽产量的影响

长江中下游地区多年多点大田试验结果显示（图 6-19），施用磷肥显著提高油菜籽的产量水平。不施磷条件下，直播油菜的产量为 130～2640kg/hm²，平均为 1359kg/hm²，移栽油菜的产量为 540～3477kg/hm²，平均为 1723kg/hm²。直播油菜在施磷量为 45kg P_2O_5/hm²、90kg P_2O_5/hm² 和 180kg P_2O_5/hm² 条件下的产量平均分别为 1865kg/hm²（范围为 650～2803kg/hm²）、2168kg/hm²（范围为 880～3117kg/hm²）和 2251kg/hm²（范围为 977～3743kg/hm²）。移栽油菜产量则分别为 2042kg/hm²（范围为 859～3568kg/hm²）、2211kg/hm²（范围为 914～3578kg/hm²）和 2217kg/hm²（范围为 897～3556kg/hm²）。两种种植方式下，油菜产量水平均随施磷量增加而显著提高，并均在施磷为 90kg P_2O_5/hm² 时达到平台。两种种植方式油菜在施磷 90kg P_2O_5/hm² 和 180kg P_2O_5/hm² 条件下的增产量和增产率显著高于施磷 45kg P_2O_5/hm²，而这两个施磷水平之间则无显著差异（图 6-20）。相比移栽油菜，直播油菜的产量为施磷 0～90kg P_2O_5/hm²，均相对较低，而增产量为 90～180kg P_2O_5/hm² 则显著较高，增产率则在所有施磷水平下均显著较高。结果说明，磷素营养对油菜的产量形成具有重要影响，而且直播种植方式下对于磷素的需求更为敏感。

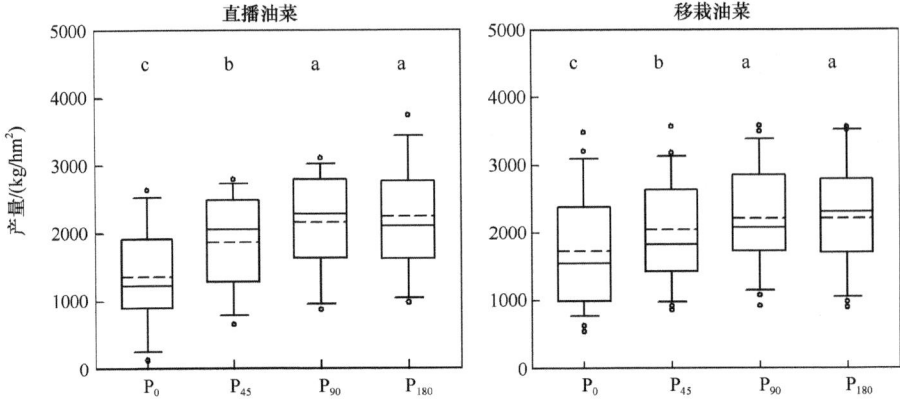

图 6-19 磷肥用量对直播油菜（n=13）和移栽油菜（n=25）产量的影响

不同小写字母表示处理间差异在 $P<0.05$ 水平上显著。P_0 表示不施磷肥；P_{45} 表示施磷 $45kgP_2O_5/hm^2$；
P_{90} 表示施磷 $90kgP_2O_5/hm^2$；P_{180} 表示施磷 $180kgP_2O_5/hm^2$

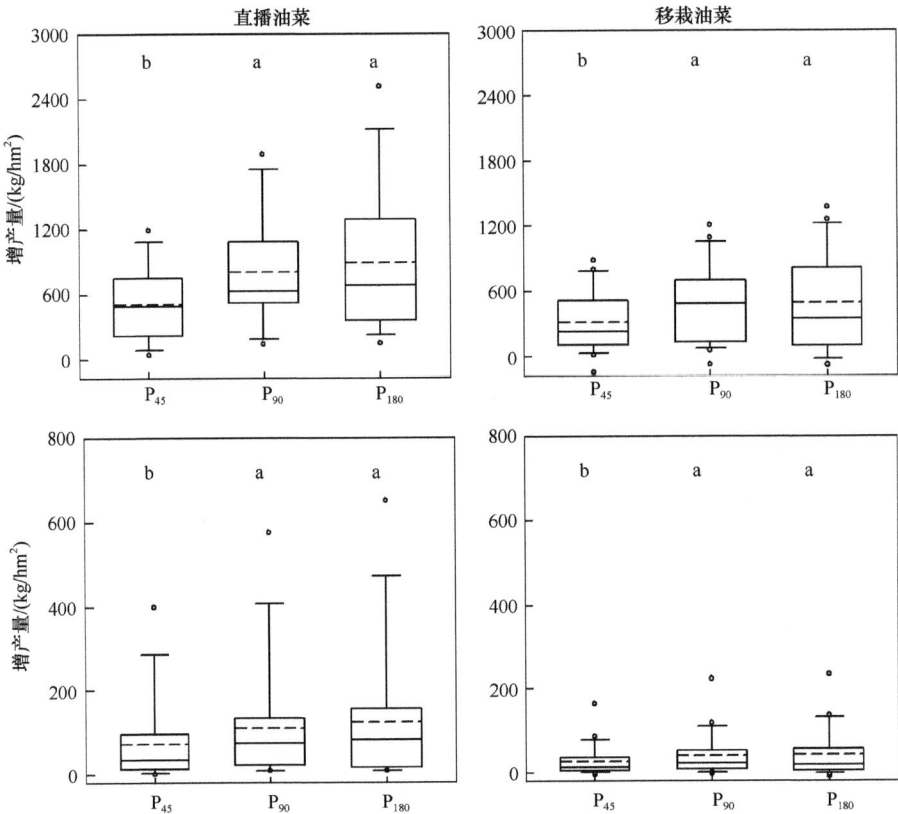

图 6-20 不同磷肥水平直播油菜（n=13）和移栽油菜（n=25）的增产量和增产率

不同小写字母表示处理间差异在 $P<0.05$ 水平上显著。P_{45} 表示施磷 $45kgP_2O_5/hm^2$；P_{90} 表示施磷 $90kgP_2O_5/hm^2$；
P_{180} 表示施磷 $180kgP_2O_5/hm^2$

第四节　钾素营养状况与结实器官形成

一、钾素营养对花器形成的影响

与氮肥用量试验结果类似，不同油菜品种初花期全株结实器官数量最大，收获期数量与蕾薹期相当。施钾（120kg K_2O/hm^2）能够提高油菜各生育期结实器官数量，且生育期越靠后，增加效果越明显，施钾能够有效降低结实器官败育比例，提高成角率（表 6-12，图 6-21），试验品种中，以'中双 11'的改善效果最佳。品种间各生育期结实器官数量差异显著，结合成角率可知，'华油杂 9 号'器官数量和成角率均较高，'华双 5 号'和'中双 11'则相对较低。

表 6-12　施钾对不同品种油菜各生育期结实器官数量的影响

品种	0kg K_2O/hm^2					120kg K_2O/hm^2				
	蕾薹期	初花期	盛花期	角果期	收获期	蕾薹期	初花期	盛花期	角果期	收获期
华油杂 9 号	142	204	203	177	141	128	245	231	194	189
华双 5 号	73	195	194	119	117	131	222	190	174	144
中油杂 12 号	125	255	243	180	154	162	271	270	240	190
中双 11	124	237	187	165	110	124	242	226	175	176
丰油 701	130	324	228	173	165	133	275	223	190	182
新蓉油 11 号	131	242	214	154	155	146	255	219	161	162

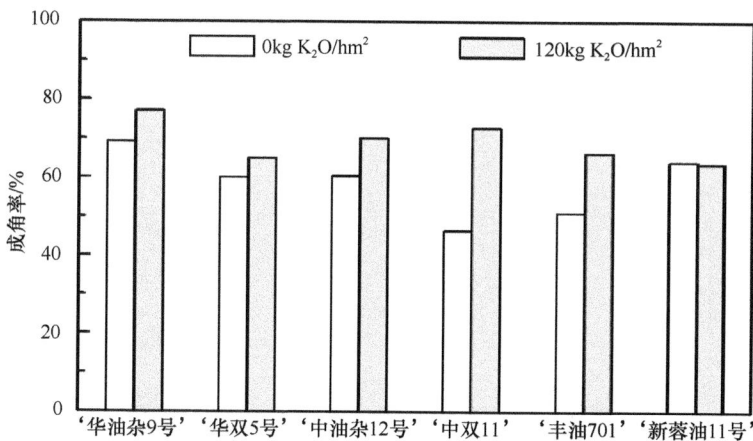

图 6-21　施钾对不同品种油菜成角率的影响

在明确各生育期植株结实器官总数变化的基础上，以'华油杂 9 号'和'中油杂 12 号'为例，分析钾肥施用对油菜主花序和第 1、4、8 分枝（自上而下）结实器官数量变化的影响(图 6-22)。初花期油菜分枝数及各分枝结实器官数量最大，随着生育进程的推进，分枝数和结实器官数量均显著降低。钾肥施用显著增加了各枝序结实器官数量，且对下部分枝的改善效果明显地优于上部分枝。主花序的成角率最高，随着分枝节位的降低，成角率显著下降（图 6-23），钾肥施用可增加各枝序，尤其是下部分枝的成角率。

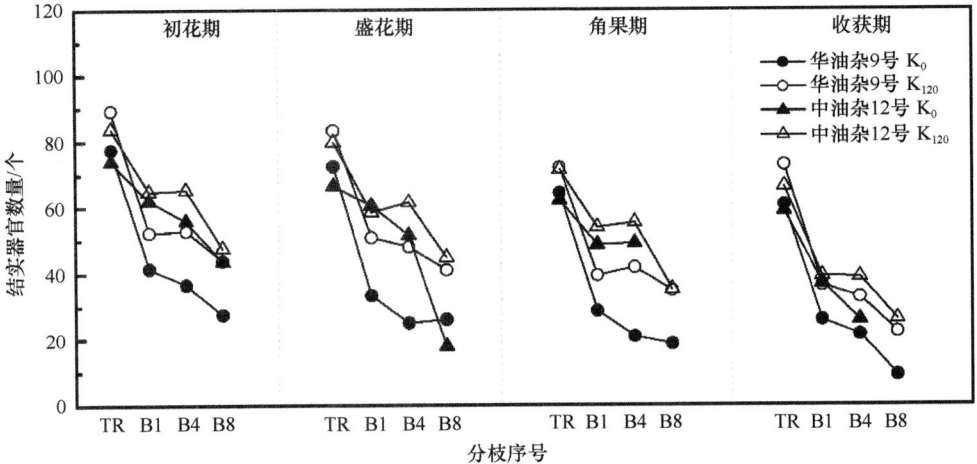

图 6-22 施钾对油菜不同分枝结实器官数量变化的影响

TR 为主花序，B 为分枝，字母 B 后编号为自上而下分枝序号；K_0 和 K_{120} 分别表示 K_2O 肥用量为 0kg/hm^2 和 120kg/hm^2

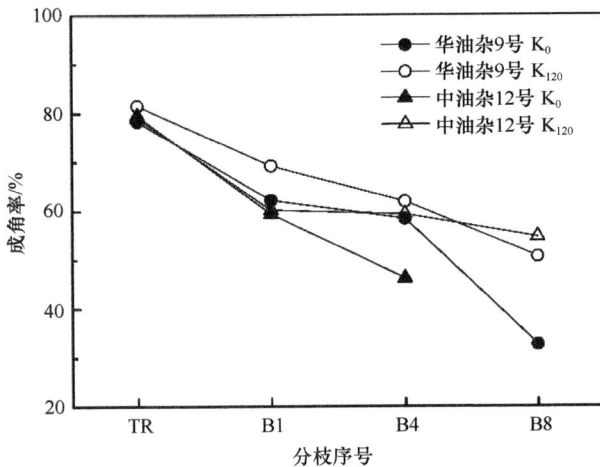

图 6-23 施钾对油菜不同分枝成角率的影响

TR 为主花序，B 为分枝，字母 B 后编号为自上而下分枝序号；K_0 和 K_{120} 分别表示 K_2O 肥用量为 0kg/hm^2 和 120kg/hm^2

二、钾素营养对角果数、角粒数和千粒重的影响

长江中下游地区多年多点研究表明，钾素营养状况显著影响油菜的单株角果数、主花序角果数和角粒数，而对千粒重则没有明显作用（王寅，2014）。表 6-13 显示，相比不施钾处理，钾肥施用显著增加了直播油菜的单株角果数，且随施钾量增加而显著提高，施钾量为 240kg K_2O/hm^2 时达到最高。直播油菜的主花序角果数和角粒数在施钾 0～60kg K_2O/hm^2 时无显著差异，但在施钾量继续增加时显著提高，施钾量为 120kg K_2O/hm^2 时达到平台。移栽油菜的单株角果数、主花序角果数和角粒数在施钾后均显著提高，但各施钾水平之间则无明显差异。相比移栽油菜，直播油菜主花序角果数占单株总角果数的比例显著较高，且随施钾量增加均有下降趋势，但降幅不明显，远远低于氮、磷营养的影响。两种种植方式下，钾肥施用水平对在油菜的千粒重均未表现出显著影响。

表 6-13　钾肥用量对直播和移栽油菜产量构成因素的影响

钾肥用量/ （kg K_2O/hm^2）	单株角果数/ （No./株）	主花序角果数/ （No./株）	主花序角果数 比例/%	角粒数/ （No./角）	千粒重/g
直播种植方式（n=10）					
0	104.8±23.7 c	56.2±9.2 c	53.6	20.7±1.6 b	3.18±0.30 a
60	110.8±23.3 b	58.1±9.0 bc	52.4	20.9±1.7 b	3.15±0.30 a
120	114.2±22.9 ab	59.6±9.3 ab	52.2	21.0±1.7 ab	3.16±0.31 a
240	117.7±25.9 a	60.8±10.6 a	51.7	21.2±1.8 a	3.19±0.30 a
移栽种植方式（n=13）					
0	284.6±90.7 b	83.6±14.8 c	29.4	22.0±1.6 b	3.09±0.23 a
60	309.2±85.0 a	87.2±12.7 b	28.2	22.3±1.4 a	3.10±0.23 a
120	315.2±81.2 a	88.4±13.7 ab	28.0	22.2±1.5 ab	3.09±0.24 a
240	314.9±78.0 a	89.7±13.6 a	28.5	22.5±1.4 a	3.11±0.26 a

注：同一列中不同小写字母表示处理间差异在 $P<0.05$ 水平上显著

三、钾素营养对油菜籽产量构成的综合影响

相关分析发现（图 6-24，图 6-25），在不同的钾肥施用水平下，直播油菜产量与除千粒重外的各项产量构成因素均存在显著的线性相关关系，而移栽油菜产量与所有产量构成因素均有显著的线性相关关系。对于直播油菜，产量与单株角果数、分枝数和种植密度相关关系的决定系数最高，之后为主花序角果数和每角粒数。对于移栽油菜，产量与单株角果数相关关系的决定系数最高，之后依次为主花序角果数、分枝数、角粒数、种植密度和千粒重。

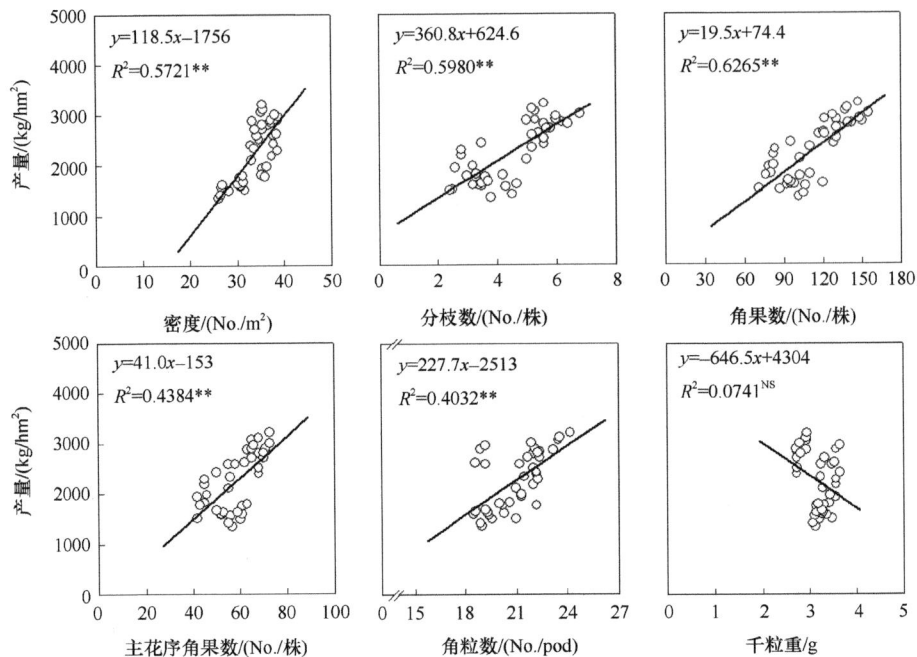

图 6-24 不同施钾量条件下直播油菜产量与产量构成因素之间的相关关系（n=40）

**表示在 P<0.01 水平上显著，NS 表示不显著

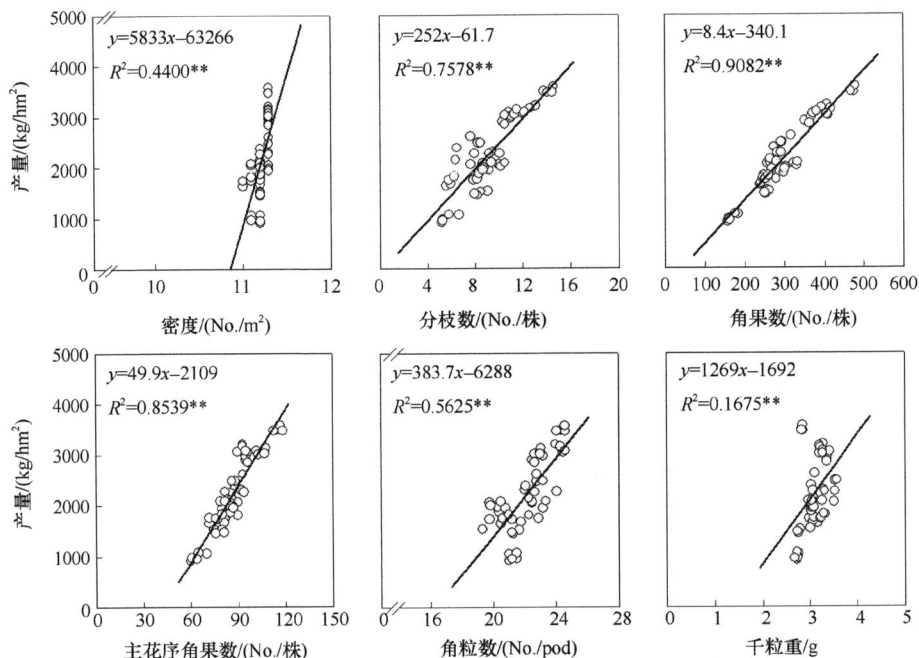

图 6-25 不同施钾量条件下移栽油菜产量与产量构成因素之间的相关关系（n=52）

**表示在 P<0.01 水平上显著

通径分析表明（表 6-14），单株角果数对油菜产量表现出最强的正直接影响。对于直播油菜，千粒重、种植密度和角粒数对产量表现出较强的正直接影响，而主花序角果数和分枝数的正直接影响则非常弱。分枝数和主花序角果数通过影响单株角果数而对直播油菜产量表现出较强的正间接影响，而种植密度和角粒数通过影响单株角果数对产量的正间接影响则较弱，千粒重则通过单株角果数对产量表现出较强的负间接影响。单株角果数通过其他产量构成因素而对产量的间接影响均较弱。种植密度、角粒数、千粒重和主花序角果数对移栽油菜产量的正直接影响均较弱或非常弱，而分枝数则表现出较弱的负直接影响。种植密度、分枝数、主花序角果数和角粒数通过单株角果数对移栽油菜的产量均表现出强或较强的正直接影响，单株角果数和千粒重通过其他指标对产量的间接影响均较弱。可以发现，施钾主要通过影响单株角果数而直接影响油菜产量，而直播油菜的种植密度、角粒数和千粒重也对产量有一定的直接影响。

表 6-14　不同施钾量条件下直播和移栽油菜产量与产量构成因素之间的通径分析

指标	直接通径系数	间接通径系数					
		种植密度	分枝数	单株角果数	主花序角果数	角粒数	千粒重
直播种植方式（n=40）							
种植密度	0.3255		0.0144	0.2054	0.0135	0.1497	0.0478
分枝数	0.0407	0.1154		0.6480	0.0740	0.0969	−0.2025
单株角果数	0.6893	0.0970	0.0382		0.0816	0.1300	−0.2446
主花序角果数	0.0871	0.0506	0.0345	0.6456		0.0972	−0.2531
角粒数	0.3200	0.1523	0.0123	0.2800	0.0265		−0.1560
千粒重	0.3478	0.0447	−0.0237	−0.4847	−0.0634	−0.1436	
移栽种植方式（n=52）							
种植密度	0.0254		−0.0858	0.4894	0.0338	0.1549	0.0455
分枝数	−0.1369	0.0159		0.7713	0.0458	0.1553	0.0189
单株角果数	0.8307	0.0150	−0.1271		0.0511	0.1474	0.0359
主花序角果数	0.0547	0.0157	−0.1147	0.7762		0.1491	0.0430
角粒数	0.2382	0.0166	−0.0893	0.5139	0.0342		0.0372
千粒重	0.1573	0.0074	−0.0164	0.1897	0.0150	0.0563	

四、钾素营养对油菜籽产量的影响

长江中下游地区多年多点大田试验结果表明，施用钾肥显著提高油菜的产量水平（图 6-26）。不施钾条件下，直播油菜产量为 643～2875kg/hm²，平均为 1900kg/hm²，而移栽油菜产量为 834～3487kg/hm²，平均为 1932kg/hm²。直播油菜在施钾 60kg K₂O/hm²、120kg K₂O/hm² 和 240kg K₂O/hm² 条件下的产量平均分别为 2057kg/hm²（范围为 821～3067kg/hm²）、2168kg/hm²（范围为 880～3117kg/hm²）和 2208kg/hm²（范围为 1065～3213kg/hm²）。移栽油菜在以上各施钾量条件下的产量平均分别为 2121kg/hm²（范围为 884～3506kg/hm²）、2232kg/hm²（范围为 914～3578kg/hm²）和 2219kg/hm²（范围为 949～3494kg/hm²）。两种种植方式下，油菜产量水平均随施钾量的增加而显著提高，且均在施钾 120kg K₂O/hm² 时达到平台。

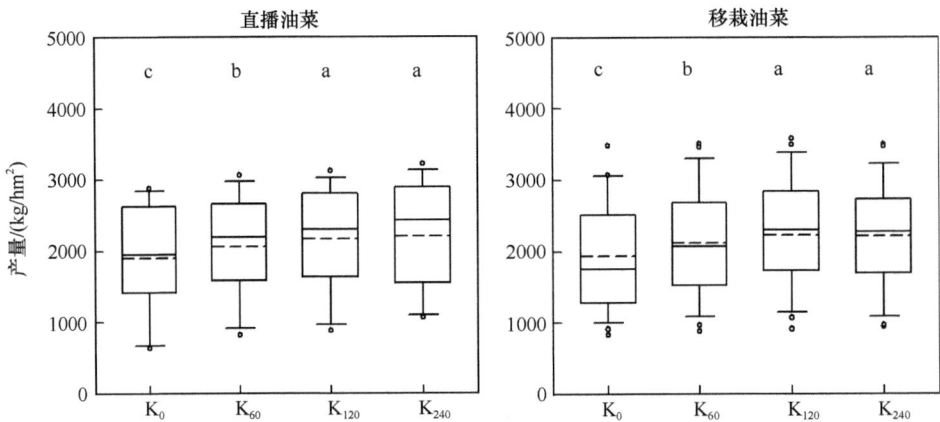

图 6-26　钾肥用量对直播油菜（n=13）和移栽油菜（n=25）产量的影响

不同小写字母表示处理间差异在 P<0.05 水平上显著。K₀ 表示不施钾肥；K₆₀ 表示施 60kg K₂O/hm²；
K₁₂₀ 表示施 120kg K₂O/hm²；K₂₄₀ 表示施 240kg K₂O/hm²

图 6-27 显示，两种种植方式下，油菜在施钾 120kg K₂O/hm² 和 240kg K₂O/hm² 时的增产量和增产率显著高于施钾 60kg K₂O/hm² 条件，而这两个施钾量之间无显著差异。直播油菜施钾增产效果在施钾 240kg K₂O/hm² 时最高，绝对增产量和相对增产率分别为 308kg/hm² 和 21.4%。移栽油菜在施钾 120kg K₂O/hm² 时最高，其绝对增产量和相对增产率分别为 300kg/hm² 和 17.6%。各施钾水平下，直播油菜的产量均低于移栽油菜，但两种种植方式之间油菜施钾的增产量和增产率并无显著差异。

　　华中农业大学在湖北蕲春地区的研究表明（表 6-15），直播油菜在不施钾条件下产量偏低，导致其施钾后表现出显著的施钾效果，各施钾水平下的增产量和增产率均显著高于移栽油菜。导致直播油菜不施钾条件下产量偏低的主要原因是该区域土壤主要由花岗片麻岩发育而成，钾素含量极低，本研究试验田块速效钾含量仅为 46.8mg/kg。这说明在极端缺钾地区，直播油菜也应重视钾素的供应。

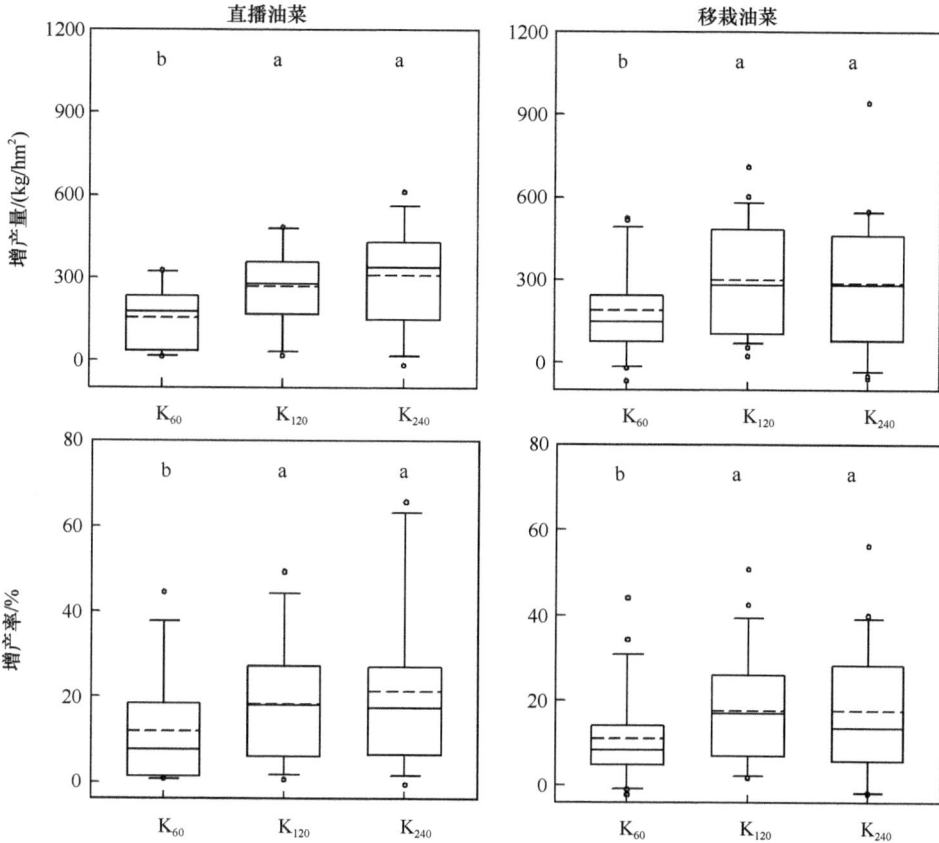

图 6-27　不同钾肥水平下直播油菜（n=13）和移栽油菜（n=25）的增产量和增产率
不同小写字母表示处理间差异在 $P<0.05$ 水平上显著。K_{60} 表示施 60kg K_2O/hm^2；K_{120} 表示施 120kg K_2O/hm^2；
K_{240} 表示施 240kg K_2O/hm^2

表 6-15　钾肥用量对直播和移栽油菜产量的影响（湖北蕲春）

种植方式	钾肥用量/（kg K_2O/hm^2）	产量/（kg/hm²）	增产量/（kg/hm²）	增产率/%
直播	0	1354±55 c	—	—
	40	1822±69 b	469±56 b	34.8±4.6 b
	80	2018±90 a	664±70 a	49.2±5.6 a
	120	2049±73 a	695±94 a	51.8±8.2 a
	160	2028±22 a	675±35 a	50.2±4.4 a
移栽	0	1745±90 b	—	—
	40	1922±46 ab	177±132 b	11.0±8.4 b
	80	2077±59 a	332±109 a	19.7±7.1 a
	120	2081±30 a	336±117 a	20.1±8.1 a
	160	2049±50 a	304±82 a	18.0±5.8 a

注：不同小写字母表示处理间差异在 $P<0.05$ 水平上显著

第五节　硼素营养状况与结实器官形成

一、硼素营养对花器形成的影响

　　王运华教授主编的《中国农业中的硼》系统阐述了硼营养元素在作物生长及产量形成等方面的作用及相关生理基础。硼是油菜生长发育所必需的微量元素，缺硼抑制植株生长与发育。油菜"花而不实"是严重缺硼引起的营养饥饿症状。在中度或者轻度缺硼时，虽然油菜生殖器官不至于出现上述严重缺硼症状，但影响开花结实，导致角果减少、空壳秕粒增加、籽实不饱满、千粒重下降等，作物不仅因缺硼而减产，且品质变劣。缺硼对生殖器官的影响始于花芽分化，直至开花结实阶段的全过程。

　　硼影响油菜花器官的外在和内在质量。外在质量主要体现在花器官的数量和形体上。硼营养正常时油菜抽薹正常，薹生长较快，颜色较浅，蕾柄较长，排列有序而整齐，自外圈向内圈中旬的生长发育有序，外围大而内围小，同一围蕾大小一致。严重缺硼时，油菜抽薹缓慢，蕾茎矮化，蕾柄较短，生长发育不正常，而且蕾大小不一，甚至柱头外露，蕾内外分布层次不清，排列混乱。缺硼显著影响雄蕊的发育，硼正常时雄蕊 4 长 2 短，总体长于雌蕊，其中 4 长雄蕊完全包裹着雌蕊，其花药药房的基部超过雌蕊的柱头，花药药房顶部似弯钩状指向雌蕊，而 2 短雄蕊花药药房亦大部分超过雌蕊，这种布局在开花时药房开裂后花粉易于散落在柱头上，有利于花粉萌发和受精过程。严重缺硼时雄蕊短于雌蕊，雄蕊及其花药药房直立于雌蕊周围，在花药药房开裂后不易散落在柱头上，不利于花粉萌发和受精。缺硼延缓花粉囊形成，使雄蕊花粉粒数量少，发育不良且畸形，不易附着在雌蕊柱头上。另外，缺硼花序花药药室壁细胞和内纤维层细胞严重破坏，细胞壁界线模糊，细胞核消失，受到损坏的纤维层大大降低甚至丧失了机械弹散力，且花粉成团，即使受机械弹散的部分花粉也不易三开，给传粉受精带来不利影响。缺硼也会对雌蕊产生影响，使花柱扭曲，内导管断裂，导管腔被糖类物质堵塞；柱头瘦小，柱头顶端带有乳头状腺体不发达、不饱满，甚至出现塌陷，排列稀疏。缺硼导致雄蕊和雌蕊发育上的障碍在一定程度上阻碍了授粉过程，缺硼后柱头附着花粉粒数量显著降低，影响受精结实。

　　硼影响油菜花器官的内在质量，主要体现在 4 个方面。一是营养环境中硼营养丰缺影响柱头和子房中硼的含量，对落在柱头上的花粉及其萌发具有重要作用，缺硼植株落于柱头的花粉数量较少，且不易于萌发。二是花器中硼营养的丰缺引起糖含量的不同，缺硼影响糖的转运、分配和代谢。三是花器中硼营养丰缺导致氨基酸代谢的不同，缺硼引起子房和子房柄氨基酸代谢紊乱。四是子房中硼营养丰缺导致营养元素平衡的变化。缺硼时子房 B、P、K、Ca 元素含量显著下降，而

Pb、Se 和铜含量显著增加，影响油菜受精结实。

总而言之，硼对油菜生殖器官的影响始于花芽分化，直至开花结实阶段的全过程，对籽粒产量的形成有重要意义。

二、硼素营养对角果数、角粒数和千粒重的影响

表 6-16 为 4 个试验县（市）3 个试验点的考种结果平均值，尽管各试验点的生长状况不相同，但施硼对油菜生长的影响规律相一致。结果表明，施硼后油菜的株高、分枝数、角果数、每角粒数、单株产量等经济性状都有明显的提高，对籽粒千粒重的影响不大，大部分试验点及多数性状的改善达显著水平。施硼（+B）处理比对照（CK）的油菜株高增加了 5.3～21.5cm，一次有效分枝数增加了 0.4～1.8 个，单株角果数增加 101.5～216.0 个，每角粒数增加 1.9～3.2 粒，单株产量增加 42.0%～73.6%。结果说明硼肥施用不仅促进油菜生殖生长，而且可以明显改善营养生长性状。不同试验点的硼肥效果不同，其中鄂州点效果最明显，+B 处理油菜单株角果数和产量分别是 CK 的 1.6 倍和 1.7 倍，可能与土壤有效硼含量较低（平均为 0.31mg/kg）有关。此外，与 CK 相比，施硼后各试验点油菜的收获指数有不同程度的提高，说明在施用氮、磷、钾的基础上合理施用硼肥促进了光合产物向籽粒转移，从而有利于作物产量的形成和提高。

表 6-16　施硼对油菜植株生长及产量构成因素的影响

地点	处理	株高/cm	一级分枝数/（No./株）	单株角果数/（No./株）	每角粒数/（No./角）	千粒重/g	单株产量/（g/株）	收获指数
天门	CK	161.5 b	10.0 a	500.3 b	20.8 a	2.9 a	24.2 b	0.24 b
	+B	171.3 a	10.8 a	644.0 a	22.7 a	2.8 a	35.2 a	0.26 a
仙桃	CK	162.3 a	7.9 a	301.6 b	16.6 a	2.7 a	13.1 b	0.21 b
	+B	167.6 a	8.3 a	403.1 a	19.1 a	2.8 a	18.6 a	0.24 a
蕲春	CK	161.2 b	9.5 a	387.3 b	18.7 b	2.8 a	15.9 b	0.24 a
	+B	177.2 a	10.3 a	603.3 a	21.8 a	2.7 a	27.6 a	0.24 a
鄂州	CK	159.8 b	8.7 b	405.8 b	21.9 b	2.7 a	19.3 b	0.24 b
	+B	181.3 a	10.5 a	600.8 a	24.3 a	2.8 a	30.1 a	0.27 a

注：同一地点的同一指标不同小写字母表示 $P < 0.05$ 水平上差异显著

三、硼素营养对油菜籽产量构成的综合影响

相关分析表明（图 6-28），在不同的硼用量条件下，移栽油菜产量与除千粒重外的各项产量构成因素均存在显著的线性相关关系。产量与单株角果数相关关系的决定系数最高，其次为分枝数，角粒数最小。

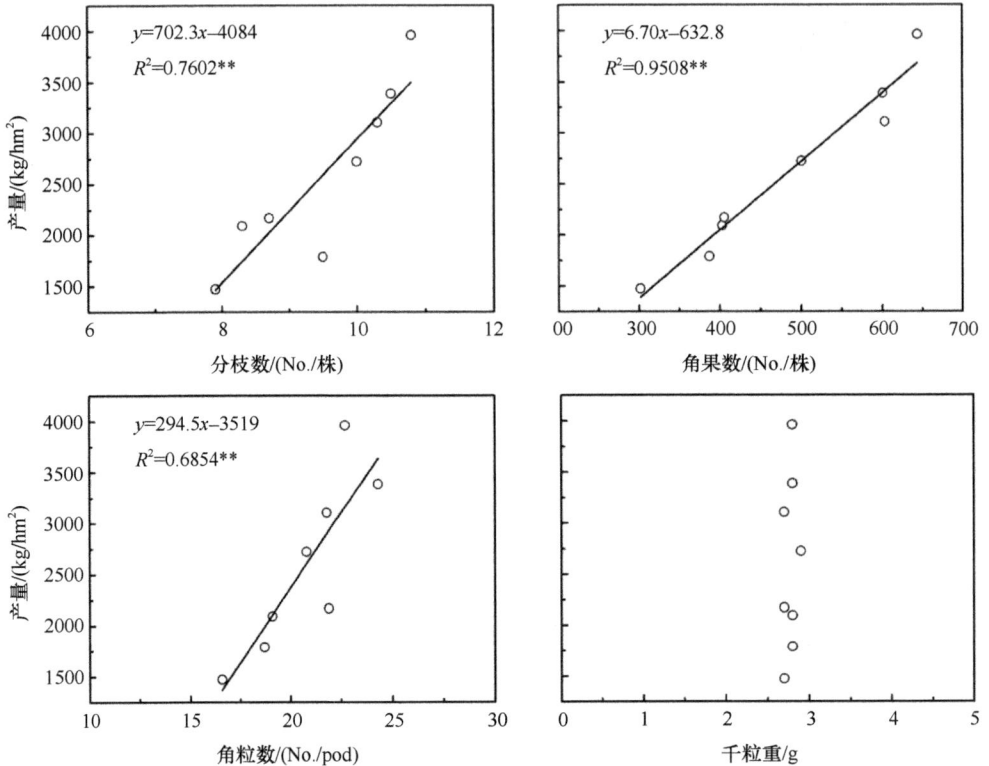

图 6-28　不同施硼量条件下移栽油菜产量与产量构成因素之间的相关关系（n=8）
**表示在 P<0.01 水平上显著

通径分析表明（表 6-17），单株角果数对油菜产量表现出最强的正直接影响。分枝数、角粒数和千粒重对籽粒产量的止直接影响则非常弱。分枝数和角粒数通过影响单株角果数而对油菜产量表现出较强的正间接影响，千粒重通过影响单株角果数对油菜产量有一定的正间接影响，单株角果数通过其他产量构成因素对产量的间接影响均较弱。

表 6-17　不同施钾量条件下直播和移栽油菜产量与产量构成因素之间的通径分析

指标	直接通径系数	间接通径系数			
		分枝数	单株角果数	角粒数	千粒重
分枝数	−0.138		0.910	0.051	0.013
单株角果数	0.979	−0.128		0.056	0.008
角粒数	0.065	−0.108	0.838		0.005
千粒重	0.034	−0.054	0.240	0.010	

四、硼素营养对油菜籽产量的影响

30 个田间试验籽粒产量结果显示，油菜施硼（+B）增产效果明显，不施硼（CK）

处理的平均产量为 2233kg/hm^2，施硼处理的平均产量为 2661kg/hm^2，施硼增产油菜籽 428kg/hm^2，平均增产率为 28.0%（表 6-18）。在所有的试验点中，有 1 个试验点施硼小幅度减产，有 8 个试验点施硼增产效果不显著，其余 21 个试验点油菜施硼显著提高籽粒产量。在施硼显著增产的试验中，施硼增产油菜籽幅度为 130～1652kg/hm^2，平均为 585.3kg/hm^2，增产率幅度为 5.7%～221.4%，平均为 39.1%。

表 6-18　各试验点土壤有效硼含量及油菜施硼产量效果

试验点	籽粒产量		施硼增产		试验点	籽粒产量		施硼增产	
	CK	+B	增产量/(kg/hm^2)	增产率/%		CK	+B	增产量/(kg/hm^2)	增产率/%
1	2046 b	2501 a	455	22.2	16	1215 b	2867 a	1652	136.0
2	2600 b	3000 a	400	15.4	17	1590 b	2061 a	471	29.6
3	2300 a	2200 a	−100	−4.3	18	1780 a	1795 a	15	0.8
4	2329 a	2420 a	91	3.9	19	1915 b	2150 a	235	12.3
5	2354 b	2894 a	540	22.9	20	2060 b	2275 a	215	10.4
6	1622 b	2057 a	435	26.8	21	2280 b	2410 a	130	5.7
7	2500 a	2600 a	100	4.0	22	1250 b	2249 a	999	79.9
8	2475 b	2750 b	275	11.1	23	1697 b	1929 a	232	13.7
9	2450 a	2500 a	50	2.0	24	1940 b	2455 a	515	26.5
10	2900 a	3875 a	975	33.6	25	2430 b	2625 a	195	8.0
11	3000 a	3025 a	25	0.8	26	2650 b	2775 a	125	4.7
12	2300 b	2813 a	513	22.3	27	2475 a	2500 a	25	1.0
13	1650 b	3000 a	1350	81.8	28	2509 b	2914 a	405	16.1
14	2500 a	2900 a	400	16.0	29	3341 b	3690 a	349	10.4
15	700 b	2250 a	1550	221.4	30	4118 a	4343 a	225	5.5

注：同一列中不同小写字母表示 $P < 0.05$ 水平上差异显著

（执笔人：鲁剑巍　王　寅　陆志峰）

主要参考文献

艾育芳. 2011. 早晚熟油菜成花机制的初步研究. 福州: 福建农林大学博士学位论文.

郭庆元, 李志玉, 涂学文. 2000. 我国南方红黄壤地区优质油菜营养特性与施肥效应研究Ⅰ. 不同油菜品种的氮营养特性. 中国油料作物学报, 22(4): 43-47.

康洋歌, 张利艳, 张春雷, 等. 2015. 不同播期对早熟油菜叶片激素水平的影响及其与花芽分化的关系. 中国油料作物学报, 37(3): 291-300.

刘昌智. 1985. 油菜和某些芸苔属作物的硼素营养(综述). 中国油料作物学报, 4: 71-79.

刘后利. 1988. 实用油菜栽培学. 上海: 上海科学技术出版社.

刘晓伟, 鲁剑巍, 李小坤, 等. 2011a. 冬油菜叶片的物质及养分积累与转移特性研究. 植物营养与肥料学报, 17(4): 956-963.

刘晓伟, 鲁剑巍, 李小坤, 等. 2011b. 直播冬油菜干物质积累及氮、钾养分的吸收利用. 中国农业科学, 44(23): 4823-4832.

刘武定. 1995. 作物硼素营养与氮、磷、钾、锰的相互关系. 华中农业大学学报, 21: 8-12.

鲁剑巍. 2010. 油菜科学施肥技术. 北京: 金盾出版社.

鲁剑巍, 曹一平. 2000. 施钾水平对油菜生长发育的影响. 湖北农业科学, 4: 39-42.

鲁剑巍, 陈防, 刘冬碧, 等. 2001. 成土母质及土壤质地对油菜施钾效果的影响. 湖北农业科学, 6: 42-44.

孙敏, 谢利娟, 康美丽, 等. 2009. 毛棉杜鹃成花与土壤因子和某些生理特性的相关研究. 安徽农业科学, 37(16): 7392-7395.

王淑芬. 2003. 硼对油菜生长发育及产量的影响. 安徽农业科学, 31(2): 318-319.

王运华. 2015. 中国农业中的硼. 北京: 中国农业出版社.

杨玉华, 王运华, 杜昌文, 等. 2002. 硼对不同硼效率甘蓝型油菜品种细胞壁组成的影响. 植物营养与肥料学报, 8(3): 340-343.

张秀省, 沈振国. 1994. 硼对油菜花器官发育和结实性的影响. 土壤学报, 31(2): 146-162.

朱洪勋, 李贵宝, 张翔, 等. 1995. 高产油菜营养吸收规律及施用氮磷钾对产量和品质的影响. 中国土壤与肥料, 22(5): 34-37.

邹娟. 2010. 冬油菜施肥效果及土壤养分丰缺指标研究. 武汉: 华中农业大学博士学位论文.

邹娟, 鲁剑巍, 陈防, 等. 2009. 基于 ASI 法的长江流域冬油菜区土壤有效磷、钾、硼丰缺指标研究. 中国农业科学, 42(6): 2028-2033.

Bell R W, Dell B, Huang L. 2002. Boron requirements of plants. *In*: Goldbach H E, Brown P H, Rerkasem B, et al. Boron in Plant and Animal Nutrition. US: Springer: 63-85.

Holmes M R J. 1980. Nutrition of the Oilseed Rape Crop. London, UK: Applied Science Publishers.

Xue J, Lin M, Bell R W, et al. 1998. Differential response of oilseed rape (*Brassica napus* L.) cultivars to low boron supply. Plant and Soil, 204(2): 155-163.

第七章　生长物质调控与油菜结实器官形成

对植物生长发育有调控作用的内源和人工合成的化学物质可统称为植物生长物质（plant growth substance）。1928 年，植物学家 Went 曾指出，如果没有植物生长物质，植物就不可能生长。以植物生长调节物质为手段，调节和控制作物生长发育的技术称为作物化学控制技术（crop chemical control/manipulation）。从某种意义上说，化学控制的原理就是利用植物激素及其类似物质控制细胞生长、分化，进而控制植物的生长发育。为了实现作物高产优质的目的，通过应用生长物质调控器官生长发育，促进开花结实并获得更丰富的籽粒产量是近年来迅速发展的理论与技术。

第一节　油菜生长发育与内源激素的关系

植物内源激素（plant hormone or phytohormone）是一类在植物体内合成的，能从产生部位运输到作用部位，并且很低浓度就能对植物生长发育产生显著生理作用的活性物质。目前被科学界公认的六大类植物内源激素有植物生长素类（auxins，AUX）、赤霉素类（gibberellins，GA）、细胞分裂素类（cytokinins，CTK）、乙烯（ethylene，ETH）、脱落酸（abscisic acid，ABA）、油菜素甾醇类（brassinosteroid，BR）。植物激素可影响和有效调控作物整个生长发育过程（Davies，1995），其在油菜的生长发育中同样起到了关键作用。

一、油菜不同生长阶段的内源激素变化

油菜的生长发育过程受内源激素消长的调控，在种子萌发、抽薹、角果和种子发育过程中，内源激素在不同器官中的含量变化各不相同。

（一）种子萌发前后的内源激素变化

种子的休眠、萌发受到脱落酸（ABA）、赤霉素（GA）、细胞分裂素（CTK）等多种激素的调控。Villier 和 Wareing（1964）提出激素平衡论以解释种子休眠、萌发与内源激素的关系，并提出种子的休眠程度与激素平衡，即抑制因子（如 ABA）和促进因子（如 GA、细胞分裂素及乙烯）的存在形式有关，两类调节因子的平衡关系与发育时间和环境的变化有关。Khan 和 Waters（1969）进一步提出种子休眠与萌发控制的模式图（图 7-1），阐述 GA、CTK 及抑制物相互作用对种

子休眠与萌发的控制。当 GA 不存在时，种子进入休眠状态（激素状况 5~8），即不论 CTK 或抑制物是否存在，由于缺少 GA 的原初作用而诱导休眠；当 GA、抑制物存在而 CTK 不存在时，种子仍处于休眠状态（激素状况 3）；当 GA、抑制物及 CTK 均存在时，CTK 起着拮抗抑制物的作用，因而种子可以萌发；当 GA 存在而抑制物不存在时，无论 CTK 存在与否，种子皆可萌发。但该假说完全忽视了乙烯的作用，实际上乙烯在种子的休眠与萌发中起着很重要的作用。同时，近年来发现茉莉酸类化合物对某些种子的萌发也具有重要调节作用，即高浓度抑制种子萌发，低浓度则刺激种子萌发。

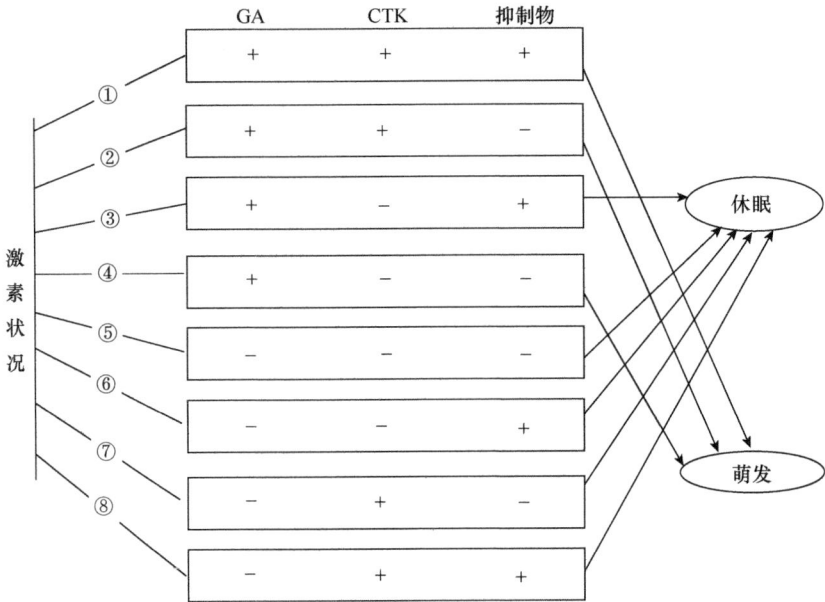

图 7-1　植物生长物质调控种子休眠与萌发机制模式图（Khan and Waters，1969；毕辛华和戴心维，1993）

（二）不同生育阶段功能叶的内源激素变化

胡立勇等（2003）在苗期取长柄叶，蕾薹期取短柄叶，初花期与盛花期分别取无柄叶进行测定，结果显示：随着油菜生长发育进程的推进，不同生育期功能叶中 IAA（生长素）、GA、iPA（CTK）和 ABA 的消长变化不同（图 7-2）。从绝对含量看，功能叶中的 IAA 水平始终最高，然后依次是 GA、iPA、ABA；蕾薹期和初花期叶片的 IAA、GA 和 iPA 水平逐渐升高，并先后达到高峰值。很明显 4 种内源激素出现高峰期的时间有差异。至盛花期 IAA、GA、iPA 3 种内源激素的含量同时明显下降，反映出此时油菜的生长中心已经向花和角果转移，叶片逐渐衰老脱落（图 7-2）。

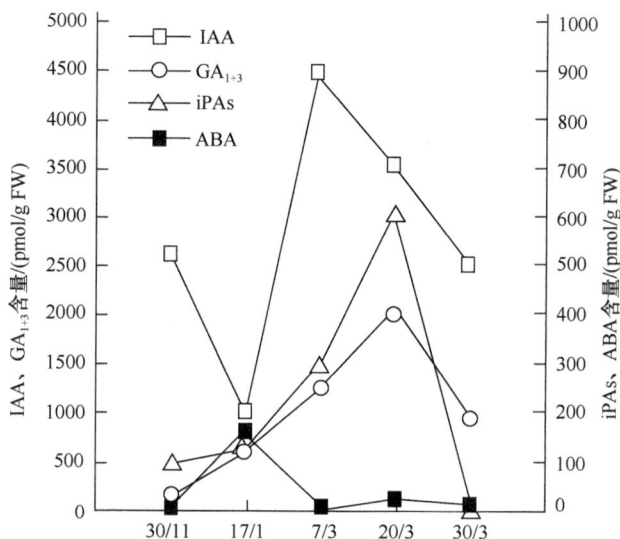

图 7-2　油菜功能叶不同生育期内源激素含量（品种华双 3 号）（胡立勇等，2003）

30/11. 苗期；17/1. 苗期（越冬期）；7/3. 蕾薹期；20/3. 初花期；30/3. 盛花期

生长素的合成发生于细胞分裂和生长旺盛的部位，一般以在嫩叶和茎尖分生组织和正在成长的种子中合成为主，通常未成熟的种子中 IAA 含量很高，随着种子的成熟进度而逐渐降低。研究表明，油菜苗前期长柄叶中的内源激素含量以 IAA 占绝对优势，表现出显著促进根和叶生长发育的作用，特别是促进冬前长柄叶的分化与生长；进入越冬期后，油菜生长接近停滞，体内生理代谢活动缓慢，此时 IAA 的含量也相应处于整个生育期的最低水平；越冬后油菜植株生长十分快速，特别是叶片光合产物在绝对量与相对量上快速增长，功能叶 IAA 的含量在蕾薹期达到高峰，随后在初花期和盛花期与叶干重呈相同的趋势下降。

GA 和 iPA 含量随油菜生育进程逐渐升高，并在初花期含量达到峰值，一般认为两者的协调作用与花芽分化、花器官的形成相对应，其中 GA 含量在初花期上升的趋势更为显著，说明 GA 具有促进油菜开花的作用。

ABA 在油菜苗期及抽薹以后一直处于很低的水平，但在越冬期达到最高值，可能与植株在冬季低温条件下的抗逆性密切相关（Hu et al., 2003）。

激素含量在杂交及常规油菜中存在差异，并进一步影响其生长发育进程。黄永菊（1995）研究表明，与常规油菜相比，杂交油菜苗期叶片 GA 含量高，ABA 含量低，营养生长旺盛，杂种优势明显；越冬期叶片 GA 含量低，ABA 含量高，生长缓慢，抗寒性强；薹期叶片 GA、ABA 含量均低，GA/ABA 仍然低，薹茎中 GA/ABA 高，有利于抽薹开花，促进生殖生长。

（三）不同器官内源激素的含量比较

蕾薹期是油菜一生中生长最快的时期，是营养生长和生殖生长并进时期，也是生殖生长由弱转强的转折时期。植株在形态上表现出营养器官与生殖器官的同时生长。胡立勇等（2003）对油菜蕾薹期（2月25日）不同部位测定，发现茎尖和花蕾中的 IAA 含量高于幼叶和功能叶，同时幼叶 IAA 高于功能叶（表7-1），说明蕾薹期 IAA 主要分布在幼嫩和正在生长的器官中，且发挥重要作用。

表7-1　蕾薹期不同部位激素含量比较（单位：pmol/g FW）（胡立勇等，2003）

激素种类	功能叶	幼叶	花蕾	茎尖
IAA	1 076.70	2 881.84	4 957.37	5 186.55
GA	6 976.64	14 359.88	2 806.93	5 974.63
iPA	275.37	558.56	57.45	192.87

比较不同部位 GA 和 iPA 含量，以幼叶含量最高，其次是功能叶，而花蕾中含量最低；但花蕾中 GA/iPA 的值（48.9）明显高于其他部位（茎尖 31.0，幼叶 25.7，功能叶 25.3），与其含量的变化相反。说明不同内源激素的作用还由其相对含量和平衡关系共同调节。

（四）花蕾内源激素的变化

胡立勇等（2003）对4个油菜品种的测定表明，花蕾中仍以 IAA 的含量最高，特别是初花期达到了 4148.47～14 353.19pmol/g FW，其次为 GA、iPA，且 ABA 的含量非常低，不同品种初花期表现在 16pmol/g FW 以下；进入盛花期，花蕾中的 IAA 含量大幅度下降，可能与大量开花，由茎尖或幼叶合成的 IAA 供不应求，而受精子房尚未充分发育自身不能大量合成 IAA 有关（表7-2）。不同品种 ABA 的含量在盛花期降到更低，平均仅为 6.89mol/g FW（表7-2）。

表7-2　油菜不同品种花蕾的内源激素含量比较（单位：pmol/g FW）（胡立勇等，2003）

品种	初花期				盛花期			
	IAA	GA	iPA	ABA	IAA	GA	iPA	ABA
秦油2号	14 353.19	9 331.69	522.27	7.78	2 952.28	2 337.78	47.59	6.28
华双3号	4 148.47	475.02	40.20	15.46	2 704.71	897.52	153.63	7.89
华杂4号	6 020.03	281.20	6.53	14.93	3 359.63	485.85	66.168	7.04
恢5900	9 172.87	491.11	104.47	8.96	5 327.89	671.48	324.99	6.33

二、内源激素与油菜花芽分化的关系

花芽分化是有花植物发育中最为关键的阶段，同时也是一个复杂的形态建成过程。早在1935年，江口和西垣两氏即用石蜡切片对花芽分化的过程进行了研究。此后，原西南农学院用石蜡切片对油菜花芽分化过程进行了观察，尹继春等（1984）用整体解剖法对甘蓝型油菜的花芽分化做了进一步观察。用石蜡切片法可以观察到花芽分化过程中细胞水平的细微变化，用整体解剖法可以根据花芽的形态鉴别花芽分化的进程。这些研究初步弄清了影响油菜花芽分化的外界条件主要是温度和光照，即低温可以诱导油菜花芽分化，长日照促进油菜开花，花芽分化也可作为油菜感温阶段结束的标志。

研究表明，生长素、细胞分裂素、赤霉素与油菜的花芽分化有密切关系。在油菜花芽分化前，植株的生长素水平较低，而在花芽分化后及抽薹时，生长素的水平转高。因此，在花芽分化前施用外加的生长抑制剂会促进花芽的形成；而在花芽分化后或抽薹开始后施用生长抑制剂，则会抑制花芽的分化，延迟油菜抽薹（刘后利，1987）。

细胞分裂素可能参与促进油菜的春化过程与花芽的分化。在春化期间油菜植株体内细胞分裂素（iPA）的含量显著增加，并在进入生殖生长后达到最高水平，春化完成后下降，表明细胞分裂素与油菜春化诱导的生殖生长关系密切。宋贤勇等（2007）在萝卜研究中也发现，在春化的过程中细胞分裂素含量在现蕾期逐步增加，至抽薹中后期出现高峰值，随后下降，表明 iPA 与现蕾抽薹和花芽分化密切相关。细胞分裂素（CTK）可能是通过促进芽细胞有丝分裂来促进花芽孕育。康洋歌等（2015）对不同播期条件下不同熟性油菜品种的花芽分化研究结果表明，不同播期的早熟品种玉米素核苷（ZR）平均含量在苗后期显著高于中、晚熟品种，且早熟油菜苗后期的 ZR 平均含量随播期的推迟先升高后降低；早熟油菜及各播期中、晚熟品种 ZR 含量在花芽分化前期和后期均出现峰值，说明早熟油菜苗后期较高的 ZR 含量与促进其花芽分化和现蕾关系密切，晚播后早熟油菜花芽分化延迟可能与其苗后期 ZR 含量大幅度降低有关。

赤霉素（GA）对油菜花芽分化的启动及进程具有重要作用。Chilakyen（1968）最先报道喷施 GA$_3$ 能代替低温和长日照的诱导作用，促进油菜花芽分化。Rood（1989）发现油菜营养生长阶段内源赤霉素的浓度很低，而在花芽分化期间赤霉素的浓度迅速升高，在花芽分化后赤霉素的浓度降低；在营养生长阶段用 GA$_3$ 合成抑制剂多效唑（PP$_{333}$）外源处理，甘蓝型油菜开花被抑制。Dahanayake（1999）用外源赤霉素处理油菜，发现处理效果和低温、长日照诱导油菜开花的效果一致，认为赤霉素可能是作为引起光周期效应和春化效应的中介起作用，促进了油菜的花芽分化。张焱等（1993）研究还发现，在花芽分化时内源赤霉素水平与油菜种性有关，认为油菜种性不同，花芽分化时的赤霉素含量也不同；油菜种性与内源赤霉素的关系是：偏冬性品种＜半冬性品种＜春性品种＜春油菜。这就说明，如果研究者研究的油菜品种不同，得出的结论可能有所不同。

三、内源激素对油菜抽薹的影响

生长良好的油菜在苗后期呈莲座形，在开花前完成节间迅速伸长的过程，通常称为抽薹。油菜现蕾抽薹过程可能是赤霉素起着主导作用，同时与 IAA、iPA、ABA 之间的平衡也有关。

宋贤勇等（2007）对抽薹过程中春萝卜顶端嫩叶的赤霉素（GA₃）、生长素（IAA）、细胞分裂素（iPA）和脱落酸（ABA）等含量进行测定，结果表明，在萝卜抽薹过程中，GA₃ 含量在现蕾期存在明显的峰值，表明 GA₃ 与现蕾抽薹密切相关，起着主导作用；研究还发现，iPA/ABA 值增大，GA₃/iPA 和 GA₃/IAA 值减小有利于花芽分化后萝卜植株抽薹开花，表明内源激素之间的平衡对萝卜抽薹开花也起着重要作用。在长日照条件下低温诱导的抽薹效应比在短日照条件下强烈，长日照不能诱导节间的伸长，但能促进节间的伸长，说明日照长度影响植物对内源赤霉素的敏感性，在长日照条件下植株对赤霉素的敏感性强（Metzger，1985）。

对油菜的研究也表明，抽薹是通过合成某种生理形态的内源赤霉素来调节的。在油菜的莲座期，植株内源赤霉素的含量低，在抽薹期赤霉素的含量显著提高（Wellensiek，1976；Suge and Takahashi，1982；Metzger，1987）。

有研究表明，IAA 是抑制花芽分化的，但对抽薹有促进作用。夏广清等（2005）、王淑芬等（2003）对大白菜、萝卜研究发现，现蕾前期 IAA 的含量较低，但在抽薹过程中 IAA 含量有所增加，因此认为一定浓度的 IAA 能够促进由营养生长向生殖生长转化，现蕾抽薹前低浓度的 IAA 含量对花芽分化有促进作用，而在生殖生长阶段相对高浓度的 IAA 则可能起着信号转导，并对抽薹有促进的作用。

四、内源激素对油菜开花的影响

柴拉轩曾提出"成花素假说"来解释光周期诱导植物开花的机制，认为植物在适宜的光周期诱导条件下，叶片产生了一种类似激素类的物质即"成花素"，传递到茎尖端的分生组织，从而引起开花反应。学者认为，所谓的成花素是由形成茎所必需的赤霉素和形成花所必需的开花素两种互补的活性物质组成，即开花素与赤霉素结合才表现活性，植物体内同时存在赤霉素和开花素两种物质时才能开花。

在需要低温春化才能诱导莲座期抽薹和开花的植物中，开花前植物生理上最早检测到的变化就是内源赤霉素含量的显著增加（Hillman，1969）。目前赤霉素已经被证实可以诱导许多植物在非适宜环境诱导下提前开花。对小麦、油菜、萝卜等冬性长日植物进行赤霉素处理可以替代低温的作用，使其不经历春化也可以开花。Lang（1965）则发现，赤霉素在某些长日照植物中可以替代长日照条件诱导其在短日照条件下开花。对拟南芥研究发现，在赤霉素合成突变体植株中，低温不能代替外源赤霉素促进植株开花；进一步研究表明，有效的春化作用需要一个最低限度水平的赤霉素作为先决条件（Willsom and Heckman，1992）。

研究者也证实了赤霉素对油菜开花具有促进作用。Rood（1989）对缺乏赤霉素的莲座突变型白菜型油菜研究发现，茎中赤霉素含量仅为正常植株的一半，其成花过程延迟或发育不完全。官春云（2000）在温室条件下将未春化的油菜接穗分别嫁接在已春化和未春化油菜砧木上，发现已春化油菜砧木上的接穗植株很快开花，而未春化砧木上的接穗植株不能开花，认为已春化油菜砧木内源赤霉素含量高并传递到接穗，使接穗植株开花。刘后利（1987）也认为，在油菜花芽分化前低温感应期施用外源赤霉素，会使油菜早开花，赤霉素可能在开花中起辅助作用从而促进抽薹、开花。

五、内源激素对角果及种子发育的影响

（一）内源激素与作物种子形成的关系

植物内源激素在种子形成的整个过程中起着重要的调控作用。脱落酸与种子发育、成熟有关，对种子充实有重要作用。Crouch 和 Sussex（1981）认为，脱落酸可能与种子中蛋白质合成和积累有关；Brenner（1987）则认为，脱落酸可能控制了同化产物的分配，促使同化产物流向种子。生长素能促进蔗糖向韧皮部装载，这种促进作用与活化 ATP 酶有关。生长素通过影响质膜的 ATP 酶活性，控制韧皮部内钾离子的浓度，最终影响其膨压及蔗糖在韧皮部内的长距离运输，使光合产物向库端累积。在库端，生长素、赤霉素和细胞分裂素具有扩大库容和吸引同化流的作用。

在现有研究的基础上，不同内源激素在作物籽粒形成的整个过程中的调控作用可以用图 7-3 来表示。

（二）内源激素对油菜角果与种子形成的影响

油菜单株角果数、每角果粒数和千粒重不仅依赖于营养积累而且依赖于内源激素调控。Bouille（1989）研究表明，生长素与库强度紧密相关，能阻止花萎蔫和角果干瘪，提高单株角果数。细胞分裂素水平与最终角果数有关，CTK 能促进花芽分化，增加有效花数，使主花序的角果平均数增加 6.96%，一级分枝的角果数增加 12.50%（莫鉴国，1987）。脱落酸与种子发育、成熟有关，对种子充实有重要作用。Inanaga 和 Kumura（1987）观察到，在角果发育早期阶段，每角种子粒数主要与生长素相关；莫鉴国（1987）则发现，CTK 对胚珠的分化有促进作用，从而能增加每角粒数。Ancha Srinivasan 等（1996）提出，细胞分裂素和赤霉素不是单独在角果生长发育中发挥重要作用，而是通过两者的平衡起作用。

油菜角果在不同发育时期具有不同的植物激素含量。胡立勇等（2003）研究表明，尽管角果皮在籽粒成熟期间担负重要的光合产物合成功能，但无论是角果发育的 17d、28d 还是 39d，果皮 IAA、GA、iPA 3 种激素的含量均比籽粒要低得多；从花后 17d 开始，角果皮与籽粒之间内源激素的含量差异极显著，籽粒的 3

种激素含量都远远高于角果皮，并且远远高于功能叶在初花期的高峰值；在开花后第 39 天，籽粒中的 IAA、GA、iPA 的含量分别达到角果皮的 54 倍、16 倍、1206 倍（表 7-3）。由此说明，籽粒在角果发育过程中是激素合成代谢的中心，也是代谢库的中心，这也是叶片和茎秆的干物质能够大量向籽粒转移的原因。

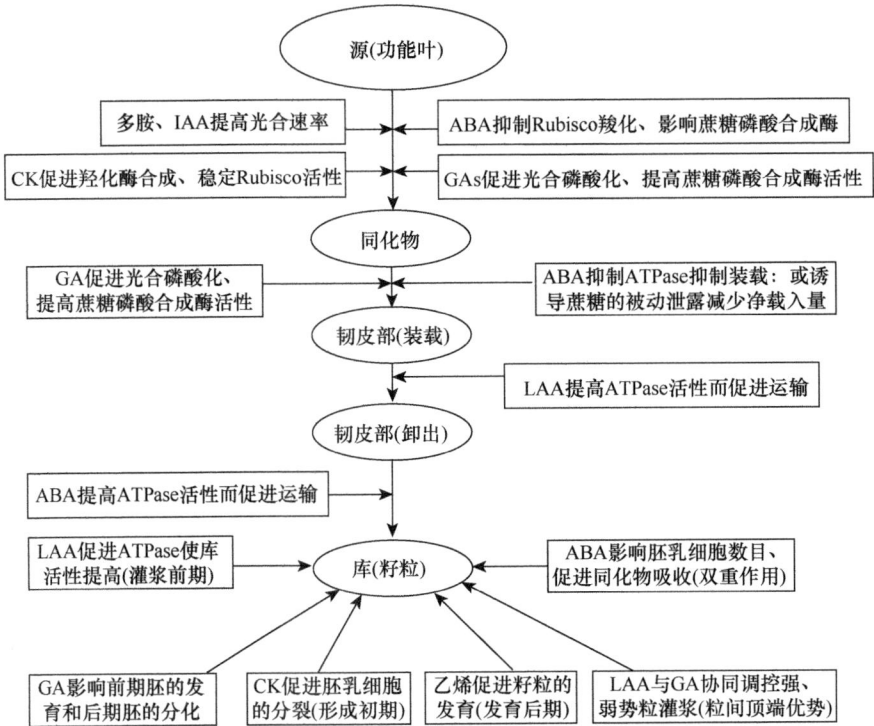

图 7-3 植物内源激素对籽粒充实过程调控概图（王若仲等，2001）

表 7-3 油菜不同品种果皮与种子中内源激素含量比较（单位：pmol/g FW）（胡立勇等，2003）

激素	角果皮			种子		
	17d	28d	39d	17d	28d	39d
IAA	1 938.7	479.8	610.9	18 682.9	22 739.5	32 774.6
GA$_{1+3}$	584.4	339.8	356.2	926	1 505.8	5 618.6
iPA	262.4	54.5	48.6	692.3	22 866.6	58 611.8

油菜角果籽粒发育过程中，光合产物在种子内的积累与其生长素浓度的剧增有关。籽粒 IAA 的含量变化随生育进程呈明显的上升趋势（表 7-3）。籽粒中 GA、iPA 的含量也随角果发育增加，且增加的幅度大大超过 IAA，其中籽粒 GA 的含量在开花后第 39 天比第 17 天增加 5 倍；而 iPA 的含量在开花后 39d 是开花后 17d

的84.7倍。比较后发现，在功能叶、花蕾及角果皮中的IAA、GA的含量始终显著大于iPA的含量，然而在开花后39d籽粒的iPA含量达到了IAA的179倍。这一结果似乎与水稻等作物不相同，可能与油菜开花后25～45d粒重增加最多，花后38～52d脂肪增长最快有关。由此认为，iPA在促进油菜籽粒充实，特别是脂肪积累方面可能发挥着非常重要的作用。

角果长短不同的油菜品种在发育期间具有不同的植物激素水平及变化特点。税红霞等（2006）分析了特长角油菜'H218'、'H203'（平均角果长度达到18.12cm），普通角果油菜'中油821'、'MSP334'，短角油菜'增11'和'4101'6个甘蓝型油菜材料内源激素与角果长度发育的关系，研究表明，各材料不同发育时期角果内源激素绝对含量变化的总体趋势是，在角果发育的第1天含量最大，之后呈下降趋势。但各材料在不同发育时期角果内源激素的绝对含量都存在极显著差异：特长角材料的IAA含量在角果发育第1～5天低于短角材料，第5、20天IAA含量与最终角果长呈极显著或显著负相关；而特长角材料角果发育第1天的iPA含量与最终角果长呈显著正相关，第5、10、15天的iPA含量则与最终角果长呈显著负相关（表7-4）。因此认为，iPA和IAA可能在油菜角果长度发育中扮演重要角色。

表7-4　内源激素含量与角果长度的相关性分析（税红霞等，2006）

内源激素	开花后天数	相关系数 r		内源激素	开花后天数	相关系数 r	
		同期角果长	最终角果长			同期角果长	最终角果长
IAA	1	0.1091	−0.7406	GA3	1	0.5709	0.5062
	5	−0.8944**	−0.9349**		5	0.8808**	0.8956*
	10	−0.2844	0.7406		10	0.4632	0.5243
	15	0.6060	−0.7216		15	−0.3442	−0.3564
	20	−0.7972*	−0.7003*		20	0.3784	0.4737
iPA	1	0.9044**	0.9447**	ABA	1	0.0731	0.0352
	5	−0.7439	−0.7243*		5	0.7781*	0.7603*
	10	−0.6042	−0.7623*		10	0.1989	0.5118
	15	−0.8421*	−0.6438		15	0.1293	0.1023
	20	−0.6500	−0.5445		20	0.5860	0.6404

*表示在0.05水平上达显著水平，**表示在0.01水平上达极显著水平

第二节　植物生长调节物质对油菜结实器官生长的调控

作物化学控制是作物生产管理技术的新发展。作物化学控制技术与常规栽培

技术的区别在于：前者着眼于改变植物生长发育和生理活性，增强作物对环境的适应性和资源利用能力，后者在于改变作物的生长环境，最大限度地满足作物的需求。利用植物生长调节物质调控作物生长正在成为一种有效开发良种潜力、提高作物产量的重要技术。

植物生长调节剂（plant growth regulator）是指用化学方法合成和筛选的一些生理功能与植物激素相似或相对抗的活性物质。在化学结构上与植物激素相类似的植物生长调节剂如萘乙酸（NAA）、吲哚丁酸（IBA）、6-苄氨基嘌呤（6-BA）等；有些则与天然植物激素的结构不同，但具有调节活性的物质，如缩节胺（DPC）、矮壮素（CCC）、多效唑（PP_{333}）、乙烯利等。

我国自 1937 年从促进扦插生根开始研究植物生长调节剂，但在 1949 年前一直未在生产上应用。在 1949 年以后，从国外引进 2,4-D、萘乙酸等应用于防止苹果、番茄等作物落花、落果。20 世纪 50 年代后期，由于苯酚类调节剂的研制成功，应用范围进一步扩大。到 60 年代，应用的种类及对象又有所增加，但主要集中于矮壮素在棉花和小麦上的应用。70 年代以后，在植物生长调节剂基础理论和应用研究上取得多项重大成果，在生产上起了很大的作用，因而也引起了国内许多农药研究及生产单位的重视，特别是乙烯利、B-9 的研制成功，使调节剂的生产和应用进一步扩大。近年来，随着防落素、增产灵、缩节胺、多效唑等调节剂的广泛应用，我国调节剂在促进生根、控制休眠、防止倒伏、控制落花落果、促进成熟、控制雌雄性别等方面逐渐为广大生产者所接受。

与传统农业技术相比，植物生长调节物质的应用具有成本低、收效快、效益高、节省劳力的优点，已成为作物栽培的重要技术措施之一。然而，植物生长物质的应用又极为复杂。它的使用效果与药剂的种类和浓度、使用的方法和时间、作物的长势及气候等因素有密切关系，如果使用不当则无效，甚至会造成不应有的损失。因此，必须掌握不同植物生长物质的性质和作用，做到合理使用。

一、植物生长调节物质的种类及性质

植物生长调节物质通过影响植物内源激素的合成、运输、代谢、与受体的结合及此后的信号转导过程来改变作物的生长发育过程。除六大类激素之外，近年来科学家陆续发现了其他多种对植物生长发育有调控作用的物质，如多胺（polyamine，PA）、茉莉酸类（jasmonic acid，JA）、水杨酸类（salicylates，SA）、植物多肽激素（plant polypeptide hormone）、独脚金内酯类（strigolactones，SL）、玉米赤霉烯酮（zearalenone，ZL）、寡糖素（oligosaccharin）、三十烷醇（1-triacontanol，TA）等。农作物中主要应用的植物生长激素、调节物质及调节剂种类及作用如表 7-5 所示。

表 7-5　主要植物生长调节剂及其作用

类别	名称	主要生理作用	主要应用作物	应用方法
促进剂	生长素（IAA）	促进细胞伸长；植物向地性和向光性的形成；防止器官脱落；影响顶端优势	小麦、玉米	浸种、喷施
	萘乙酸（NAA）		小麦、大豆、油菜	浸种、喷施
	二氯苯氧乙酸 2,4-D		玉米、小麦	组培、喷施
	细胞分裂素（6-BA）	打破种子休眠；促进细胞的分裂与扩大；促进芽的分化；消除顶端优势；延缓叶片衰老	小麦、玉米、水稻、油菜	组培、浸种、喷施
	赤霉素（GA）	打破种子休眠；促进抽薹及提前开花结果；替代低温形成春化作用；延缓叶片衰老	水稻、小麦	喷施、浸种
	油菜素内酯，芸薹素内酯（BR）	促进细胞生长和分裂；增强植物光合作用，提高叶绿素含量；提高结实率，增加千粒重；延缓衰老	玉米、油菜、小麦、水稻	喷施、浸种
	茉莉酸类（JA）	诱导气孔关闭；抑制 Rubisco 合成；诱导抗性基因表达	大豆、水稻	浸种、喷施
	多胺（PA）	促进萌发生长；刺激不定根产生；延缓衰老；提高抗逆性	油菜、麦类、玉米、水稻	喷施、浸种
	水杨酸（SA）	促进种子萌发出苗；促进植物叶和根的生长；诱导植物开花；增强光合速率	水稻、小麦、棉花、油菜	喷施
	乙烯利（ETH）	促进种子萌发；叶片衰老；果实的成熟及脱落；根毛形成	玉米、油菜、棉花	喷施
	脱落酸（ABA）	促进成熟、衰老与种子休眠；诱导色素形成；逆境胁迫适应；调节气孔运动	水稻、油菜、小麦	喷施、浸种
延缓剂	多效唑（PP_{333}、MET）	延缓植物生长与开花；促进茎秆粗壮；增加叶绿素含量及叶片厚度；促进分枝；提高抗逆性；抑菌及延缓衰老	油菜、大豆、马铃薯	喷施、浸种
	烯效唑（S-3307）		油菜、水稻、小麦、大豆、玉米	喷施、浸种
	缩节胺、助壮素（Pix）		棉花、玉米、油菜	喷施
	矮壮素（CCC）		棉花、小麦	喷施
抑制剂	三碘苯甲酸（TIBA）	抑制 IAA 极性运输及顶端优势，矮化植株，促进侧芽、分枝、花芽的发生	大豆	喷施
	青鲜素（马来酰肼，MH）	抑制顶端分生组织的细胞分裂与萌芽，延长花期	马铃薯、烟草	喷施、涂抹

二、应用植物生长调节物质调节同化产物的积累与分配

不同植物生长调节物质在同化物的运输和分配上有着不同的作用。采用浸种方式，或于不同生育期施用多效唑、6-BA、一氧化氮供体硝普钠（SNP）、芸薹素内酯、萘乙酸等植物生长调节剂能增加植株干物质积累，促进干物质向籽粒转移分配，提高作物产量。

1. 植物生长调节剂处理种子可提高幼苗干物质积累量

采用 100μmol/L 硝普钠（SNP）浸种，可有效地促进油菜幼苗地上部分的生

长。用三十烷醇和芸薹素内酯浸种，可使油菜株高、茎粗增加，叶片、茎秆、角果干物质积累量提高（余细红等，2011）。用多效唑、烯效唑浸种，可使幼苗矮壮，根颈增粗，叶柄缩短，叶片变小，但绿叶数增多，干物重增加，且对后期株型有一定的调控作用（黄永菊等，1993；吴永成等，2014）。但油菜种子对多效唑、烯效唑较为敏感，二者浸种、拌种处理，均明显降低直播油菜的出苗率和有效密度。

2. 苗期与蕾薹期喷施生长调节剂可提高幼苗素质，协调地上与地下部生长

油菜在 3～8 叶幼苗期及抽薹期喷施多效唑、云大 120、益丰素、丰收灵、绿佳宝等生长调节剂后幼苗素质提高，地上部与地下部的生长协调，光合作用增强，角果干物质分配比例增加，产量显著提高，增产幅度为 3.6%～20.9%（孙华光等，1994；刘本坤等，2000；王桂枝等，2007；吴永成等，2014）。油菜苗蕾期喷施多效唑越早，降低株高的效果越明显。喷施多效唑可使植株矮化 26%～30%，原用于这部分茎秆形态建成的光合产物，可以促进油菜春后早生快发，又可以转运并充实到籽粒中，使菜籽产量增加 10% 以上（肖苏林等，2003）。不同生长物质与多效唑混合施用可能具有更好的效应，如硼肥和多效唑混合，缩节胺和多效唑混合施用后再施用绿佳宝等，有利于促使油菜发根，在培育壮苗的前提下实现苗期早发，对提高油菜的产量有一定的作用（刘本坤等，2000）。

3. 花期喷施生长调节剂可提高粒重及调节脂肪酸组成

油菜在初花期、盛花期用三十烷醇和芸薹素内酯叶面喷施或联合处理，均可使角果干物质积累量和角果干物质分配比例提高，同时增加每角粒数和千粒重，显著提高产量，如果浸种和花期喷施则效果更明显（袁德奎等，2004）。油菜生育后期喷施矮壮素、生长素、细胞分裂素（6-BA）及脱落酸等生长调节剂可以促进同化产物向籽粒的转移，提高油菜千粒重及籽粒产量，使油菜种子脂肪、蛋白质含量均增加（叶庆富等，1998；杨兰等，2012）。喷施赤霉素、多效唑、青霉素、谷粒饱可增加油酸或亚油酸含量，而降低亚麻酸、芥酸及硫苷含量（王保仁等，1993；王国槐等，1998）。施用壮苗素（SSA），千粒重可提高 4.92%～5.98%，含油量提高 3.8%～4.9% 和蛋白质含量提高 2% 左右，在一定程度上改善油菜品质（姚艳丽，2008）。

三、植物生长调节物质对油菜花粉萌发的调控

油菜的角果数与植株的营养供应和油菜在花期的花粉活力及授粉条件有较大的关系。油菜花粉生活力受多方面因素的影响，花粉的寿命除与品种特性、花粉结构和代谢有关外，还受许多生长调节物质的影响。李秀菊等（1999）研究了植物生长调节剂对油菜花粉萌发的影响，结果表明，1～5mg/L 的 6-BA 对花粉管的伸长有促进作用，10~30ml/L 的 6-BA 显著抑制花粉的萌发，50ml/L 的 6-BA 显著抑制花粉的萌发与花粉管的伸长；10~100mg/L 的 NAA 对油菜花粉萌发均有促进作用，但不同程度地抑制了花粉管的伸长，浓度越高，抑制作用越显著，在 NAA 浓度高于 200mg/L 时显著抑制花粉的萌发与生长。花期使用调节物质进行结实调控可能主要是通过影响花粉萌发与生长而影响作物的授粉受精过程，从而影响结实率（沈振国等，1994；李秀菊，1999）。

大量的研究结果表明，雄性败育是花器官尤其是雄蕊中激素不平衡的结果。在大白菜中研究表明，在花蕾长 2.0~3.0mm 时不育系花药组织中的 IAA、GA$_3$ 和 ZR 含量显著低于保持系，ABA 含量显著高于保持系，ZR/ABA 的值低于保持系，这一时期正好是不育系小孢子明显败育的时期（冯忠梅等，2005）。

四、植物生长调节物质对油菜分枝数与角果数的调控

研究表明，不同年份及在不同条件下进行不同浓度调节剂处理，对油菜总分枝数、一次有效分枝数、单株角果数的影响可能存在差异。

谭永强（2007）在苗期喷施调节剂试验表明，ABA 处理能显著增加有效分枝数、主茎和分枝的角果数，进而增加总角果数；GA$_3$ 和 PP$_{333}$ 处理对总角果数影响不明显；TA 和 NAA 处理则显著减少有效分枝数、主茎、分枝的角果数，以 TA 减少的效果更明显（表 7-6）。

表 7-6　苗期喷施调节剂对油菜分枝数及角果数的影响（华双 3 号）（谭永强，2007）

处理	有效分枝数	有效角果数		
		主茎	分枝	总角果数
脱落酸 ABA	17.1 a	74.6 ab	382.5 a	457.1 a
赤霉素 GA$_3$	15.1 ab	76.5 a	360.6 a	437.1 a
多效唑 PP$_{333}$	15.4 ab	67.9 b	355.1 a	423.0 a
三十烷醇 TA	8.1 c	57.9 c	231.0 b	288.9 b
萘乙酸 NAA	7.7 c	60.6 c	267.7 b	328.3 b
助壮素 Pix	13.1 b	69.2 ab	342.9 a	412.1 a
CK	14.2 ab	68.9 ab	342.1 a	411.0 a

注：a，b，c 表示差异显著性 $P<0.05$

花期调节剂处理对产量构成因素的影响更显著。在初花与终花喷施 ABA 处理能增加总角果数。各时期 GA$_3$ 处理对有效分枝数的形成不利，会减少有效分枝数。盛花至终花期应用 PP$_{333}$ 处理具有增加有效角果数作用，其中在终花期明显提高有效分枝数（表 7-7）（谭永强，2007）。初花期、盛花期叶面喷施三十烷醇和芸薹素内酯或联合处理，可同时增加单株有效分枝数、单株总角果数；如果采用浸种和花期喷施则效果更明显（王立秋，2014）。

表 7-7　花期喷施调节剂对油菜分枝数及角果数的影响（华双 3 号）（谭永强，2007）

处理时期	处理	有效分枝数	有效角果数		
			主茎	分枝	总角果数
初花期	ABA	23.75 a	70.56	439.44 a	510.00 a
	GA₃	21.22 a	72.60	438.70 a	511.30 a
	PP₃₃₃	21.50 a	70.60	426.80 a	497.40 a
盛花期	ABA	24.22 a	65.67	428.00 a	493.67 a
	GA₃	11.20 b	63.56	222.11 b	285.67 b
	PP₃₃₃	18.90 a	65.56	444.11 a	509.67 a
终花期	ABA	19.44 a	69.80	445.10 a	514.90 a
	GA₃	22.25 a	70.00	451.67 a	521.67 a
	PP₃₃₃	24.38 a	69.00	451.14 a	520.14 a
	CK	24.22 a	74.70	421.30 a	496.00 a

注：a，b，c 表示差异显著性 $P<0.05$

五、植物生长调节物质对油菜角果生长的调控

角果发育及粒数、粒重高低对油菜的产量形成具有重要作用。花期喷施赤霉素、萘乙酸可使单株角果数明显增加，但每角粒数不同程度下降；喷施一定浓度的脱落酸、多效唑则具有同时增加角果数及每角粒数的作用（谭永强，2007），说明脱落酸、多效唑这两种调节剂具有较强的调节营养物质向生殖器官运输的效应。

不同研究者发现，在油菜结角期应用激动素、萘乙酸、6-苄氨基嘌呤（6-BA），以及具有细胞分裂素生理活性的 BN（主要成分为 TDZ 和 4-PU）等处理，可增加单位角果皮面积，促进光合产物积累。例如，应用激动素，以及激动素和萘乙酸混合液处理，能显著增加角长、角宽（官春云等，2004）；应用 50mg/L 6-苄氨基嘌呤（6-BA）处理对促进角果长度、粗度和每角粒数的增加作用较大，单位角果皮面积的籽粒重（PPA）、单位角果皮面积负担的籽粒数（SNPA）和粒壳比指标也较高（王瑛等，2005）；应用 2～8mg/kg BN，能提高油菜角果的宽度和表面积，并提高油菜产量（景军胜等，2001；张睿等，2002）。Chauvaux 和 Child（1997）认为，赤霉素和细胞分裂素类物质 6-BA 对促进油菜角果持续伸长具有重要作用。

在终花、结角期喷施脱落酸、萘乙酸与激动素对角果的光合性能有促进作用。李俊等（2012）在油菜终花期喷施 1～200μmol/L 的 ABA，可显著改变角果光合参数和油菜产量构成因素；其中，低浓度的 ABA 能改善角果的净光合速率与产量构成因素，而高浓度则具有相反的效果。官春云等（2004）研究表明，结角期间应用萘乙酸，以及激动素与萘乙酸的混合处理，可增强角果皮的光合效率和生理活性，提高油菜籽含油量。

在结角期，应用乙烯利、6-糖基氨基嘌呤（KT）、萘乙酸、复硝酚钠等有增加千粒重、每角粒数及含油量的作用。王瑛等（2005）用乙烯利（1000mg/L）、6-糖基氨基嘌呤（1.5mg/L）、萘乙酸（1mg/L）、6-苄氨基嘌呤（50mg/L）分别处理春油菜品种'青油 46 号'的角果，结果表明，4 种植物生长物质均可增加春油菜的千粒重、每角粒数和单株产量。在油菜收获前 4～5 周应用复硝酚钠和抗裂角剂的组合处理，能有效地提高油菜籽粒产量并增加含油量（Miksik et al., 2007）。肖文娜（2010）在'湘油 15'中研究表明，油菜在喷施乙烯利后第 3 天植株即转黄，第 9 天后全部变黄；与对照相比，千粒重有所增加；在 0.3%敌草快中加入 0.5%的乙烯利后，千粒重高于 0.3%的敌草快处理。

角果开裂和种子散落是导致油菜减产的原因之一，研究油菜角果开裂部位内源激素的含量变化对于弄清角果开裂的内在原因具有重要意义。Child 和 Chauvanx（1998）发现，角果脱落部位的生长素水平很低时，低含量的乙烯水平就能推动细胞的分离。因此，提高油菜角果生长素水平有可能减少油菜的角果开裂现象。但 Chauvaux 和 Child（1997）认为，低生长素水平是角果开裂的先决条件，但不是唯一条件。

第三节　促进油菜结实器官发育的生长物质调控措施

一、改善结角层结构的生长物质调控措施

在现有油菜生物产量前提下，通过应用植物生长调节剂可改善结角层结构，提高角果的光能利用率及经济产量。目前植物生长调节剂在降低油菜株高、调整结角层位置与结构、防止倒伏、提高产量等方面均有一定研究。烯效唑拌种和叶面喷施处理，均可明显降低株高与分枝部位的高度。

（一）多效唑

油菜抽薹初期和初花期喷施 100～300mg/kg 浓度的多效唑，可使株高降低 18～40cm，分枝高度降低 8～18cm，一级分枝部位降低约 9cm，主花序长度缩短约 9.3cm，一级有效分枝数增加 0.4 个左右。采用 150mg/kg 浓度多效唑处理后 26d 再喷施 40mg/kg 的赤霉素可刺激生长发育和开花结果，既有一定降高防倒效果，又有一定增产作用（袁继超等，1993；袁德奎等，2004）。但多效唑等调节剂施用浓度超过 300mg/kg，会过分抑制生长，严重则会导致减产。因此，苗薹期施用多效唑降高防倒更适于高肥条件下生长过旺、有倒伏威胁的田块；中低产田应慎用。

（二）油菜素内酯（芸薹素内酯）

中文别名有 28 高、408、硕丰 481、美多收、天丰素、芸天力、果宝、保靓、金云大等。在各种植物中已经发现至少有 59 种油菜素内酯类化合物，统称为油菜

素甾醇类（BR）。云大科技产业股份有限公司研制的云大-120的有效成分即0.004%表高芸薹素内酯（epi-BR）。油菜素内酯具有生长素与细胞分裂素的双重作用，使用后可提高抗逆性，增花保果，促进果实生长及早熟增产。采用0.2μmol/L油菜素内酯在油菜5叶期及蕾薹期两次施用，可使植株生长迅速，叶面积增加，长势整齐均匀，有效分枝部位降低，结角密度增加，有效角及角粒数增加。

（三）PL-2（主要成分为2-氯乙基磷酸，辅配植物表面保护剂及无机盐类杀菌剂）

在油菜抽薹初期以1500ml/hm²浓度的PL-2叶面喷施，可使植株矮化25.2cm，防倒效果明显。与对照相比，株高和分枝部位分别下降25.2cm和9.7cm，主花序长度缩短11.3cm，单株一级有效分枝数、二级有效分枝数分别增加0.6个和2.0个，单株有效角果数增加33.1个，有利于改善油菜植株冠层结构，提高光合效率，增产9.23%～13.28%（刘葛山和赵祥祥，2004）。

二、增加角果数及结实率的生长物质调控措施

增加单株及群体角果数是油菜增产的主要途径。适宜浓度的多效唑、烯效唑、赤霉素、三十烷醇、增油素等植物生长调节剂具有增加油菜角果数的作用。

（一）多效唑

在抽薹至盛花期喷施多效唑，有利于增加一级分枝数及单株角果数，改善株型及产量性状，盛花后喷雾增加单株角果数效果更显著。适宜的药液浓度为100～200mg/kg的15%多效唑可湿性粉剂（谭永强，2007；任廷波和赵继献，2012）。

（二）烯效唑

其作用机制与多效唑相同，但作用效果是多效唑的6～10倍，而且易降解，残留少，对环境更为安全。油菜宜采用5%烯效唑可湿性粉剂，在3叶期叶面喷施的适宜浓度为30mg/kg，仅为多效唑浓度的1/3，商品用量为6.7g/亩。

（三）三十烷醇

在作物生长前期使用，可提高发芽率、改善秧苗素质，增加有效分蘖；在生长中、后期使用，可增加花蕾数、座果率及千粒重。在油菜花期喷施能增加光合产物积累，减少落花，增强同化产物向籽粒中的分配，使单株角果数和每果粒数增加，从而提高收获指数。在油菜盛花期叶面喷施的适宜剂量为1000kg水兑0.5g药剂。

（四）油菜素内酯

采用0.2μmol/L油菜素内酯于油菜盛花期喷施，可增加单株角果数，扩大单

株角果总表面积（朱聪明，2013）。

（五）赤霉素

在育苗移栽油菜中，在移栽前用赤霉素蘸根，可以明显促进油菜根、叶的生长和腋芽及花芽的分化，适宜药液浓度为 10～20mg/kg。在盛花期用 10～20mg/kg 赤霉素喷施，可提高油菜单角结实率。

（六）增油素

增油素为上海景利欣农化有限公司研制而成的油菜专用产品，能促进油菜生殖生长，减少单株阴花阴角数，明显增加单株角果数和每角粒数，从而提高产量，菌核病发病也明显下降。宜在油菜花期用 50～100g/亩增油素兑水 50kg 喷施。

三、增强角果皮生理活性和光合作用的生长物质调控措施

（一）脱落酸

在油菜终花期喷施 1～2μmol/L 的 ABA，可显著改善角果的净光合速率与产量构成因素（Li and Zhang，2012）。

（二）萘乙酸

在结角期施用 1mg/kg 萘乙酸，可增强角果皮的光合效率和生理活性，提高油菜籽含油量；应用 1.5mg/kg 激动素+1mg/kg 萘乙酸混合液处理 1 次，对角果增长、增粗和每角粒数增加的作用较大（官春云等，2004）。

（三）绿享天宝（DCPTA）

绿享天宝是由中国农业大学与国内外有关单位及专家联合研制开发，山东（济南）绿色天宝有限公司生产，无毒、无残留、无公害的强力高效增产剂，可提高作物光合作用和酶的活性，增强养分的吸收能力，具有增加油菜单株角果数、每角粒数及粒重的作用。宜在油菜抽薹及开花初期喷施，每亩用量为 20ml 兑水 30L。

四、促进角果成熟及粒重的植物生长调节方法

油菜整株角果的成熟期很不一致，其成熟顺序是先主花序后分枝；主花序及特异分枝上的角果成熟顺序是下部先成熟，然后中部和上部依次成熟。油菜角果成熟参差不齐的特性，给油菜的收获带来了困难。在收割前给油菜喷施一定剂量的生长调节剂，促进同化物质向种子转运，促进籽粒充实，可使油菜角果成熟度的一致性大幅提高，破壳落籽率减少到 8% 以内，为油菜的机械化规模种植及收获

奠定了较好的基础。

（一）乙烯利

乙烯利（ethephon）是一种被植物吸收后可分解产生乙烯的外源乙烯类生长调节剂，已成功地应用于多种作物催熟。在 80%油菜角果成熟时喷施 1000mg/kg 乙烯利，或在 70%油菜角果成熟时喷施 500mg/kg 乙烯利，均有利于促进油菜成熟一致，适合机械化收获，并有利于提高产量和含油量（吴美娟和黄洪明，2009）。

（二）激动素

激动素（6-糖基氨基嘌呤）是一种具有细胞分裂素类似作用的物质，具有促进细胞分裂，延缓离体叶片衰老，诱导芽分化和发育及增加气孔开度的作用；可增加发育种子对同化物的拉力，使角果更多同化物和贮藏物质向种子流动。在终花后至角果发育前 20d 采用 1.5mg/L 激动素处理，可明显提高千粒重（官春云等，2004）。

（三）多元醇

多元醇（复醇素，mixtalol，MTL）为三十烷醇等 6 种醇的混合物，其促进活性和稳定性远超过三十烷醇。具有延缓叶绿素的降解，延长叶片寿命，增强光合能力，抑制光呼吸，促进地上部和根系的生长，促进氮、磷和同化产物向籽粒运转等生理作用。在初花期用 2～4mg/kg 复醇素溶液喷雾处理，可显著提高油菜结角率，增加千粒重（田儒俊，1986；周伟军等，1995；叶庆富等，1998）。

（四）爱多收

爱多收（复硝酚钠）是由日本旭化学株式会社社长岛崎义诠开发的生长调节剂，又名丰产素、丰产灵、特多收等，是一种由 3 种以上物质组成的混合制剂，主要成分由 5-硝基愈创酚钠、邻硝基苯酚钠、对硝基苯钠按照 3∶6∶9 比例构成，具有高效、低毒、无残留、适用范围广、无不良反应、使用浓度范围宽等优点。在油菜上，可采用 1.8%的复硝酚钠水剂，稀释 2000～6000 倍使用，实际浓度为 3～10mg/kg。在苗期至花期喷施，具有促进生殖生长、开花，增加单株角果数及千粒重的作用；以 5 叶期及蕾薹期喷施 2 次为宜。

（执笔人：胡立勇　杨特武　罗　涛　张　静）

主要参考文献

毕辛华, 戴心维. 1993. 种子学. 北京: 中国农业出版社: 300.

刘后利. 1987. 实用油菜栽培学. 上海: 上海科学技术出版: 158.

冯忠梅, 张凤兰, 张德双, 等. 2005. 大白菜新型胞质雄性不育系及其保持系花药不同发育时期内源激素动态变化的研究. 华北农学报, 20(4): 40-43.

官春云. 2000. 油菜中内源赤霉素嫁接转移研究. 作物学报, 26(6): 975-976.

官春云, 黄太平, 李枸, 等. 2004. 不同植物激素对油菜角果生长和结实的影响. 中国油料作物学报, 26(1): 5-7.

胡立勇, 傅廷栋, 吴江生. 2003. 油菜生长发育期间内源激素含量的变化. 植物生理与分子生物学报, 29: 239-244.

黄永菊, 赵合句, 王玉叶. 1993. 烯效唑在油菜上的应用方法探讨. 湖北农业科学, 10: 1-5.

康洋歌, 张利艳, 张春雷, 等. 2015. 不同播期对早熟油菜叶片激素水平的影响及其与花芽分化的关系. 中国油料作物学报, 37(3): 291-300.

景军胜, 董振生, 李哲清, 等. 2001. BN 系列生长调节剂在油菜上的应用效果初报. 西安联合大学学报, 4: 30-35.

李秀菊, 朱坤华, 张永军, 等. 1999. 营养元素与植物生长调节剂对油菜花粉萌发的影响. 中国油料作物学报, 1: 1-6.

刘本坤, 金晓马, 阳树英. 2000. 不同生长调节剂对油菜生长发育的影响. 湖南农业大学学报, 26: 24-27.

刘葛山, 赵祥祥. 2004. 施用 PL-2 对油菜产量及主要性状的影响. 中国油料作物学报, 26: 56-60.

邱德运, 胡立勇. 2002. 氮素水平对油菜功能叶内源激素含量的影响. 华中农业大学学报, (3): 31-34.

任廷波, 赵继献. 2012. 施肥与多效唑喷施互作对优质杂交油菜株型及产量性状的影响. 安徽农业科学, 40: 11993-11995.

税红霞, 汤天泽, 牛应泽. 2006. 油菜内源激素与角果长度发育的关系. 中国油料作物学报, 28: 309-314.

沈惠聪, 周伟军, 奚海福, 等. 1991. 多效唑对油菜生理调控及增产作用初探. 浙江农业大学学报, 17: 423-426.

沈振国, 张秀省, 王震宇, 等. 1994. 硼素营养对油菜花粉萌发的影响. 中国农业科学, 27(1): 51-56.

宋贤勇, 柳李旺, 龚义勤, 等. 2007. 春萝卜抽薹过程中内源激素含量变化分析. 植物研究, 27(2): 182-185.

孙华光, 钱敏珍, 严卫古, 等. 1994. 油菜应用多效唑培育壮苗和防倒伏的效果. 中国油料, 16: 40-45.

谭永强. 2007. 植物生长调节剂对油菜产量品质及生长发育的影响. 武汉: 华中农业大学硕士学位论文: 13-21.

田儒俊. 1986. 硼砂与三十烷醇混合喷施对油菜的增产作用. 贵州农业科学, 3: 9-10.

王桂枝, 王丽萍, 滕玉芬, 等. 2007. 植物生长调节剂在油菜生产中的应用. 云南农业, 2: 35-36.

王若仲, 萧浪涛, 严钦泉. 2001. 亚种间杂交稻籽粒充实的激素调控研究. 中国农学通报, 17(6): 57-61.

王保仁, 章竹芳, 黄崧, 等. 1993. 不同甘蓝型油菜种子脂肪酸的积累及药剂对其含量的影响. 中国油料, 1: 10-13.

王瑛, 张胜, 张润生. 2005. 植物激素处理对春油菜结实特性的影响. 华北农学报, 20: 50-53.

王国槐, 官春云, Stringma A V, 等. 1998. 谷粒饱对油菜品质和产量的影响. 湖南农业大学学报, 24(4): 282-285.

王淑芬, 徐文玲, 何启伟, 等. 2003. 春化深度对萝卜抽薹的影响及抽薹过程中 GA₃ 和 IAA 含量的变化. 山东农业科学, 9(6): 20-21.

吴美娟, 黄洪明. 2009. 喷施乙烯利对油菜角果催熟的效果试验. 浙江农业科学, 1: 111-112.

吴永成, 倪勇, 张川, 等. 2014. 烯效唑施用方式对高密度直播油菜农艺性状和产量的影响. Crop Research, 28: 354-357.

夏广清, 何启伟, 王翠花, 等. 2005. 不同生态型大白菜抽薹时内源激素含量比较. 中国蔬菜, 2: 21-22.

肖文娜. 2010. 化学催熟技术在油菜上的应用研究. 合肥: 安徽农业大学硕士学位论文: 3-10.

肖苏林, 周青, 单宏业, 等. 2003. 不同生长调节剂对培育油菜壮苗的影响. 安徽农业科学, 3: 874-875.

杨兰, 荣湘民, 宋海星, 等. 2002. 生长调节剂对油菜产量及氮素利用效率的影响. 湖南农业科学, 33: 27-29.

姚艳丽. 2008. 自制油菜壮苗素应用效果研究. 武汉: 华中农业大学硕士学位论文: 12-19.

尹继春, 严敦秀, 张燕, 等. 1984. 关于甘蓝型油菜的花芽分化研究. 作物学报, 10(3): 19-184.

叶庆富, 奚海福, 周伟军. 1998. MTL 对油菜生理的调控作用. 中国油料作物学报, 20: 42-46.

余细红, 向亚林, 詹海纯, 等. 2011. SNP 对油菜种子萌发和幼苗生长的影响. 热带农业工程, 35(5): 28-31.

袁德奎, 杨政水, 罗静, 等. 2004. 多效唑在杂交油菜上的应用效果. 贵州农业科学, 32: 49-50.

袁继超, 徐忠荣, 黄静娴, 等. 1993. 油菜抽苔期施多效唑的降高防倒效果及其应用途径. 四川农业大学学报, 11(3): 366-371.

张焱, 官春云. 1993. 内源赤霉素与油菜不同种性品种花芽分化的关系的研究. 作物学报, 19: 365-370.

周可金, 吴奇志, 肖文娜, 等. 2011. 化学催熟剂对油菜角果内源激素含量的影响. 南京农业大学学报, 34: 13-19.

周伟军, 奚海福, 叶庆富, 等. 1995. 多元醇对油菜衰老的生理调控及增产作用探讨. 中国农业科学, 28: 8-13.

张睿, 张同兴, 李凤艳, 等. 2002. 油菜应用 BN 调节剂效果研究. 中国油料作物学报, 24: 51-53.

朱聪明. 2013. 油菜素甾醇类及茉莉酸类化合物对油菜籽粒产量及品质的调节作用. 武汉: 华中农业大学硕士学位论文: 2-7.

Bewley J D. 1997. Seed germination and dormancy. Plant Cell, 9: 1055-1051.

Brenner M L. 1987. The role of hormones in photosynthetate partitioning and seed filling. *In*: Davies P J. Plant Hormones and Their Role in Plant Growth and Development. Netherlands: Martinu Nijhoff Publishers: 474-493.

Chauvaux N, Child R. 1997. The role of auxin in cell seperation in the dehiscence zone of oilseed rape. Journal of Experimental Botany, 48: 1423-1429.

Chiang M H, Shen H L, Cheng W H. 2015. Genetic analyses of the interaction between abscisic acid and gibberellins in the control of leaf development in *Arabidopsis thaliana*. Plant Science: an International Journal of experimental Plant Biology, 236: 260-271.

Chilakyen M K. 1968. Internal factors of plant flowering. Ann Rev Plant Physiol, 19: 1-36.

Child R D, Chauvanx N. 1998. Ethylene biosynthesis in oilseed mpe pods in relation to pod shattter. Journal of Experimental Botany, 49(322): 829-838.

Crouch M L, Sussex I M. 1981. Development and storage-protein synthesis in *Brassica napus* L. embryos *in vivo* end *in vitro*. Plenta, 153: 64-74.

Dahanayake S R, Galwey N W. 1999. Effects of interactions between low-temperature treatments, gibberellin (GA3) and photoperiod on flowering and stem height of spring rape. Annals of Botany, 84: 321-327.

Dahanayake S R. 1999. Effects of interactions between low-temperature treatments, gibberellin (GA3) and photoperiod on flowering and stem height of spring rape (*Brassica napus* var. *atmua*). Annals of Botany, 84: 321-327.

Hillman W S. 1969. Photoperiodism and vernalization. *In*: Wilkins M B. Physiology of Plant Growth and Development. London: McGraw-Hill: 557-601.

Hu L Y, Fu T D, Wu J S, et al. 2003. Change in endogenous hormone content of *Brassica napus* during growth and development. Journal of Plant Physiology and Molecular Biology, 29: 239-244.

Inenaga S, Kumura A. 1988. Internal factors affecting seed set of rapeseed. In Seventh International Rapeseed Congress.

Khan A A, Waters E C . 1969. On the hormonal control of post-harvest dormancy and germination in barley seeds. Life Sciences, 8(14): 729-736.

Kucera B, Cohn M A, Leubner-Metzger G. 2005. Plant hormone interactions during seed dormancy release and germination. Seed Science Research, 15: 281-307.

Lang A. 1965. Physiology of flower initiation. Differentiation and development. *In*: Pirson A, Zimmermann M H. Encyclopedia of Plant Physiology. Berlin: Springer Verlag: 1380-1536.

Li J, Zhang C. 2012. Effect of ABA on phytosythetic characteristic of pod sand yield of *Brassica napus*. Agronomy and Horticulture, 13: 760-762.

Metzger J D. 1985. Role of gibberellins in the environmental control of stem growth in *Thlaspi arvense* L. Plant Physiology, 78: 8-13.

Metzger J D. 1987. Hormones and reproductive development. *In*: Davis P J. Plant Hormones and Their Role in Plant Growth and Development. Boston: Martinus Nijhoff: 431-462.

Miksik V, Becka D, Cihlar P, et al. 2007. The stimulation of winter rapeseed yield in period maturity. The 12th International rape Conference Thesises, 111: 143-145.

Oka M, Tasaka Y, Iwabuchi M, et al. 2001. Elevated sensitivity to gibberellin by vernalization in the vegetative rosette plants of *Eustoma grandiflorum* and *Arabidopsis thaliana*. Plant Science, 160: 1237-1245.

Potter T I, Rood S B, Zanewich K P. 1999. Light intensity, gibberellin content and the resolution of shoot growth in *Brassica*. Planta, 207: 505-511.

Rood S B, Mandel R, Phans R P. 1989. Endogenous gibberellins and shoot growth and development in *Brassica napus*. Plant Physiol, 89: 269-273.

Rood S B, Williams P H, Pears D. 1989. A gibberellin-defieient *Brassica* mutant rosette. Plant Physiol, 89: 482-487.

Srinivasen A, Morgan D G. 1996. Growth end development of pod wall in spring rape (*Brassica napus*) as related to the presence of seeds and exogenous phytohormones. Journal of Agricultural Science, 127: 487-500.

Suge H, Takahashi H. 1982. The role of gibberellins in the stem elongation and flowering of Chinese cabbage, *Brassica campestris* var. *pekinensis* in their relation to vernalization and photoperiod. Report of the Institute of Agricultural Research, Tohoku University, 33: 15-34.

Villiers T A, Wareing P F . 1996. The possible role of low temperature in breaking the dormancy of seeds of *Fraxinus excelsior* L. Journal of Experimental Botany, 16(3): 519-531.

Wellensiek S J. 1976. The influence of photoperiod and of GA_3 on flower development and stem elongation of *Silene armeria* L. Proceedings of the Koninklijke Nederlandse Akademievan Wetens chappen Series Biological and Medical Sciences, 79: 84-89.

Windauer L B, Ploschuk E L, Benech-Arnold R L. 2013. The growth rate modulates time to first bud appearance in *Physaria mendocina*. Industrial Crops and Products, 49: 188-195.

Zanewich K P, Rood S B. 1995. Vernalization and gibberellin physiology of winter canola. Plant Physic, 108: 615-621.

第八章 生物灾害与油菜结实器官形成

油菜灾害发生频繁，是影响我国油菜生产的重要因素之一。

第一节 油菜生物灾害概述

一、油菜生物灾害种类

油菜生物灾害主要包括病害、虫害、草害和鸟害。主要病害有猝倒病、菌核病、病毒病、霜霉病和根肿病等；主要虫害有菜青虫、蚜虫、小菜蛾、茎象甲等；主要草害有看麦娘、日本看麦娘、猪殃殃、繁缕、牛繁缕和婆婆纳等；主要鸟害有麻雀、小黄雀等。

二、油菜生物灾害状况

（一）油菜病害

1. 真菌性病害

（1）猝倒病　由鞭毛菌亚门真菌中的瓜果腐霉菌引起的一种病害，在低温、高湿条件下利于发病。幼苗子叶养分基本耗尽，新根尚未扎实之前为其感病期，因此，该病主要在幼苗1～2片叶之前发生。病菌侵染幼苗，初期在幼茎基部近地面处产生水渍状斑，后变黄腐烂，变褐，并逐渐干缩，最后折断并死亡。湿度大时病部或土表生出白色絮状物。发病轻的幼苗，仍能继续生长，可以长出新的支根和须根，但植株生长发育不良，子叶亦可产生与幼茎上一样的病斑。

（2）软腐病　由胡萝卜软腐欧文氏菌胡萝卜软腐致病变种引起，属细菌引起的一种病害，为害根、茎、叶等。在全国各油菜产区均可发生，但以冬油菜区发病较重。发病初期在茎基部或靠近地面的根茎部产生水渍状斑，后逐渐扩展，略凹陷，表皮微皱缩，后期皮层易龟裂或剥开，内部软腐变空，植株萎蔫。严重的病株倒伏干枯而死，引起不同程度的产量损失。

（3）菌核病　由子囊菌门柔膜菌目核盘菌真菌引起的一种病害，在油菜各生育期均能为害，但以终花后发生较重。油菜植株的茎、叶、花、角各部分均可为害，但以茎部受害最重，是目前我国危害最大的一种真菌性病害。苗期受害后茎基与叶柄、叶片出现水渍状红褐色斑点，逐渐扩大变成淡白色，湿度大时长出白色絮状菌丝，病组织内外形成许多像老鼠屎一样的菌核，严重时植株干枯死亡。菌核病在世界冬油菜区和春油菜区均有发生，一般会造成 10%~20% 的产量损失，严重时可达 40%~50%。

（4）霜霉病　由卵菌门霜霉属卵菌真菌引起的一种病害，主要在土壤潮湿的环境中发生。是我国各油菜产区的重要病害，尤以长江流域、东南沿海受害为重，西北、华北秋季多雨、多雾地区，也是油菜霜霉病的常发区；春油菜产区发病少且轻。油菜整个生育期均可发病，危害子叶、叶片、茎秆、花蕾、花梗和幼嫩的角果。叶片发病初始阶段呈水渍小点，后侵入位点逐渐扩大，呈淡黄色小病斑，多个病斑融合后扩大成为大的黄色无规则或多角形病斑，病斑背面常有白色霜状霉状物；危害茎秆时常形成褐色至黑色坏死，病斑不规则状，上有霜状霉层；危害花梗花轴时顶端部位常肿大弯曲，呈龙头状，并附有霜状霉层，对油菜产量损失可达 50%~60%。

（5）根肿病　由芸薹根肿菌侵染引起的一种土壤传播的真菌病害，主要发生在云南、贵州、四川、广西等多雨湿热地区，近年来在江西、湖南、湖北也有发生。根肿病不仅危害油菜，对白菜、萝卜、芥菜、甘蓝、花椰菜等十字花科类均有不同程度的危害。根肿病主要危害油菜根部，苗期即可受害，严重时幼苗枯死。成株期受害初期地上部不明显，但生长缓慢，矮小，重者表现为缺水状态，基部叶片在中午时萎蔫，早晚可恢复；危害后期则叶片发黄、枯萎至全株死亡。该病尤以苗期危害为重，可致使油菜整株枯死，抽薹后感病的虽能结角，但角果空秕粒高，结角后期感染病害对油菜产量影响较小。

（6）白锈病　由藻界卵菌门白锈菌属真菌引起的一种真菌性病害。植株叶、茎、角果均可受害。感病后，茎、枝、花梗、花器、角果等染病部位均可长出白色漆状疱状物，且多呈长条状或短条状。花梗染病顶部肿大弯曲，呈"龙头"状，花瓣肥厚变绿，不能结实。白锈病在全世界均有分布，以印度和加拿大发生较重。我国以云贵高原、青海、江苏、浙江、上海等油菜区发生较重。流行年份发病率为 10%~50%，产量损失 5%~20%。

2. 病毒性病害

该病症状因油菜类型不同略有差异。白菜型油菜和芥菜型油菜发病先从心叶开始，叶脉变黄白色呈透明状，严重时叶片皱缩，颜色深浅不一，花序短缩，花器丛集，植株矮小，甚至死亡，角果瘦小弯曲，呈鸡爪状，角枯籽秕。甘蓝型油菜先从老叶发病，渐向新叶发展，开始在叶区面隐现退绿小圆斑，以后逐渐发展成直径 2~4mm（少数可达 5~8mm）近圆形的黄斑或黄绿斑，多数边缘由细小褐点组成连续或断续的圈纹，呈油渍状，有的在斑内或中央生有小褐点。再以后部分黄斑中央略下陷，形成枯白色半透明小点，逐渐扩大至黄斑变成灰褐色灰白色枯斑，枯斑内或中央散生小褐点或在中央形成一个大褐点。温湿度适宜时，则出现中间绿色，外转为黄色的环斑。病叶枯黄时，斑点仍清晰可见。茎上发病，往往产生水渍状、紫褐色形状大小不等的条斑，所结角果皱缩瘦小，甚至全株枯死。油菜受病毒感染以后，一般年份减产 5%～10%，严重年份减产 20%～30%，种子含油量可下降 7% 左右。

（二）油菜虫害

1. 蚜虫

一般以成虫和若虫聚集在油菜叶背、心叶及花序顶端等部位刺吸汁液，受害油菜叶片发黄、卷缩甚至脱落，还可传播病毒病，茎枝出现梭状病斑，嫩茎、幼果畸形，种子成熟不良，严重影响油菜产量和质量。

2. 茎象甲

主要以幼虫钻蛀嫩茎，使其肿大，形成空髓，造成植株畸形，易倒易折，严重时不抽薹，甚至死亡。

3. 小菜蛾

初孵幼虫可钻入叶片组织内取食叶肉，2 龄后啃食叶片留下一层表皮，3 或 4 龄幼虫则取食叶片成孔洞、缺刻，严重时叶被食成网状，对油菜造成极大威胁。

4. 菜粉蝶

初龄幼虫取食叶肉，形成透明小孔，2 龄以后分散为害，将叶片吃成网状，严重时全叶吃光，仅留叶柄和主脉。

5. 潜叶蝇

常以幼虫潜食叶肉，形成灰白色弯曲潜道，严重影响油菜的光合作用。

6. 跳甲

以成虫取食叶片，形成孔洞，并可危害嫩角果，而其幼虫专食根皮，影响根系的生长和对水分及养分的吸收。

7. 猿叶虫

以成虫和幼虫取食叶片成缺刻或孔洞，严重时，食成网状，仅留叶脉，造成减产。

8. 花露尾甲

以成虫取食花器和产卵于花蕾内为害，形成典型的"秃梗"症状，以幼虫在花内食害，使角果的秕粒数增加，产量下降。

（三）油菜草害

我国冬油菜区稻茬油菜主要有看麦娘、日本看麦娘、棒头草、早熟禾、猪殃殃、牛繁缕、雀舌草、婆婆纳、碎米荠等，其中以看麦娘危害最为严重；旱茬油菜田有猪殃殃、荠菜、小藜、波斯婆婆纳、粘毛卷耳和野燕麦等，但以阔叶杂草为主。春油菜区主要杂草有野燕麦、藜、苣荬菜、地肤、苍耳、芦苇、反枝苋和凹头苋等。

杂草与油菜争水、肥、光和生存空间，传播病虫害，影响籽粒品质与产量。油菜田杂草的种类组成和危害现状，随着土壤、气候、耕作制度、栽培措施及除草剂使用情况的变化而不断变化。

（四）油菜鸟害

油菜种子萌发期和花蕾期的鸟害也对我国油菜生产带来了威胁，随着双低优质油菜的普及和推广，双低油菜鸟害在江西频繁发生，一般可减产 20% 以上；由于鸟类的活动范围大，许多鸟类又是保护动物，因此鸟害是油菜生产中的难题之一，农民朋友一般是在油菜田里置放稻草人等来驱赶，但是效果不理想。

第二节　油菜不同生育时期的主要生物灾害

一、油菜苗期生物灾害

（一）苗期病害

油菜苗期病害主要有根腐病、根肿病、霜霉病、病毒病、白锈病，近年来菌核病在苗期也常有发生。

根腐病是油菜苗期的主要病害，主要为害幼苗根部和根茎部，未出土或刚出土幼苗茎基部初呈水渍状，后变褐，致幼苗根茎腐烂。近几年随着种植结构的调整，油菜根腐病的发生危害日趋严重。据田间调查，株发病率一般为 3%～5%，重害田高达 10%～20%。

根肿病自苗期开始发生，主要侵染根部。发病初期地上部分的症状不明显，以后生长逐渐迟缓，且叶色逐渐淡绿，叶边变黄，植株矮化。苗期感病，肿瘤主要发生在主根。主根的肿瘤体积大而数量少，而侧根的肿瘤体积小而数量多，肿瘤发生初期表面光滑，呈乳白色胶体状，后期龟裂而且粗糙，最后腐烂。

霜霉病是油菜全生育期中都能发生的一种病害，在苗期，叶片感病后，出现淡黄色不规则形病斑。湿度大时，背面长出一层白色霜霉，以后病斑汇合成大斑，淡褐色，甚至全叶枯死。

病毒病在苗期首先在植株老龄叶片上出现油渍透明状小点，逐渐扩展成小的枯斑，表面呈淡黄色，中心形成一小黑点，然后再向新叶发展。病斑数量多时，会导致叶片部分或全叶变黄枯死。有时病叶上呈淡黄色或橙黄色散生黄斑，圆形或不规则形，与健康组织分界明显，常常伴随叶脉坏死，叶片皱缩、畸形，植株僵化不长。

白锈病在我国分布广泛，各油菜种植区都有发生，常与油菜霜霉病并发，油菜从苗期到开花结荚期均可受害，尤以抽薹、开花期受害最重，造成严重减产，一般发病率为 5%～10%，大流行时发病率可达 50%，重病田可达 70%以上。苗期发病表现为先在叶片表面出现淡绿色小点，后变黄绿色，在同处背面长出白色隆起的疱斑，一般直径 1～2mm，有时叶片表面也长疱斑，发生严重时密布全叶，后期疱斑破裂，散出白粉。

近年来菌核病在油菜苗期也时常发生。一般都是在根茎与叶柄部形成红褐色斑点，以后转化为白色，后期重病苗死亡，造成死苗缺株，轻病苗发育不良，植株瘦弱，产量降低。

（二）油菜苗期虫害

油菜苗期主要虫害有菜青虫、蚜虫、猿叶甲、小菜蛾等，尤以菜青虫发生较严重。

菜青虫是菜粉蝶的幼虫，在油菜苗期危害最严重，致叶片成缺刻孔洞，严重时仅剩下叶柄，菜青虫还传播油菜软腐病。

蚜虫是油菜的主要虫害，整个生育期均有发生，还是油菜病毒病的传播者。育苗移栽油菜的苗床阶段，直播油菜的 5 叶期前，叶片嫩绿，极易受到蚜虫危害。苗期蚜虫多聚集在叶片背面吸食汁液，造成菜苗生长停滞，甚至死亡。

油菜幼苗常遭受"黑壳虫"危害，危害轻的叶片上出现孔洞，严重时仅剩叶脉。"黑壳虫"是跳甲和猿叶虫的统称，两者常混合发生，危害油菜的跳甲主要是黄条跳甲，成虫和幼虫均能危害。成虫主要食叶，在叶片上形成许多小孔，刚出土的幼苗子叶被食害后不能继续生长，导致缺苗断垄以致毁种。幼虫黄白色长筒形，生活在土中，蛀食根皮，咬断须根，致使地上部叶片变黄而萎蔫枯死，影响齐苗。猿叶虫以成虫和幼虫取食叶片成缺刻状或孔洞，严重时食成网状，仅留叶脉，并被虫粪污染。

花露尾甲在欧洲、澳大利亚等地油菜上发生严重，在我国甘肃、青海等地春油菜上发生严重，安徽等也有发生报道。以成虫在土壤中或残株落叶下越冬，油菜进入蕾期时，成虫开始迁入油菜田，成虫多把卵产在未开花的花蕾上，贴附在雄蕊处，很多卵和幼虫附在花中，幼虫危害期 20d 左右，老熟后入土筑室化蛹并在当年部分羽化和越冬。主要在油菜蕾期及开花期为害，以成虫取食 1mm 以下的蕾或产卵在 2mm 以下的花蕾上，造成落蕾和秃梗；幼虫在花内取食花粉，影响授粉结实，使千粒重下降，秕粒增多，产量损失可达 50%。

（三）油菜苗期草害

冬油菜区油菜田由于播种时气温较高，土壤墒情较好，油菜播种后，杂草随即萌发，很快形成出草高峰。例如，江西油菜 10 月上旬播种，只要田间墒情好，5d 后杂草即开始大量出土，而同等条件下油菜需要 7d 左右才正常出苗。出草的高峰一般在 10 月中旬至 11 月中旬，可持续 30～40d。此期杂草与生长相对缓慢的油菜形成激烈竞争，是冬油菜草荒的主要时期。水田冬油菜苗期杂草以看麦娘为主，旱田以猪殃殃、大巢菜、婆婆纳为主。由于油菜田杂草种类多、数量大，杂草与油菜强烈地争夺肥、水、光照和生存空间，苗期危害可导致油菜成苗数减少，形成弱苗、瘦苗和高脚苗。

二、油菜薹花期生物灾害

（一）油菜薹花期病害

薹花期危害最大的病害主要是菌核病，病毒病、霜霉病等病害也时常发生。

菌核病，薹花期茎部染病主要表现为初现浅褐色水渍状病斑，后发展为具轮纹状的长条斑，边缘褐色，湿度大时表生棉絮状白色菌丝，偶见黑色菌核，病茎内髓烂成空腔，并生很多黑色鼠粪状菌核。叶片染病初期呈不规则水浸状，后形成近圆形至不规则形病斑，病斑中央黄褐色，外围暗青色，周缘浅黄色，湿度大时长出白色棉毛状菌丝，病叶易穿孔。角果染病初期现水渍状褐色病斑，后变灰白色，种子瘪瘦，无光泽。菌核病菌最易侵染油菜花瓣和植株下部衰老黄化老叶，染病花瓣落至叶片引起叶片发病，病叶腐烂搭在基部，或菌丝自叶柄传至茎，引起茎部发病。油菜最易感菌核病的生育阶段是开花期，开花期连绵阴雨、偏施氮肥、地势低洼、植株过密等，有利病菌传播。白菜型油菜较芥菜型和甘蓝型油菜易感病。

病毒病在薹花期油菜叶片症状以"枯斑型"为主，也有"黄斑型"和"花叶型"。枯斑和黄斑多呈现在老龄叶片上，并逐渐向新叶扩展。花叶型症状与白菜型油菜相似，叶片成为黄绿相间的花叶或疱斑，叶片皱缩，支脉和小脉呈半透明状。茎秆病斑分为条斑、轮纹斑和点状枯斑 3 种。条斑多出现在茎秆或分枝一侧，初为 2～3mm 长的黑褐色梭形斑，后向上下两端扩展成长条形枯斑，茎秆纵裂并有白色分泌物，可致植株半边或全株枯死。感病后植株矮小，根系发育不良，茎秆质脆易折，分枝数少，角果细小、畸形，籽粒灌浆不充分，角粒数少，千粒重下降。

霜霉病是油菜全生育期中都能发生的一种病害，茎和花序发病时，初生水渍状斑，逐渐发展为黑褐色不定型斑块，上生霜霉。抽薹后期或盛花期，花序受害常肿大弯曲、变形，俗称"龙头拐"，不能结实，上生白霜状霉。

（二）油菜薹花期虫害

抽薹开花期，对油菜危害最大的是蚜虫，尤其在干旱年份。抽薹期间蚜虫先从主枝的花蕾开始危害，多密集在油菜花序上危害，以后逐步群集在花蕾、花梗、叶片和枝梗上吸食汁液，受害严重的导致植株变矮，开不出花，开花不结角，甚至枯萎死亡；受害轻的则开花减少，落花、落蕾增多，角果不充实等，对油菜产量影响大。

（三）油菜薹花期草害

油菜薹花期是田间杂草高发期。由于早春 2 月下旬气温开始回升，入土较深的杂草种子萌发出土，但数量少于冬前出草期。油稻等两熟制油菜此期生长快，田间荫蔽度高，新出土杂草一般不会对其构成危害。稻稻油等三熟制油菜，因油菜播种较迟，春后油菜生长依然较慢，杂草对油菜的危害较大。这个时期出土的杂草一般为一年生杂草，代表种类如菵草等。

（四）油菜薹花期鸟害

由于禁用剧毒有机磷农药、禁猎、退耕还林等措施，鸟类数量增加。油菜初花期前后 20d 左右是鸟类断粮期，加之双低油菜花蕾等无苦涩味，鸟类危害成为影响油菜生产的一个重要因素。鸟害主要发生在丘陵、山区、湖区等鸟类种群数量较多的地区，主要在油菜初花期前后危害，鸟类危害后的花柄有明显机械伤痕，主茎的蜡粉因鸟抓握而脱落，部分薹叶也有被鸟啄食后的伤残痕迹。

三、油菜角果期生物灾害

（一）油菜角果期病害

根肿病自苗期开始侵染根部。发病初期地上部分症状不明显，后生长逐渐迟缓，且叶色逐渐淡绿，叶边变黄，植株矮化，并表现不明显的缺水症状。成株期感病肿瘤多发生在侧根和主根的下部。由于根部发生肿瘤，严重影响了水分和养分的正常吸收，造成油菜严重减产。

油菜在苗期、蕾薹期、开花期和角果发育期都可以感染菌核病。病害主要发生在开花期和角果发育期，苗期和蕾薹期病害较少。角果发育期是病害发展的顶峰时期，是开花期病害的持续和发展。开花期发病越早、越重的油菜，角果发育期的病害就越严重。角果感病产生不规则形白色病斑，内外部都能形成菌核，但较茎内菌核小。

（二）油菜角果期虫害

油菜角果发育形成时期，部分叶片开始脱落，虫害减少，但在高温干旱年份，蚜虫在油菜角果期危害较重。角果发育前期如遇蚜虫危害，则角果发育不良，籽粒秕细，影响产量，有些年份在油菜籽粒灌浆成熟后也会发生蚜虫危害，但对产量影响不大。

（三）油菜角果期草害

角果期虽是油菜田间杂草高发期，但此期油菜已经封行，造成田间荫蔽度高，杂草生长受阻，对油菜生长影响不大。

（四）油菜角果期鸟害

油菜角果灌浆期前后鸟害时常发生。鸟类主要啄食角果中的籽粒，造成产量损失。江西、湖北、湖南、四川、重庆等地频繁发生，一般可减产20%以上。

第三节　油菜生物灾害与结实器官形成

一、生物灾害对花器形成的影响

油菜花蕾数很多，但能发育成角果的只占 40%～70%，落蕾落果占 20%～50%。菌核病、蚜虫、油菜潜叶蝇等病虫生物灾害、杂草竞争、花蕾期鸟害是造成落蕾落果的主要原因。由于各种生物灾害，油菜正常的生长发育受到影响，花蕾脱落比例增加。例如，潜叶蝇危害会使叶片早枯，植株早衰，花蕾脱落；蚜虫可从叶片转移到花蕾部为害，导致花蕾脱落；油菜花露尾甲成虫可取食油菜的花蕾、雄蕊、蕾柄、萼片、花瓣，但主要取食为害花蕾。甘肃农业大学室内饲养研究表明，每头花露尾甲成虫 24h 内可为害花蕾 3～8 个，其中咬断蕾梗或吃成空壳的致死蕾为 1～3 个，余为轻微伤害。咬断蕾梗的蕾或食成空壳的蕾在生长后期脱落，其植株上表现出典型的"秃梗"症状，即不形成角果，仅剩下一段蕾梗。杂草危害主要是由于与油菜的养分竞争，油菜胚珠受精后养分供应不足，胚珠萎缩从而影响角果形成。鸟害则造成油菜花器官损失甚至花器官死亡而影响产量。

二、生物灾害对角果生长发育的影响

角果生长发育是争取油菜籽粒饱满和提高含油量的时期。此期的主要病虫害为菌核病、白粉病、霜霉病和蚜虫。菌核病为害后，油菜早衰，阴角比例及秕粒增多；有效分枝减少，单株角果数下降；角果开裂，收获指数下降。此期杂草危害主要是由于与油菜的养分竞争，造成角果生长发育不良，形成秕粒，落角，且对油菜 2 次及以下分枝的影响较大。

三、生物灾害对油菜产量及产量构成的影响

根肿病、菌核病、蚜虫等病虫生物灾害、杂草竞争、鸟害严重影响了油菜的产量和产量构成。

油菜根肿病试验结果表明，健株株高174.98cm，病株株高137.75cm，健株高度极显著高于病株；健株单株角果数是484.64个/株，病株角果数仅为196.87个/株，差异极显著；健株角粒数为16.91粒/角，病株为14.52粒/角，二者差异显著；健株千粒重平均值为3.77g，病株千粒重平均值为3.43g；各产量构成因素的变化，导致健株与病株间单株产量差异达10.2%。华中农业大学对湖北省当阳市油菜根肿病的发生动态及其对油菜生长和产量影响研究结果表明，油菜整个生育期均可感染根肿病菌，苗期根肿病对不同病害级别的植株生长无显著影响，进入蕾薹期后不同病害级别的油菜株高及生长速度均开始出现差异，到成熟期时各病害级别的油菜植株株高差异显著。油菜感染根肿病后，植株有效分枝数、单株有效角果数、角果粒数和千粒重显著低于健康植株。与直播油菜相比，移栽油菜发病较轻，产量损失较小。

中国农业科学院油料作物研究所对油菜菌核病为害损失估计和严重度与产量及产量构成成分关系研究表明，菌核病发病率为9.6%~26.4%，病情指数为2.7~12.7，菌核病与蚜虫共同侵染的产量损失率平均为29.0%，菌核病单独侵染的产量损失率平均为18.48%。病害级别与株高、单株有效分枝数、单株有效角果数、每角粒数、千粒重及单株产量间呈明显负相关，而与第1次分枝高度、第1次有效分枝数、主花序有效长和有效角果数等无明显相关性。贵州省油料科学研究所以甘蓝型油菜品种的单株种子为材料，研究菌核病对油菜单株产量等主要经济性状及菜籽品质、种子发芽和出苗的影响，结果表明：油菜受菌核病危害后，一次有效分枝数、全株有效角果数及角粒数减少，千粒重减轻，进而影响单株产量，同时菜籽含油量下降，芥酸和花生烯酸含量随发病程度的加重而下降；油酸和亚麻酸等其他脂肪酸则均随发病程度的加重而提高。巢湖市居巢区植保站对油菜菌核病产量损失调查及防治指标研究表明，油菜菌核病造成的产量损失，主要是由千粒重降低引起的，且随着病情严重度的增加，千粒重显著下降；菌核病产量损失率与最终（病情稳定期）茎病株率、病情指数关系密切，相关性达极显著水平。随着茎病株率和病情指数增加，产量损失率极显著加大。

油菜在苗期、薹花期、角果期受蚜虫为害后，均可造成不同程度的产量损失。黑龙江八一农垦大学研究表明，不同生育阶段油菜植株遭受蚜虫为害后，株高下降、有效角果数减少、单株产量下降；同一蚜量在不同生育期为害所造成的产量损失差异很大，但无论哪一时期受害，都有一个临界为害量，即当每株蚜量达到一定水平时，油菜单株产量才出现明显下降，造成一定损失，不同生育阶段的临界为害量是不同的。苗期临界为害量为12~15头/株，薹花期为50~100头/株，

角果期为 90～110 头/株，苗期、薹花期、角果期产量损失依次为 16.3%、17.5%、13.9%，且油菜在薹花期受蚜虫为害产量损失最大，苗期和角果期较小。西北农林大学利用田间自然虫源级别辅以人工控制培养，研究油菜蚜虫混合种群对油菜植株生长及产量的影响，结果显示，在蚜量达 500 头/百株以上时，影响趋势明显加大，特别在 5000～7000 头/百株和 7000 头/百株以上时，油菜株高、叶面积、分枝数依次减少 41.6%、50.4% 和 69.5%，71.3%、51.1% 和 76.3%；产量损失分别为 73.0% 和 96.3%。国外相关研究表明，油菜受萝卜蚜和桃赤蚜这两种蚜虫危害后种子含油量分别降低 5.62% 和 2.93%。在不施氮条件下灌溉和不灌溉两种处理，这两种蚜虫的危害严重影响种子蛋白质含量，其降低程度分别为 4.30% 和 1.89%。此外，危害的种子糖的含量减少 85.11% 和 72.34%。两种蚜虫危害的种子游离脂肪酸含量比正常的种子高 26.21% 和 26.65%。

甘肃农业大学利用室内和田间调查研究了油菜花露尾甲的为害及对产量的影响，结果表明，与健康角果相比，危害角果总籽粒数无显著差异，而实粒数减少，秕粒率增加。幼虫首次为害角果产量下降了 43.41%，2 次转移为害的角果产量损失更大，产量下降达 54.83%。经考种测产，发现接虫量由 0 头增至 10 头，单株平均产量由 3.2132g 降至 1.4120g；模拟结果显示，油菜花露尾甲蕾期的虫量和植株最终产量之间的关系符合指数函数模型。

油菜田杂草与油菜争夺水、肥、光照和生存空间。苗期杂草为害导致油菜成苗率减少，形成弱苗和高脚苗等，抽薹后造成油菜第一分枝高度提升，分枝数、角果数和角果粒数明显减少，千粒重降低。研究表明，在肥力中等、采用免耕移栽方式的油菜田每平方米杂草 45.5～91 株，油菜株高降低 4.02%，有效分枝数减少 3.9%，单株角果数减少 11.01%，每角粒数减少 5.32%，千粒重减少 0.02%，产量损失 15.83%。四川省农业科学院研究表明，不同杂草种类危害对油菜产量的影响有较大差异，禾本科杂草对油菜产量的损失率为 3.59%～13.48%；阔叶杂草对油菜产量的损失率为 8.46%～15.78%；禾阔混生对油菜产量的损失率为 10.21%～22.22%。油菜产量损失率依次为混合杂草＞阔叶杂草＞禾本科杂草。

鸟害对油菜产量及产量构成的影响是不可恢复的，由于鸟类主要为害油菜花蕾和角果，因此，鸟害显著降低了油菜单株角果数，单产可降低 20%～100%，而且易导致油菜后期出现返花现象。

第四节　油菜生物灾害防控技术

一、油菜生物灾害的综合防控措施

（一）油菜病害的综合防控措施

采用育苗移栽栽培方式，应选择无病田作育苗基地，减少根腐病初期侵染途径。油菜直播地选定后，要及时翻耕晒垄，整畦挖沟，使用腐熟的农肥。做到阴雨天水不上畦，沟无积水。对于低洼易积水的田块，应高畦深沟，及时降低土壤湿度，促进菜苗根系发育，增强植株抗病能力。苗期是预防油菜根腐病发生侵染的关键时期。应根据不同油菜品种特性，确定合理的播种量，苗龄 3 叶期后应及时间苗，去除病弱苗，增强苗床透光通风性，降低植株间湿度，压低幼苗发病率，培育健壮移栽苗。长江流域春季雨水偏多，要及时清沟排水，保证雨住田干，并应加深沟道，降低地下水位和田间湿度。在薹高达 13～14cm 时施用薹肥，后期要控施氮肥增施磷钾肥，提高植株抗病的能力。在抽薹期中耕培土，调节土壤水肥气热状况，既能促进油菜健壮生长，又能将已萌发的菌核掩埋到土层下，减少田间菌源为害。晴天露水干后摘叶，并带出田外沤肥，或煮熟作猪饲料。

（二）油菜虫害的综合防控措施

根据油菜害虫的为害特征及规律，抓住关键时期防治，有的放矢，达到"防早、防小、防少、防了"的效果，才能保证油菜增产增收。跳甲和茎象甲（尤其是茎象甲），必须抓住成虫出土活动期在产卵前消灭，一般在 2 月下旬至 3 月上、中旬，各地要掌握地形不同、气候差异等情况适时防治。菜粉蝶应在油菜苗期做好防治工作，蚜虫在油菜开花期前后，小菜蛾和潜叶蝇根据虫情变化，在 3、4 月抓紧防治。因此，要做到"三早"，以降低虫源基数：①春季及早清除田间的杂草及油菜的枯、病、老叶，集中深埋或焚烧，以消灭越冬虫源；②北方冬油菜宜适时早灌现蕾水，可使部分越冬害虫被泥浆或水淹致死，尤其对跳甲、茎象甲及蚜虫防治效果较好；③提早中耕、追肥，以达到提温、保墒、除草、消灭虫源的目的，促进油菜早发稳长，增强抵抗力。

（三）油菜草害的综合防控措施

近些年来，油菜田杂草防除基本采用化学除草剂进行，影响了农田生态环境。根据农业生产应满足生态安全的要求，油菜生产中应结合农业栽培、化学除草及人工除草，采取综合防控措施，才能达到安全、高效控制草害的目的。

耕作模式上可水旱轮作，如"水稻-油菜-棉花/大豆/花生-油菜-水稻-小麦-水稻-油菜"的茬口安排，交叉使用防除阔叶杂草的除草剂压低越年生阔叶杂草密度。例如，头年阔叶杂草重发的油菜田，第 2 年换茬种植冬小麦，使用氯氟吡氧乙酸（氟草烟）、苯黄隆、吡草醚、唑草酮（唑酮草酯）等防除繁缕、牛繁缕、猪殃殃、婆婆纳等杂草，降低第 3 年冬油菜田中的阔叶杂草密度；同时在冬油菜田中使用高效吡氟禾草灵、精喹禾灵、烯草酮等，降低翌年小麦田中看麦娘等禾本科杂草。实际应用表明，采取水旱轮作、倒茬、交叉使用除草剂措施后，看麦娘与猪殃殃可减少 80%～90%，同时能起到改良土壤的目的。

草害较轻的地块，采用氟乐灵、二甲戊灵、乙草胺等进行播前或播后苗前土壤处理。草害较重的地块，在采取土壤处理基础上，继续采用茎叶处理。尤其恶性杂草或抗药性杂草较多的田块，在施药时增加有增效作用的展着剂、助渗剂或其他化工助剂。对于已经在当地表现出耐药性的药剂，应采用替代药剂。

在农田杂草的治理策略上，提倡进行综合管理，尽量使用对环境友好的生物、生态措施来治理杂草，以替代化学除草剂的使用。稻草覆盖、移栽密度及田间开沟深度对移栽油菜田杂草的控草效果显著，为替代或减少化学除草的生态控草措施，进一步推广无公害生态控草体系；通过增加种植密度，较早封行，提高田间郁闭度，减轻喜光性杂草的危害，促进油菜生长和产量的提高。根据油菜田间杂草的发生、生长、分布及对作物产量的损失程度，建立以秸秆覆盖、适当密植、深沟窄厢等措施为主，科学施肥、合理轮作、加强田间管理等措施为辅的油菜田生态控草体系，发展与环境相容的油菜田综合控草措施，实现对杂草的可持续治理。

杂草的治理是一个复杂的、持续的过程，单一的某一种措施并不能有效地解决抗性问题，必须运用包括合理使用除草剂、农业防治、生物防治等各种管理措施，综合治理杂草并加强抗性的监测、抗性机制的研究尤其是目前还不甚清楚的基于除草剂代谢的抗性机制。努力开发新的作用靶标的除草剂来阻止和延缓抗性杂草的发生、发展。

（四）油菜鸟害的综合防控措施

鸟类活动范围大，且又是保护动物，因此，增加了鸟害防控的难度。对于油菜生产而言，可采用人工驱赶、放鞭炮、放置假人、假鹰或在田间上空悬浮画有鹰、猫等图形的气球等进行驱赶。

二、油菜生物灾害的生物防治技术

（一）油菜病害的生物防治技术

植物病害的生物防治是指在农业生态系统中通过利用有益微生物代谢产物制成的农用抗生素、活性微生物制成的生防菌剂及其基因产品达到防治植物病害的目的。生物防治的优势表现在可以克服长期使用化学菌剂造成的环境污染、影响人体健康、抗药性增强等诸多弊端，而且具有效果稳定、防效高、专一性强，对环境中的有益微生物无影响等优点。因此，生物防治成为了油菜等农作物重大病害防治的研究热点。

油菜根肿病是近年来发生的油菜病害，但由于根肿病菌是专性寄生菌，不能人工培养，给生防菌株的筛选带来了一定挑战。近年来，国内外已经有大量十字花科作物根肿病生物防治方面的研究报道。分离到链霉菌菌株 A316 和 S99，木霉菌株（TC32、TC45 和 TC63），放线菌（A004、A011 和 A018），枯草芽胞杆菌

XF-1，放线菌 YN-6 和 1 株真菌 XP-F2 等，对根肿病生防效果较好，多数菌株防效在 50%以上。

目前利用生物方法防治菌核病取得了较大的进展，并呈现多样化的发展趋势，已成为防治该病的重要手段之一。其中防效较好的有枯草芽胞杆菌、盾壳霉和木霉等制剂。植物次生代谢产物等天然生物提取物在防治菌核病上也表现出极大的潜力，研究者已先后从燕麦草、板状海绵、苦楝树等物种中获得大量拮抗病原真菌的天然产物，将这些生防制剂施入土壤中就能起到一定的防治效果。研究发现在油菜植株的叶片表面喷施盾壳霉的分生孢子悬液可有效地防治油菜菌核病的再次侵染，在油菜花期进行盾壳霉孢子液喷施，能够较好地控制油菜菌核病，并且具有作用时效长的特点，盾壳霉孢子可以增加油菜产量。研究者发现并证实了木霉对植物病原菌的生物防治能力，并成功从南方油菜土壤中分离出 Tv36、Tk1、Th2、J75 和 Y51 等菌株，多数菌株对油菜菌核病的防治效果达到了 75%以上。

（二）油菜虫害的生物防治技术

生物防治虫害技术主要是利用病原微生物、寄生性天敌、捕食性天敌等。

菜青虫生物防治方面主要是利用真菌、细菌、病毒、线虫及能分泌抗生物质的抗生菌等的病原微生物、寄生性和捕食性天敌进行生物防治。在生产中应于菜青虫发生初期施用白僵菌，或喷施苏云金杆菌粉剂 300～500 倍稀释液，或菜青虫颗粒体病毒可湿性粉剂（大田施用量为 600～900g/hm^2，用水稀释至 750 倍液，于阴天或晴天下午 4 时以后喷雾进行生物防治）。

蚜虫生物防治方面主要利用丝孢类包括白僵菌、绿僵菌、拟青霉及轮枝菌等真菌中的杀蚜菌株制成的微生物农药，生物碱类、类黄酮类、蛋白质类、有机酸类和酚类化合物等植物体产生的多种具有抗菌活性的次生代谢产物制成的植物源农药，对鳞翅目、同翅目等害虫及棉枯萎病菌、绿色木霉等真菌和某些细菌有很好的防治作用的植物凝集素和其天敌。天敌种类很多，主要有捕食性和寄生性两类。捕食性的天敌有瓢虫、食蚜蝇、草蛉、小花蝽等；寄生性的天敌有蚜茧蜂、蚜小蜂等，还有微生物类的蚜霉菌。例如，在蚜虫发生初期每次释放食蚜瘿蚊 75 000～80 000 头/hm^2，连续 3 次。在蚜虫数量上升迅速、蚜量较大时释放瓢虫成虫等方式控制蚜虫。还可以用涂有凡士林或废机油的黄板诱集有翅蚜虫；用黑光灯或频振式杀虫灯诱杀小菜蛾成虫。利用菌杀敌 600～800 倍液喷雾防治蚜虫、小菜蛾、菜粉蝶和潜叶蝇等。饲养、释放蚜茧蜂、草蛉、瓢虫、食蚜蝇及蚜霉菌等可减少蚜害。油菜蚜防治应抓住 3 个关键时期：第一是苗期（3 片真叶）；第二是本田的现蕾初期；第三是在油菜植株有一半以上抽薹高度达 10cm 左右的时期。但这 3 个时期也要看蚜虫数量多少决定施药，尤其是结角期应注意蚜虫发生，如果数量较大，仍要施药防治。

（三）油菜草害的生物防治技术

生物防治也成为防治农田杂草的手段之一。杂草的生物防治是指利用杂草的天敌昆虫、病原微生物等来防治。在理论上，它主要依据生物地理学、种群生态学、群落生态学的原理，在明确了天敌、寄主、环境三者关系的基础上，对目标杂草进行调节控制。其特点是对环境和作物安全、控制效果持久、防治成本低廉等，是控制或延缓杂草抗药性的有效措施。

目前利用微生物源开发的微生物除草剂有两类，一类是利用放线菌生产的抗生素除草剂，如山链霉菌产生的菌香霉素能强烈抑制稗草和马唐，它能破坏敏感植物的叶绿素合成达到防除杂草的目的；另一类是利用病原真菌生产的孢子除草剂，作用方式是孢子直接穿透寄主表皮，进入寄主组织，产生毒素，使杂草出现病斑并逐步蔓延，从而破坏杂草的正常生长，导致死亡。1902 年，美国从墨西哥等地引进天敌昆虫防除恶性杂草马缨丹，并取得了成功，开创了杂草生物防治的先例。澳大利亚利用锈菌防治灯心草、粉苞苣成为国际上首例利用病原微生物防治杂草的成功例证。生物防治对环境和作物安全、控制效果持久、防治成本低廉，是控制或延缓杂草抗药性的有效措施。

（四）油菜鸟害的生物防治技术

利用气味驱鸟是油菜鸟害生物防治技术的关键，油菜鸟害出现关键时，可以把樟脑丸放在一个小纱布袋里，每袋 2～3 粒，按 15～30 袋/亩的比例将樟脑丸小纱布袋固定在小竹竿上并插入油菜田里，小竹竿一定要比油菜高。也可以利用驱鸟剂按说明书推荐的倍数稀释好，装在大口瓶中挂在油菜田里，鸟类闻到驱鸟剂的气味即会飞走。为了防止时间久了驱鸟剂散发气味不够而失去作用，每隔 3～4d，需将药液摇匀一次。

三、油菜生物灾害的化学防治措施

（一）油菜病害的化学防治措施

根腐病是油菜苗期的主要病害。油菜苗刚进入发病初期，应抢晴天每亩用 75%百菌清可湿性粉剂 600～700 倍液，或 50%多菌灵可湿性粉剂 800～1000 倍液；或 25%戊唑醇可湿性粉剂 2500 倍液，每亩喷洒 1 次，连续 2～3 次，有较好的防控作用。

菌核病的防治适期是盛花期和终花结荚期，以各施药 1 次最好，一般当病叶株率达 10%以上时就需用药。药剂有：喷荏克 1500 倍液防治，或喷施 50%菌成 800 倍液或国优 101 1000 倍液，也可用田除 600 倍液。40%菌核净（原名纹枯利）可湿性粉剂 1000～1500 倍液 1～2 次；50%多菌灵粉剂或 40%灭病威悬浮剂 500

倍液 2～3 次；70%甲基托布津可湿性粉剂 500～1500 倍 2～3 次；50%速克灵粉剂 2000 倍 2～3 次；50%氯硝胺粉剂 100～200 倍液 2～3 次；50%朴海因粉剂 1000～1500 倍液；50%腐霉利可湿性粉剂 2000～3000 倍液；还可用 50%的异菌脲可湿性粉剂每亩 66.7～100g 兑水 50kg；25%咪鲜胺乳油每亩 50ml 兑水 50kg 喷雾。

油菜根肿病防治重点在苗期，可使用 75%百菌清可湿性粉剂 1000～1500 倍液，播种期进行土壤处理或油菜定苗后抽薹前灌根，也可每亩条施 70%五氯硝基苯或 50%托布津 1.5kg。

病毒病用 50%菌成 800 倍液或国优 101 1000 倍液，也可用田除（嘧酞霉素）或田除（病毒专用）600 倍液喷雾防治，危害较重时可用病毒一喷绝 300 倍液喷施。

霜霉病在苗期用 1∶1∶200 波尔多液喷于叶子的背面防治 1～2 次，在油菜抽薹期和初花期可用 40%霜疫灵可湿性粉剂 150～200 倍液，75%百菌清可湿性粉剂 500 倍液，2%普立克水剂 600～800 倍液，36%露克星悬液 600～700 倍液，64%杀毒矾 M8 可湿性粉剂 500 倍液，58%甲霜灵·锰锌可湿性粉剂 500 倍液，70%乙膦·锰锌可湿性粉剂 500 倍液每亩用药水 60～70kg，隔 7～10d 连续用药 1～2 次。

防治白锈病的常用药剂有 0.5%波尔多液，75%百菌清可湿性粉剂 1000～1200 倍液，65%可湿性代森锌 500～600 倍液，45%代森铵水剂 500 倍液，75%甲霜灵可湿性粉剂 300～600 倍液等在病害发生初期喷施。

霜霉病和白锈病同时发生时，在抽薹 30cm 高时或初花期，当病株率达到 10%时用药，选用田除 600 倍液，50%菌成 800 倍液或国优 101 1000 倍液，25%瑞毒霉粉剂 600～800 倍液，80%乙磷铝 500 倍液，50%托布津 1000～1500 倍液，50%退菌特粉剂 1000 倍液，65%代森锌 500 倍液喷雾。如果阴雨天较多时，要趁停雨间隙抢治，连续喷 3 次，间隔 5～7d 喷 1 次，危害较重时可用霜霉一喷绝 300 倍液喷施。

（二）油菜虫害的化学防治措施

防治猿叶虫成虫可用 50%辛硫磷乳油 1000 倍液，防治幼虫应在卵孵化盛期，用 5%氟虫腈浮剂 2000 倍液，或 50%辛硫磷乳油 1500 倍液，或 20%杀灭菊酯乳油 1500 倍液，或 90%敌百虫可湿性粉剂或敌百虫晶体 1000 倍液喷雾防治。每隔 5～7d 防治 1 次，一般防治 2～3 次效果较好。

苗期有蚜株率达 10%，每株有蚜 1～2 头，抽薹开花期 10%的茎枝或花序有蚜虫，每枝有蚜 3～5 头时，可用 10%吡虫啉可湿性粉剂 10～15g 兑水 50kg，50%避蚜雾可湿性粉剂 3000 倍液，40%氧化乐果乳油 1000 倍液，7%百树菊酯乳油 4000 倍液，5%高效顺反氯氰菊酯乳油 2000 倍液防治。蚜虫和猿叶虫兼治可用乐斯本乳油 800～1000 倍液，加一遍净，或 15kg 水加 15ml 甘喜乳油，加入一遍净或吡虫啉进行防治。化学防治必须适时适量，科学配药，同时注意各药交替施用，以降低害虫抗药性，提高用药效果。天诺丙溴·辛或天诺毒·辛 1500 倍液+润周 6 号 3000 倍液+乐乐逗 200 倍液喷施，以发挥其胃毒、触杀、内吸三重作用，对各害虫均有很好的防治效果。

菜青虫的化学防治可亩用 30～40ml（有效成分 7.8～10.4g）26%高效顺反氯·敌乳油兑水 50～60kg 喷雾或有效成分用量为 0.75g 的 2.5%高效氯氟氰菊酯微乳剂，防效达 90%以上；也可用 50%杀螟松乳油 1000～1500 倍液，5%锐劲特悬浮剂 1500 倍液，2.5%功夫乳剂 2000～3000 倍液，2.5%敌杀死乳剂 700 倍液，0.12%天力 E 号（灭虫丁）可湿性粉剂 1000 倍液喷雾，或亩用 10～20ml 50%辛·氰乳油兑水 40～50kg，亩用 30～50ml 5%吡·氰乳油兑水 40～50kg，亩用 20～50ml 50%辛·溴乳油兑水 40～50kg 喷雾。

小菜蛾化学防治需群防、联防、及时、集中防治。目前防治小菜蛾的化学农药品种较多，用 5%高效顺反氯氰菊酯乳油 3000 倍液，5%辛氰乳油 1000 倍液，5%锐劲特胶悬剂 2000～3000 倍液，2.5%功夫、20%杀虫菊酯乳油 2000 倍液，2.5%溴氰菊酯 2000 倍液防治效果较好。

（三）油菜草害的化学防治措施

1. 播前土壤处理或茎叶处理

看麦娘、日本看麦娘等禾本科杂草和牛繁缕、雀舌草等部分阔叶杂草，每亩用氟乐灵 48%乳油 100～150ml，兑水 40～50kg 全田畦面喷雾，喷完药后随即耙地混土，耙深 3～5cm，然后播种或移栽。或播种后浅覆土 3～4cm 后，每亩用二甲戊灵 33%乳油 100～120ml，兑水 40～50L 全田土表喷雾。

油菜直播或移栽前已经出土的杂草，每亩用草甘膦 41%水剂 150～200ml，兑水 25～30kg 全田喷雾；或每亩用百草枯 20%水剂 150～200ml，兑水 25～30kg 全田喷雾。

2. 播后苗前土壤处理

为防治油菜田中看麦娘等禾本科杂草和繁缕等小粒种子的部分阔叶杂草，可每亩用乙草胺 50%乳油 60～80ml，在苗床或直播油菜田播种 3d 内兑水 40～50kg 全田土表喷雾；移栽油菜田在移栽活棵后兑水全田土表喷雾。乙草胺单位面积用量根据土壤有机质含量的高低而不同。土壤有机质含量较高时用高限，反之用低限。乙草胺对移栽油菜高度安全，每亩用乙草胺 50%乳油 40～160ml，无论移栽前土壤处理或移栽后茎叶喷雾，对油菜叶色、长势、株高、叶龄和鲜重均无不良影响。乙草胺在冬油菜田防除看麦娘的持效期可长达 70～80d。土壤墒情好时，乙草胺的药效发挥较好。土壤干旱时，应及时灌溉或浅混土 2～4cm，以保证药效正常发挥。乙草胺是芽前除草剂，对于刚开始萌动的杂草防除效果好，对已出土的杂草防除效果明显下降，因此需要适时用药。禾本科杂草的适用时期为一叶一心之前。也可用甲草胺和丁草胺来防除以看麦娘为优势种群的禾本科杂草和部分小粒种子阔叶杂草。每亩用甲草胺48%乳油200ml，兑水40～50kg，或每亩用丁草胺60%乳油100～130ml，在苗床或直播田播后苗前全田土表喷雾；移栽田在油菜移栽后使用。

3. 苗后茎叶处理

高效吡氟甲禾灵、精喹禾灵和精噁唑禾草灵对防治看麦娘效果很好，一般在油菜3～6叶期、禾本科杂草3～5叶期施药最佳。可每亩使用10.8%高效吡氟甲禾灵乳油30～40ml，兑水45～50L对杂草茎叶喷雾。或每亩使用5%精喹禾灵乳油30～40ml，兑水45～50L对杂草茎叶喷雾。或每亩使用6.9%精噁唑禾草灵浓乳剂40～50ml，兑水45～50L对杂草茎叶喷雾。但近年来各地普遍反映高效吡氟甲禾灵、精喹禾灵和精噁唑禾草灵对早熟禾、日本看麦娘、菵草、硬草等杂草效果不佳。烯草酮是近年来采用得比较多、上升得比较快的产品，其突出表现就是对于早熟禾、日本看麦娘、菵草等对苯氧羧酸类除草剂表现出耐药性的杂草，有较好的防效，同时在低温下还有一定的除草效果。在油菜苗期每亩用12%烯草酮乳油40～60ml或24%烯草酮乳油25～35ml，兑水45～50L，对杂草茎叶喷雾。当油菜进入花芽分化期以后（田间表现为油菜开始出现无柄叶），要避免使用烯草酮，以免影响油菜正常的花芽分化过程。

草除灵可用于防除油菜田的雀舌草、繁缕、牛繁缕、猪殃殃等阔叶杂草，但对稻槎菜、荠菜、大巢菜的防效效果较差。亩用量视杂草种类而定，防除雀舌草、繁缕、牛繁缕，每亩用有效成分13.5～20g；防除猪殃殃，每亩用有效成分20～27g。草除灵的用药适期因出草规律及油菜自身的类型有不同。草除灵冬前苗期使用，药后叶片出现不同程度的药害；甘蓝型油菜叶片向下皱卷，7～10d后可以恢复，对产量没有不良影响；白菜型油菜药害较重，对产量有明显影响。油菜进入越冬期及返青后，再施用草除灵，基本不会发生药害。

（执笔人：宋来强　邹小云）

主要参考文献

常彭阳. 1991. 油菜菌核病为害损失的研究. 江西植保, 14(1): 1-5.

陈学新. 2010. 21世纪我国害虫生物防治研究的进展、问题与展望. 昆虫知识, 47(4): 615-625.

董金皋. 2007. 农业植物病理学. 北京: 中国农业出版社.

范连益, 邓力超, 惠荣奎, 等. 2011. 油菜栽培实用技术. 长沙: 中南大学出版社.

葛平华, 马桂珍, 付泓润, 等. 2013. 油菜菌核病的生物防治研究进展. 北方园艺, (2): 185-187.

郭青云, 邱学林, 郭良芝, 等. 2002. 青海省油菜田草害综合治理技术研究. 青海科技, (6): 23-26.

杭德龙, 夏必文, 杨学文, 等. 2008. 油菜菌核病产量损失调查及防治指标研究. 河北农业科学, 12(6): 27-28, 31.

贺春贵, 范玉虎, 邹亚暄. 1998. 油菜花露尾甲的为害及对产量的影响. 植物保护学报, 25(1): 15-19.

贺春贵, 潘峰, 杨志模, 等. 1996. 春油菜主要虫害综合防治策略与措施. 甘肃农业科技, (1): 31-32.

黄艳君, 浦冠勤. 2012. 菜青虫的生物防治技术. 农业灾害研究, (23): 14-16.

姜长吉, 唐景, 姜辉, 等. 2012. 苗圃地鸟害生物防控技术研究. 吉林林业科技, 41(5): 39-41, 48.

李德友, 何永福, 陆德清, 等. 2010. 油菜蚜虫发生危害规律及防控技术. 西南农业学报, 23(5): 1757-0759.

李丽丽. 1996. 油菜病毒病. 中国农作物病虫害及其防治. 北京: 中国农业出版社: 869-873.

刘爱芝, 韩松, 张书芬, 等. 2010. 吡虫啉及其复配剂不同施药方法对油菜蚜虫控制效果. 植物保护, 36(3): 162-165.

刘静娴, 张雁, 李现峰, 等. 2001. 油菜蕾果脱落和产生阴角的原因及防止措施. 河南农业, (12): 12.

刘培培, 赵欣如, 张红娟, 等. 2010. 中国常见农业害鸟及其防治研究进展. 江苏农业科学, (2): 139-141.

刘树生. 1985. 蚜虫的生物防治. 生物防治通报, 1(3): 37-40.

马炳田, 文成敬. 2002. 几种核盘菌菌核重寄生真菌生物防治潜能的研究. 中国农学通报, 18(6): 58-63.

邱式邦, 杨怀文. 2007. 生物防治——害虫综合防治的重要内容. 植物保护, 33(5): 1-6.

任海红, 刘学义, 马俊奎, 等. 2014. 北方地区鸟类对农作物的危害及其预防. 农业科技通讯, (5): 154-156.

孙祥良, 王华弟, 曹奎荣, 等. 2014. 油菜菌核病对油菜千粒重及产量的影响. 浙江农业科学, (11): 1732-1733.

王汉中. 2009. 中国油菜生产抗灾减灾技术手册. 北京: 中国农业科学技术出版社.

王靖, 黄云, 胡晓玲, 等. 2008. 油菜根肿病症状, 病原形态及产量损失研究. 中国油料作物学报, 30(1): 112-115.

王丽艳, 孙强, 林志伟, 等. 1997. 春油菜蚜虫的为害及防治指标的研究. 植物保护学报, 24(1): 25-28.

王婷, 吴健胜, 王金生. 2001. 草酸降解菌的筛选及其对油菜菌核病的生物防治作用. 南京农业大学学报, 24(4): 29-32.

王通强, 田筑萍. 1990. 菌核病对油菜主要经济性状及种子品质和出苗的影响探讨. 种子, (3): 40-42.

夏宝远. 2009. 油菜病毒病的发生及防治对策. 河北农业科学, 13(3): 46-47, 59.

周小刚, 朱建义, 梁帝允, 等. 2014. 不同种类杂草危害对油菜产量的影响. 杂草科学, 32(1): 30-33.

朱小惠, 陈小龙. 2010. 油菜菌核病的致病机制和生物防治. 浙江农业科学, (5): 1035-1039.

第九章　非生物灾害与油菜结实器官形成

油菜生长期间，常会受到两方面的影响：一方面是病、虫、草害等生物灾害造成的不利影响；另一方面是风、雨、雪、雹等自然灾害和不科学管理等因素带来的非生物灾害造成的不利影响，如果处置不当，都会给油菜生产及产量带来不必要的损失，轻者减产，重者绝收。本章主要介绍非生物灾害对油菜结实器官形成的影响及其防治策略。

第一节　气候因素与油菜结实器官形成

一、冻害

油菜的生长发育及结实器官的形成与温度有着很密切的关系。甘蓝型油菜在3℃以下时，种子不能萌发、发芽，幼苗停止生长。出苗最适宜的温度是20～25℃。油菜的开花期对温度的反应也很敏感，如温度突然下降到5℃以下，就停止开花、受精，10℃以上开的花，受精率较高。开花至成熟期最适宜的温度在20℃以上，当日平均气温低于15℃，除极早熟品种外，中晚熟品种不能成熟。由此可见温度对油菜结实器官形成的重要性。

油菜冻害每年都有发生，主要包括冷害、倒春寒、雪灾等危害。其中，冻害是指气温下降到0℃以下，油菜植物体内发生冰冻，导致植株受伤或死亡；冷害是指0℃以上的低温对油菜生长发育所造成的伤害；倒春寒是指在春季天气回暖过程中，因冷空气的侵入，气温明显降低，对油菜造成危害的天气。降雪对冬油菜生产有时利大于弊，有时却是弊大于利。有利因素为：首先，处于越冬期的冬油菜有积雪覆盖，减轻了冻害发生；其次，气温降低减缓了油菜旺长的势头，有利于改善群体结构；最后，低温大雪降低越冬的虫口密度，抑制病害蔓延，对减轻来年病虫害有利。

寒流来临愈早，降温幅度愈大，低温持续时间愈长，造成的冻害和影响就愈严重。早春气温回升早，升温快，寒暖交替频繁，冻害加剧。油菜蕾薹期，特别是花期对温度反应最为敏感，蕾薹期要求日平均气温在10℃以上，低于10℃，推迟抽薹，当日平均气温为4.8℃，最低气温为–2.1℃时，就会出现不同的冻害。油菜遭受晚霜冻害后，叶片、蕾、薹、花均受冻，严重影响油菜的生长和产量。油菜对低温的抵抗能力，因发育时期不同而有很大差别。一般是5叶期至现蕾以前，抵抗能力最强，能忍受–8℃的低温条件下亦不致冻死。油菜抵抗低温能力与品种本身的熟性有关，晚熟品种一般抗冻力强，中熟品种抗冻性能中等，早熟品种抗冻力较弱，极易发生冻害。

（一）冻害对油菜的危害

冻害是指低温对油菜的正常生长产生不利影响而造成的危害。油菜虽是越冬作物，但受气候、栽培因素的影响，油菜越冬期间及早春易遭受冻害而导致油菜发生不同程度的减产。冻害使大量绿叶受冻干枯，影响根系糖分积累，往往伴随严重的越冬死苗。特别是我国北方冬油菜区冬季降水量小，土壤水分匮缺，再加上冬季长期低温，加重了冻害的发生。

冻害对油菜生长的影响可分为两方面：一是低温的直接影响，即细胞间隙结冰，解冻后组织破裂，导致油菜根颈组织失水而死亡；另一种是失水现象，叶片边缘焦枯，特别是在土壤冻结的情况下，阳光照射加之大风，植株不但不能从土壤中吸收水分，而且地上部分又要大量蒸腾消耗水分，引起油菜叶片凋萎甚至枯死。如发生这种情况，应立即进行叶面喷水，以减轻受害程度。另外，低温引起的细胞组织破坏，很容易造成病原菌入侵而发生各类病害。

冻害发生有 3 个关键时期：临冬期、越冬期和薹期。临冬期缺乏一定的低温锻炼，抗寒力较弱，骤然降温，很可能受冻。进入越冬期，植株的抗寒能力虽有所提高，但如果低温持续时间长，极端最低温度甚至达−10℃以下，且持续低温，则易产生冻害。3 月上中旬以后遭遇倒春寒，油菜蕾薹受冻，生殖生长受阻，产量损失明显。

1. 油菜冻害类型及症状

油菜冻害有 3 种类型：一是地下部分冻害，主要表现在根部，根系弱小和扎根不深的油菜，苗期若遇−7～−5℃低温，土壤结冰膨胀，幼苗根系被抬起，使得植株吸水吸肥能力下降，白天气温回升，冻土溶解，体积变小下沉，根系就会被扯断，而发生根系外露的现象，出现根部外露的幼苗再遇冷风日晒，极容易发生冻害，导致大量死苗。免耕撒播的油菜由于根系不易下扎，更容易发生拔根掀苗导致冻害。二是叶部受冻，受冻叶片呈烫伤水渍状，当温度回升后，叶片发黄，最后发白枯死，重者造成地上部分干枯或整株死亡。三是蕾薹和花受冻，蕾薹受冻后呈黄红色，皮层破裂，部分蕾薹破裂、折断，严重者大部分或者全部主茎冻死，回暖后再生长出侧枝和花器，造成花器发育迟缓或呈畸形，影响授粉和结实，减产非常严重，有时会造成绝收。

2. 油菜冷害类型及症状

油菜冷害有 3 种类型：一是延迟型，导致油菜生育期显著延迟；二是障碍型，导致油菜薹花受害，影响授粉和结实，甚至花序和侧枝萎蔫、干枯死亡，恢复生长后，又发出新的腋芽，严重影响花芽分化及结实器官的形成；三是混合型，由上述两类冷害相结合而成。其症状表现主要有出现大小不一的枯死斑，叶色变浅、变黄及叶片萎蔫等症状。

3. 倒春寒危害症状

油菜抽薹后，其抗冻能力明显下降。当发生倒春寒温度骤降到 10℃ 以下，油菜开花明显减少，5℃ 以下一般不开花，即使能开花，结实器官也会发育不良，正在开花的花朵会大量脱落，幼蕾也变黄脱落，花序上出现分段结角现象。除此之外，遭遇倒春寒时叶片及薹茎也可能产生冻害症状。另外，当油菜抽薹、开花后，降雪或者降雪量过大，脆弱的油菜植株经不起重压造成茎秆折断等机械损伤；另外持续低温雨雪，尤其是大面积的冻雨，极易对油菜造成冻害。特别是早播已现蕾、抽薹的油菜冻害较重，开花的油菜冻害更重，可以造成油菜大幅度减产，甚至绝收。

油菜的冻害在冬油菜区危害较重，每年都有不同程度的发生。冻害级别为 1 级时，产量损失率在 10% 左右；冻害级别在 2 级时，产量损失率为 20%；冻害级别为 3 级时，产量损失率在 30%；冻害级别在 4 级时，产量损失率在 60% 以上。

4. 雪灾对油菜的危害及症状

雪灾对油菜的生长及结实器官形成的影响也是不可估量的。雪灾是指大雪、暴雪对油菜生产造成的不利影响。主要危害首先是降雪持续时间长，雪量过大，油菜脆弱的植株体易产生折断等机械损伤；二是持续的低温雨雪，对播种早已经现蕾、抽薹，特别是开花的油菜冻害较重；第三，长期的雨雪过程，过多地增加了农田土壤湿度，不利于油菜形成壮苗。

2008 年 1 月，我国遭受了罕见的严重冰冻低温灾害。南方十多个地区遭受了 50 年不遇的持续雨雪、冰冻等自然灾害，油菜等作物受冻较重，对冬油菜生产造成了严重的影响。国家油菜现代产业技术体系对全国受灾地区油菜种植户进行的随机抽样调查表明，受灾面积约占全国冬油菜面积的 77.8%，主要包括湖北、湖南、江西、安徽、江苏、浙江、上海、贵州、云南、广西等省（自治区、直辖市）。在受灾区随机抽样调查油菜中未发生冻害的油菜占 22%，1、2 级的轻度和中度冻害分别占 34.4% 和 30.7%，3、4 级的严重冻害和致死冻害分别占 11.9% 和 1%，平均冻害指数为 33.9。其中，冻害最严重的地区主要分布于长江流域北纬 27° 左右，主要包括湖南西部和南部、广西北部、江西南部、贵州、云南北部等地区。这些地区油菜生育期相对偏早，很多油菜处于抽薹或开花期。在长达 15～20d 的低温凝冻天气危害下，油菜冻害较为严重，主要以 2～3 级冻害为主，冻害指数为 36.8～47.6。其次是长江中下游部分地区油菜冻害也较重，主要分布在大别山区一带的河南信阳地区和湖北东北部的少数县、苏皖浙三省交会地区，但由于这些地区主要以积雪危害为主，气温变化不剧烈，而且油菜生育期较晚，恢复较快，冻害危害损失并不严重（张学昆等，2008年长江流域油菜低温冻害调查分析）。

冻害和雪灾对油菜的危害程度可以通过对冻害指数的调查，然后再进行冻害损失率预估。冻害指数与产量的关系呈负相关，说明冻害越重对产量的损失越大。叶片受冻对产量的损失相对较轻，薹茎被冻后对产量的影响相对较大。薹茎受冻后长柄叶的腋芽形成大分枝的能力降低，是导致产量下降的主要原因。

（二）油菜冻害和雪灾的程度分级

冻害和雪灾对油菜的危害程度按照对每一个样本的受冻程度不同，分为5级。

0级：叶片生长正常，基本没有受到影响。

1级：仅个别大叶受害，受害叶层局部萎缩呈灰白色，但心叶正常，根茎完好，生长点未受冻，叶柄或茎秆少量冻裂，死株率5%以下，1级可能减产10%以下。

2级：有半数叶片受害，受害叶层局部或大部萎缩、焦枯，叶柄或茎秆被大量冻裂，个别心叶正常和生长点受冻呈水渍状，死株率在5%～15%以下，2级可能减产10%～30%。

3级：全部叶片大部受害，受害叶局部或大部萎缩、焦枯，部分植株心叶和生长点受冻呈水渍状，植株尚能恢复生长，死株率在15%～50%以下，3级可能减产30%～60%。

4级：全部大叶和心叶均受冻害，大部分植株心叶和生长点受冻呈水渍状，地上部分严重枯萎，趋向死亡；死株率50%以上，4级可能减产60%以上。

分株调查后，按下列公式计算冻害指数：

$$冻害指数 = 1 \times S1 + 2 \times S2 + 3 \times S3 + 4 \times S4 / 调查总株数 \times 4 \times 100$$

式中，S1、S2、S3、S4为表现1～4级冻害的油菜株数。

油菜受冻害危害程度用冻害植株百分率和冻害指数来衡量。

冻害植株百分率：表现有冻害的植株占调查植株总数的百分数。它是衡量油菜植株冻害普遍性的指标。

冻害指数：对调查植株逐株确定冻害程度，然后按照以上冻害指数的公式可以得出冻害指数。它是衡量油菜冻害危害程度的指标。

油菜遭受冻害，轻则使油菜产量降低，重则使油菜冻死，造成绝收，但过去未引起人们充分重视。随着全球气候变暖，特别是近年来我国受温室效应影响，极端气候事件频繁发生，而且强度加剧，低温雨雪天气连续多年发生，对油菜生产造成了严重影响，加剧了油料的供需矛盾，影响农民的种植效益和种植积极性。2008年1月大范围的大雪冰冻造成油菜严重的冻害，再次给我们一个警示——油菜冻害问题是油菜生产中的一个重要问题。因此有效地防止油菜冻害，是获得油菜高产的重要措施之一。

（三）油菜冻害防治措施

为确保油菜高产稳产，维系油菜产业健康发展，应在油菜生产的各有关环节采取相应的防治措施，从而可以将冻害的危害程度降到最低，促进油菜生长发育，提高有效结实器官数目。

1. 选用耐/抗冻性油菜品种

油菜品种的结实器官形成及发育与抗冻性密切相关。春性冬油菜品种在暖冬和早播时花芽分化早且历时比较短，容易早薹早花，越冬时耐受不住低温危害而发生冻害；晚熟品种抗冻性较强，花芽分化晚且历时较长。因此，选用冬前稳健、春后快发的油菜品种非常重要。生产上受冻害危害最大的油菜主要是一些没有经过当地审定的品种，由于过早抽薹开花，一旦遭遇低温冻害则比较严重。各级种子管理部门应加强种子管理，防止未经推广区域审定的油菜品种进入市场。种植农户在购买油菜种子时，一定要选择农业部门主推的在当地能够安全越冬的抗寒油菜品种，不要使用未经审定的油菜品种，做到防患于未然。

2. 适期播种或移栽

适期播种或移栽，防止小苗、弱苗及早花早薹。冬油菜播种期一般在9月中旬至10月中旬，过早和过晚都会影响油菜花芽分化及结实器官形成和发育，油菜的抗寒能力降低，油菜产量亦难以提高。河南省农业科学院近几年研究结果表明，播种期与冻害指数有极显著的相关关系，在中播期内播期越早，冻害越轻，产量越高，其中9月15日播种的冻害指数最低，产量最高。经过多年试验，在黄淮流域10月25日以后播种，均未能安全越冬，全部冻死或者仅有个别弱小苗，没有产量。因此，生产上黄淮流域如果能够在9月15日腾茬，播种越早越好，晚播会造成冻害严重、产量大幅降低，但播期不能晚于10月15日。

3. 推广和普及油菜防冻栽培技术

近年来受温室效应的影响，气候变暖，造成了农户普遍没有防冻意识，加之防冻措施缺乏，管理措施不到位，致使早薹早花油菜或小苗弱苗易受冻。针对不同地区冻害发生强度及频率，推广油菜适期播种、优化群体结构、外源植物生长调节剂应用、抗寒锻炼、高效平衡施肥技术、摘薹（一菜两用）等油菜冻害预防技术，以及油菜冻害后恢复生长调控技术，可有效提高油菜冻害防治效果。

4. 农艺措施防冻害

（1）加强管理，培育壮苗 加强油菜田苗期管理，及时间苗、定苗，培育壮苗，防止或减轻冻害发生。具体措施有：提高整地质量，及时高质量移植；合理施用氮、磷、钾肥；及时排除积水，保持生长稳健；对旺长田块可用 100～200mg/kg

的多效唑控苗，提高抗寒性。

（2）中耕培土　初冬中耕培土，可疏松土壤，增厚根系土层，对阻挡寒流袭击，提高土壤保温抗寒能力有一定作用。2008～2009年油菜生产遭遇了低温大雪，河南省农业科学院在郑州试验点研究结果表明，冬季中耕培土壅根的处理比对照增产28.8%～54.8%，均达极显著水平。

（3）增施磷、钾肥及腊肥　越冬前，在油菜行间追施磷、钾肥或土杂肥，不仅可提高抗寒性，还可起到冬施春发的效果。每亩配合氮肥施用10～15kg磷肥、5～8kg钾肥后，油菜抗寒性明显提高；每亩施1000～1500kg猪牛粪或2500～3000kg土杂肥，既能提高地温2～3℃，促进根系生长，还可为春发提供充足的养分。

（4）适时灌水防寒　油菜田在寒流来临前采取冬灌措施，不仅可稳定地温，有效地防止干冻，还可沉实土壤，防止漏根造成冻害，从而达到防寒抗冻的目的。

（5）开沟排渍　对排水不畅或未开沟的田块，在越冬之前应及时开沟预防渍水，降低地下水位，使耕作层土壤保持湿润干爽，有利于冬油菜深扎根，达到根深苗壮，增强油菜抗寒性。

（6）覆盖防寒　寒潮来临前，用稻草、谷壳或其他作物秸秆覆盖在油菜行间，减轻寒风直接侵袭，也可用稻草等盖苗，起到保温防冻效果，寒潮过后，随即揭除，保证油菜恢复生长。

河南省农业科学院连续3年（2009～2011年）在郑州试验点以甘蓝型油菜'丰油10号'为材料，进行3年覆盖处理田间试验，测定不同覆盖物及不同覆盖时期对各小区不同土层的温度、冻害程度、经济性状、产量和品质影响。结果表明，覆盖处理可有效调节土壤温度，降低冻害指数，显著提高油菜越冬存活率。覆盖稻草的两个处理冻害指数均显著低于对照。覆盖处理对产量有显著的增产效果，增产幅度在1.6%～58.3%，且以冬前对油菜进行覆盖处理的增产效果较好。这主要是得益于单株有效结角数和千粒重的显著提高，各覆盖处理单株有效结角数比对照增加4.5%～20.4%，千粒重比对照增加30.0%～41.1%。因此认为，黄淮油菜产区稻草覆盖和培土壅根均能保温、防寒，有利于油菜增产，相关措施宜在冬前进行（曹金华等，2014）。但注意不要把油菜生长点覆盖，以免死苗。

（7）控制早薹早花　油菜早薹早花后，养分大量消耗，细胞液浓度下降，抗寒力减弱。及时摘薹，可减轻冻害程度。摘薹选晴天中午进行，摘薹后，速施适量草木灰和速效氮肥，促进油菜生长，减轻冻害。

5. 化学调控

对播种较早的油菜，可喷施多效唑药液防止早抽薹，促使尽量多分化结实器官。多效唑是一种应用广泛的植物生长调节剂，在油菜栽培过程中的主要效应有：

在苗期喷洒适量药液后，能对幼苗控长，使幼苗矮化，增加茎粗，早生分枝，叶片增厚、增宽，叶绿素增多，有效分枝着生部位降低，提高抗寒力。经大面积试验，与对照相比，喷施多效唑可增产 16%～20%。最佳喷施时期：一是 3 叶期，二是薹高 10cm 以内，喷适宜剂量药液。最佳药液剂量：苗期用药的浓度为 150mg/kg，每亩用 15%可湿性粉剂的多效唑 100g，兑水 100kg；薹期用药浓度为 100mg/kg，亩用可湿性粉剂多效唑 66.6g，兑水 100kg。最佳的喷洒时间应选在晴天下午 4～5 时喷洒，喷洒后 8h 内遇雨应补喷一次。

二、干旱

（一）干旱对油菜结实器官形成的影响

我国油菜主产区经常受到干旱的危害，尤其是黄淮地区和北方春油菜区，油菜极易遭受干旱伤害。特别是花期干旱对油菜产量影响更大。近年来有些地区的干旱频繁、干旱程度加重，制约了油菜生产的发展。油菜在播种期、出苗期、开花期等不同时期，干旱对油菜生产的影响和损失程度不同。

播种期遇旱，则播种出苗期推迟，或者出苗整齐度不一致，缺苗断垄严重，个体与群体间生长不协调；如果苗期遇旱，大多数油菜苗幼小，植株小而弱，叶片发红像缺肥，生长缓慢，难以形成油菜壮苗，甚至出现红叶或早薹、早花增多，大苗、小苗生长比例失调，导致同一时期株型表现不同，农民可能误认为是假劣种子造成的；薹花期遇旱，导致油菜分枝减少，下脚叶片枯萎，油菜营养生长受阻，花期缩短，花序变短，授粉受精不良，油菜花干枯，蕾、花脱落，不育株率增加；果期遇旱，角果生长畸形，角果数减少，角粒数降低，实粒数减少，千粒重下降，严重时整株枯死。同时，各生育期干旱均易导致蚜虫和菜青虫等暴发，特别是油菜的角果期，蚜虫集中在油菜顶端或叶背面刺吸汁液，造成受害叶片变黄卷缩、植株萎缩、落花、落果、生长不良，旱情较重的地块甚至颗粒无收，蚜虫还能大量传播油菜病毒病。土壤干旱导致硼的有效性下降，易造成油菜开花结实期缺硼而发生"花而不实"的现象。

（二）干旱防治措施

（1）有灌溉条件的地方，采用小水沟灌方式，将水引入厢沟中，水灌到沟深 2/3 处，让水分渗透到厢中，然后及时排水以免产生渍害，影响油菜根系生长。

（2）水源有限的地方，可用水管或者挑水浇根，减轻干旱危害。

（3）无法灌（浇）水的地方，可用稻草、树叶覆盖油菜行间裸露地面或者喷施防旱保水剂。

（4）适时中耕除草，有灌溉条件田地里的油菜在及时灌水的同时，抓紧中耕除草可促进油菜春发和根系发育，增加根系对土壤深层水分的吸收利用，土壤水分充足油菜还能抵御较强低温。

（5）合理追肥：对于干旱严重的田块和迟播迟栽、苗小苗弱田块，应喷施叶面肥保苗。

（6）加强病虫害防治。

三、干热风和高温

（一）干热风和高温对油菜结实器官形成的危害

1. 干热风

干热风又称干旱风，黄淮海地区称为热风、火风、干旱风，是在春夏之交，日照增强，气温骤升，湿度下降，并具有一定风力的灾害性天气。干热风的基本特点是高温、低湿伴有较大风速，三者综合形成突发性的气候灾害，其中高温是主导因子，大气干燥是辅助因子，风是加剧条件。油菜生产过程中，干热风使植株蒸腾旺盛，体内水分平衡失调，叶片光合作用降低，导致灌浆不足出现秕粒，甚至青枯死亡。由于它对油菜结实器官的充实程度和其质量的影响主要发生在角果成熟期，造成油菜植株叶片早衰、角果籽粒充实不良、籽粒过早成熟、千粒重降低，从而导致大幅度减产和含油量下降。

干热风的危害程度，与干热风出现前几天的天气状况有关。例如，雨后骤晴，紧接着出现高温低湿的燥热天气，危害较重。在干热风发生前如稍有降水，对于减轻干热风危害是有利的。干热风对油菜的危害可分为干害、热害和湿害。

（1）干害　在高温低湿的条件下，油菜植株的蒸腾量加大，田间耗水量增多，土壤缺水，植株体内水分失调，发现叶片黄化、萎蔫或植株死亡等干旱症状。

（2）热害　主要是由于高温破坏油菜的光合机制，植株光合作用不能正常进行，影响光合产物的生产与运送，导致千粒重下降。在油菜籽粒发育形成期，当气温达28℃左右时，角果壳光合作用受阻，当日均温持续在24～25℃时，则籽粒灌浆过程中止，形成热害。

（3）湿害　多在雨水较多或地下水位较高的地方发生，主要是因雨后高温或晴天高温，植株强烈脱水，导致油菜青枯或高温逼熟。

2. 高温

高温也会对油菜结实器官的形成和发育造成伤害。

苗期温度过高不仅会引起油菜旺长，还会造成春性较强的品种花芽分化进程加快，导致早薹早花。这些在越冬前抽薹开花的油菜，在随后的越冬期间一旦遭遇低温冷冻和降雪，将会发生严重冻害，叶片、花、蕾和幼小的角果将会冻死、枯萎，油菜大面积减产甚至绝收。油菜开花期高温会引起花器官结构发育不正常，如柱头在开花前首先伸出花蕾之外，呈现出枯萎状或花柱弯曲，而后雄蕊外翻，花丝、花药发育不良或萎缩，花瓣缩小，不能正常展开及正常开花。此外，高温加上干旱缺水还会导致分枝短，花序短，结实器官脱落严重，光合作用和蒸腾作用失衡等现象，严重影响后期油菜的产量。油菜灌浆期一般在春末夏初，田间湿度较大，此时如果油菜遭遇高温，将会在油菜田间形成高温高湿的小气候，引发菌核病、霜霉病等真菌性病害。这些病害加上高温逼熟，使植株体内物质输送受到破坏及蛋白质分解。因此，油菜在灌浆中、后期遭遇高温，将严重阻碍结实器官的灌浆充实，使粒重严重减轻，产量急剧下降。

（二）油菜干热风防治措施

1. 预防措施

（1）做好预测预报工作　针对干热风对作物的危害，对干热风的类型、强度、开始和持续时间，出现的范围等进行预测预报，便于更好地防御。

（2）营造防护林带，改善农田小气候　造林、种草、营造防护林和防风固沙林带，可增加农田相对湿度，降低田间温度，改善农田小气候，削弱干热风的强度，减轻或防御干热风的危害。在土壤肥力瘠薄、灌溉条件差的地区防风林的作用更加明显。

（3）搞好农田基本建设　改善生产条件，治水改土，完善田间排灌设施，是防御干热风、稳定提高油菜产量的有效途径。

（4）选用抗逆性强的品种适期播种　选用耐旱、抗高温的双低中、早熟油菜品种，适时早播，避免干热风危害的时期。

（5）补施薹肥　在冬末初春，给油菜补施薹肥，既可增加角果总数，又增强后期耐热能力。

（6）合理布局　在干热风常发的地区，根据干热风出现的规律和旱涝趋势预报，改变油菜布局和栽培方式，使油菜籽粒发育成熟期避开较强的干热风，减轻或避免干热风的危害。

（7）喷施植物生长调节剂　苗期喷施 $100\sim200mg/kg$ 的多效唑，可使油菜植株增强抗风抗倒能力，减轻风灾的危害。

2. 补救措施

（1）适时灌水　根据天气预报，在干热风发生前 $1\sim2d$ 浇水，可改善农田生态环境，减轻干热风危害。

（2）根外施肥，减轻危害　在油菜初花期至结角期，每亩用 100g 磷酸二氢钾，尿素 $150\sim200g$ 兑水进行叶面喷施，以增强植株抗逆性，减轻干热风的危害。

四、渍害

（一）渍害对油菜结实器官形成的影响

我国油菜主要为长江流域的水稻轮作冬油菜，占我国油菜总面积的85%左右，占全国油菜总产量的 3/4 以上。但该产区秋、春两季湿润多雨，常超过油菜正常需水量，加之水旱轮作尤其是稻茬免耕的种植模式使稻田地下水位高，土壤黏重、通透性差，作物根际缺氧，易产生渍害，这是该区特有的自然灾害。另外，该区常年湿润多雨，土壤表面易积水产生渍害，从而影响油菜产量。

油菜田间发生渍害可造成幼苗地下部分根系发育受阻、地上部分植株生长缓慢或停滞，即"僵苗"。渍害继续发展、持续时间长则会导致成块烂根死苗。后期田间发生渍害易出现油菜早衰和植株倒伏。总之，油菜在生长期间遭遇渍害，可导致油菜株高、茎粗、根粗、根长、绿叶数、叶面积、干重等均不同程度地降低，有效分枝数、单株角果数和粒数不同程度减少等，最后造成减产损失。同时，渍害后土壤水分过多，田间湿度大，有利于各种病菌的繁殖和传播，使菌核病、霜霉病、根肿病和杂草等大量发生和蔓延，产生次生灾害。

渍害不仅改变了作物的能量代谢途径和生理过程，而且使细胞结构、形态特征及产量也发生一系列变化。油菜根际缺氧后，其能量代谢逐渐转以糖酵解、乙醇发酵和乳酸发酵等途径，不但消耗大量贮存物质，而且产生大量乙醇、乳酸、氧自由基等有害物质，导致根系吸收功能减弱，叶片凋萎死亡，光合作用下降甚至停止，株高、根粗、根长、绿叶数、叶面积及干重等性状均显著下降，有效分枝数、单株角果数和每角果粒数大幅下降，籽粒产量锐减。因此，渍害的本质并不是植株内水分过多，而是长时间缺氧使根系功能减弱从而产生代谢紊乱及有害物质积累等次生胁迫。

有研究结果表明：渍水影响油菜各生育期根系发育、地上部生长及最终产量的形成，不同品种间会存在差异。苗期渍水导致叶片叶绿素（Chl）含量下降、丙二醛（MDA）及脯氨酸（Pro）含量增加。如果以产量为指标，渍水的敏感性依次为蕾薹期、花期＞苗期、角果发育成熟期。可见，渍害对油菜结实器官的形成有着严重影响，特别是蕾薹期和开花期。

（二）油菜渍害防治措施

实践证明，预防油菜渍害的有效措施有：通过降低田块地下水位而降低土壤水分含量；增施速效肥促进油菜健壮生长，提高抗逆能力；同时及时防治渍害次生病害的发生。针对油菜渍害危害特点，提出以下油菜渍害防治技术措施。

1. 选用耐渍性较强的油菜品种

不同油菜品种对渍害的耐性遗传上具有显著差异，在降雨较多、地势低洼、排水不畅的田块选用耐渍性较强的油菜品种可以减轻渍害造成的损失。

2. 中耕疏沟

深挖腰沟和围沟，健全沟系，力求"三沟"畅通。在阴雨天气结束后及时疏沟沥水，做到雨住田干。天气转晴后中耕松土，防治杂草，改善土壤通气，促进根系发育。

3. 培土壅根，防止倒伏

油菜渍害发生后，根系生长受抑，中后期易"头重脚轻"，故冬前或者春后应及时中耕，通过中耕培土壅根，防止倒伏。在培土壅根基础上，对有旺长趋势的地块，在蕾期及时喷施 1 次生长调节剂，一般每亩用 15%多效唑 50g，兑水 50kg 均匀喷雾，增强抗倒伏能力。

4. 补施速效肥

渍害会导致土壤养分流失，根系的营养吸收能力下降。应根据油菜长势，及时追施速效氮肥。此外，还应适量补施磷、钾、硼肥，增强植株抗性、预防"花而不实"。

5. 防止次生灾害发生

在发生渍害的田块，易诱发霜霉病、菌核病及根肿病等病害。因此，要及时摘除植株底部的黄老病叶，以减少菌源及增强田间通风透光能力；同时，在晴天喷施 2～3 次多菌灵或灭病威、托布津、代森锰锌等预防病害发生。有菜青虫危害的田块，可用阿维菌素乳油，功夫菊酯乳油进行防治。有蚜虫危害的田块，可用乐果乳剂、吡虫啉可湿性粉剂或吡虫啉乳油等进行防治。

五、冰雹

（一）冰雹对油菜的危害

冰雹主要是由于空气中的热对流，近地面的水汽形成小颗粒，在逐渐向空中抬升的过程中形成冰雹降落到地面。冰雹是晚春至夏季最常见的气象灾害之一。

1. 砸伤油菜植株

冰雹不仅造成油菜大面积倒伏现象，部分枝叶折断，严重影响了油菜结实器官的形成和发育，并阻碍正常灌浆成熟而造成减产。

2. 冷冻影响

降雹之前，常有高温闷热天气出现，降雹后气温骤降，温差多达 7~10℃。剧烈的降温使正在生长的油菜遭受不同程度的冷害，使被砸伤的油菜植株伤口组织坏死，再生恢复较慢，少数降雹过程还伴有局部洪水灾害等。

3. 表土板结

由于雨水的拍打和雹块的降落，油菜土壤表层板结，不利于油菜根系的生长和植株的形态建成。特别是春、夏降雹天气过后，常有干旱天气出现，使板结层更加干硬，给油菜结实器官的形成和发育带来严重影响。

（二）冰雹灾后油菜田间防治措施

针对受损的油菜田，应在灾后及时采取补救措施，把冰雹损失降到最低。

（1）对已经倒伏的油菜，及时培土扶正，防止植株倒地腐烂。同时，清理折断枝叶，带出油菜田外。

（2）及时清沟排水，防止油菜根系渍害发生。

（3）每亩混合喷施 0.5%尿素水溶液和 0.2%~0.3%磷酸二氢钾溶液 50~60kg，对缺硼地区的油菜，每亩再加 100g 硼砂，促进油菜恢复生长。

（4）灾后及时喷施生长调节剂，能有效地利用油菜自身的调节作用，对减少现有油菜结实器官的脱落，促进结实器官形成，提高结实率和粒重具有促进作用，可以挽回部分损失。

（5）受灾油菜伤口较多，易感染病菌，要加强病虫害防治工作。每亩用 25%使百克乳油（一种杀菌剂）35ml 或 50%速克灵（腐霉利）50g 防治菌核病；对蚜虫发生量大的田块，每亩用 10%蚜虱净 15~20g 防治。

第二节　土壤环境因素与油菜结实器官形成

一、土壤缺硼

（一）土壤缺硼对油菜结实器官形成的影响

油菜是需硼量较高的作物，土壤缺硼对油菜产量的形成影响较大。因此，油菜可以视为硼的指示作物之一。随着杂交油菜种植面积的扩大，土壤缺硼在油菜各个生育时期的症状表现越来越明显，发生的面积也在不断扩大。一些山区、半山区及平原部分地区，常常会产生"花而不实"的现象，致使油菜结实器官花后不能正常生长发育，产量降低。施用硼肥后，产量明显提高。缺硼导致的油菜萎缩不实症已成为油菜生产中的一种主要生理病害。

油菜不同生育阶段和不同器官的含硼量不同，由苗期至成熟期植株中硼的含量逐渐增加，花和花蕾中硼的含量较高，茎秆中硼含量较低。初花后硼的积累量剧增，花蕾和角果中硼的相对含量均高于营养器官，说明硼在结实器官中的形成和发育充实中起着重要作用。

油菜缺硼现象在油菜各生育时期均有可能发生，但发生时期不同，其受危害症状也有差异。主要表现在 4 个关键时期：①苗期缺硼，新叶生长缓慢，叶片初变暗绿色，叶变小、变脆，叶端反卷，皱缩不平，中下部叶片边缘变成紫色，组织变黄，并逐渐发展扩大形成紫蓝斑；根系少而细、短，根颈膨大呈紫色，最后全株枯萎而死。②初薹期缺硼，油菜叶片皱缩，颜色变暗绿或紫色，薹茎伸长缓慢甚至停滞，节间粗短，株高只有正常株高的 1/3 左右；根颈膨大，根短而细，花期花序不能伸长，花蕾簇集，少数可开花，但不能形成角果而枯凋，严重时整株萎缩枯死。③花期缺硼，油菜进入花期后，薹茎伸长停滞，分枝短、细而多，花序段伸长不充分，花蕾密集，多数可开花，能形成少数角果，但幼果期脱落，极少能结实，后期花蕾和花序段多枯萎，从基部抽生出许多小分枝，形成二次开花，即"返花"现象。④结实期缺硼，植株不萎缩，茎叶颜色基本正常，花序段伸长突出且细软，能正常开花，授精结实情况则表现为基本不结实或部分结实，但结实角果短，着生角度小，呈"萝卜角"状，有的角果呈紫灰色，籽粒形状不规则，大小不一。后期花序顶端迟迟不谢花，也有"返花"现象。

由此可见，在油菜的一生中，无论哪个生育时期缺硼，将会严重影响油菜结实器官的形成及发育，有效结实器官数目减少而影响产量。

（二）土壤缺硼田间防治措施

防治油菜缺硼症，必须采取以补施硼肥为基础的综合防治措施。在油菜各类型中，甘蓝型油菜需硼量大于白菜型和芥菜型油菜，在同类型油菜品种中，优质油菜尤其是优质杂交油菜的需硼量大于常规油菜，迟熟品种的需硼量大于早熟品种。按不同类型油菜品种对硼素的需求和土壤有效硼的含量，施足硼肥是实现甘蓝型双低常规油菜品种和双低杂交油菜品种高产、稳产的重要关键技术措施。

1. 实行轮作换茬

采用油菜-水稻-小麦或油菜-水稻-紫云英或油菜-红麻-小麦等轮作方式，防止 3 年以上的连作。

2. 改浅耕为深耕，增施有机肥

改浅耕为深耕，增加土壤耕层深度；加大有机肥投入量，每亩增施土杂肥 3000～4000kg。

3. 底施硼肥

根据土壤有效硼含量和缺硼病发生情况，可将耕地划分为重度缺硼区（0.2mg/kg 以下）、缺硼区（0.2~5mg/kg）和轻度缺硼区（0.5~0.7mg/kg），只有土壤中水溶性硼达到 0.7mg/kg 以上方能满足油菜生长对硼元素的需求。实行划区施硼，因地制宜施用硼肥。重度缺硼区每亩底施硼肥 1~1.5kg，缺硼区每亩底施 0.75~1kg，轻度缺硼区每亩底施 0.5~0.75kg，作底肥时也可与氮磷钾肥配合使用。

4. 根外追施硼肥

一般在蕾薹期和初花期分别叶面喷施一次硼肥，浓度（按硼质量）为 0.2%~0.3%，即 100kg 水用硼砂 200~300g，用量为每亩 100kg 左右，均匀喷施叶面，也可与磷酸二氢钾或尿素混合喷施。喷施硼肥应选择晴天下午为好，喷施后 36h 遇降雨应重新喷施。

二、盐碱

（一）盐碱对油菜的危害

盐碱地是指土壤含盐量太高（超过 0.3%）而使农作物低产或不能正常生长的土壤。盐碱土形成的两个因素：一是气候干旱和地下水位高（高于临界水位）；另一个是地势低洼，排水不良。因为，地下水都含有一定的盐分，如其水面接近地面，而该地区又比较干旱，毛细作用上升到地表的水蒸发后，便留下盐分，日积月累，土壤含盐量逐渐增加，便形成盐碱土；如是洼地，且排水不畅，则洼地水分蒸发后，即留下盐分，也形成盐碱地。

我国盐碱化土地主要分布在华北平原、东北平原、西北内陆地区及滨海地区。盐碱胁迫是危害农作物的主要非生物胁迫之一。土壤盐碱化是一个世界性的问题，全世界盐碱地面积约近 10 亿 hm^2，占地球陆地面积的 7.26%，我国盐碱土地面积约为 9913 万 hm^2。大量盐碱土壤的存在使我国农业生产遭受了巨大的损失。

盐碱胁迫是影响油菜结实器官形成、生长和发育的一个重要非生物环境因子。盐胁迫首先抑制了作物种子的萌发，而后影响作物的生长发育进程及产量形成。作物种子萌发出苗速率取决于种子的吸水速率。有研究表明，低浓度盐胁迫延迟油菜种子萌发，低浓度碱胁迫对油菜种子萌发无明显影响；高浓度盐、碱胁迫均抑制种子萌发，油菜种子发芽率降低。盐碱胁迫对油菜根尖细胞有丝分裂指数也具有显著的抑制作用。低浓度盐、碱胁迫下，油菜幼苗以增加根长获取更多的水分，而随着盐碱胁迫强度的增加，根长呈下降趋势，幼苗吸收不到充足的水分，致使其生长受抑。

（二）盐碱地防治措施

1. 选用耐盐碱的油菜品种

选用耐盐碱品种不仅可以扩大油菜种植面积，还可不同程度地防治土地盐碱化、沙化，改善生态环境。

2. 生物措施改良

种植盐生植物，如甘草、枸杞、红花、罗布麻、星星草、柽柳、胡杨等，它们可以从土壤中吸收大量盐分积累在植物体中，其体内 NaCl 含量可达其干重的 25%～35%，并随着收获，实现盐分的转移，种植一年后可以从土壤中吸收 153～186kg/亩的 NaCl 盐分。

3. 化学措施改良

利用磷石膏或者脱硫石膏改良盐碱地，钙离子可以代换盐碱土壤胶体上的钠离子，使土壤交换性钠离子的含量降低，从而降低土壤盐碱化程度，以达到改良盐碱地的作用。

4. 物理措施改良

利用沸石作土壤改良剂。沸石是一种具有很强吸附能力和离子交换能力的土壤改良材料，结构独特，比表面积可高达 $355～1000m^2$。将其加到土壤中，可起到保肥、供肥、改良盐碱土物理性质的作用，沸石来源广泛，成本低廉，且无毒无害，在实际应用中显示出很好的土壤改良效果，是一种便于推广的土壤改良剂。

5. 地面覆盖

利用沥青乳剂、水泥硬覆盖（即水泥硬化地面）、秸秆还田等地面覆盖都可以减少地面蒸发，提高土壤温度，改善土壤结构，抑制盐分在地表聚集，降低土壤含盐量，提高出苗率、产量和水分利用效率。

6. 农艺措施

深松土壤、秸秆覆盖、水旱轮作、上农下渔等都能不同程度地减轻土壤盐碱危害。

三、铝毒害

（一）铝毒害对油菜的危害

铝广泛而大量地存在于自然界，是地壳中最为丰富的元素之一，含量仅次于氧和硅。一般情况下，土壤中的铝无毒性，但环境条件改变可引起铝活化。当活化的铝积累到一定程度时即对植物产生毒害。当土壤 pH>5 时，可交换性铝和可溶性铝含量可忽略不计，不影响植物生长；一旦 pH 继续下降，其含量则呈指数增长，从而产生毒害作用，抑制植物生长。此外土壤富铝化程度、阳离子交换量、有机质含量、微生物种群和数量等因素都会影响土壤中活性铝的释放，导致土壤中铝的大量活化，严重制约植物的生长。

植物发生铝中毒的主要表现是根系的伸长受到抑制，抑制部位为根顶端（包括根冠、分裂组织和根伸长区）。铝通过抑制根细胞的伸长与分裂，影响根系发育和对水分、养分的吸收，从而降低了酸性土壤的作物生产力。研究表明，油菜铝毒害后，根系的伸长受到抑制，不同油菜品种会表现出不同程度的抑制。油菜苗期对铝毒害的耐受能力临界指标为 4.0cmol/kg。

植物铝毒害的生理生化影响主要有以下几个方面：一是养分、水分的吸收和运输。铝毒害造成根系伤害，严重影响植物吸收、运输养分。铝毒还能影响植物对水分的吸收和运输。油菜铝中毒严重时，根系含水量比正常苗下降了 33.77%，地上部含水量下降了 2.4%。二是光合作用。研究表明，在铝胁迫下，植物叶绿体被膜受到破坏，叶绿素含量降低，CO_2 固定量减少，植物光合作用受到抑制。三是呼吸作用。植物的呼吸作用受铝毒害后明显被抑制。水稻随铝胁迫浓度的增加，根系线粒体的呼吸耗氧速率、ADP:O 及 RC（呼吸控制值）都降低，根线粒体呼吸产生明显抑制。另外，植物的氮代谢、碳水化合物代谢、质膜透性和活性氧代谢、核酸及有机酸代谢均受到铝毒的干扰和抑制。

（二）油菜铝毒害防治措施

1. 选育和种植耐铝植物

选育和种植耐铝植物是提高作物耐铝性的根本方法。植物抗铝毒特性受遗传基因的控制，其遗传学实质是植物在土壤铝毒胁迫下，由于某些"沉默"基因的诱导表达或 DNA 序列的特定改变而导致在形态、构型或一系列生理生化特征上的适应性改变，增加植物对土壤铝毒的抗性，以及在体内将铝转化为低毒或无毒化合物的能力，从而可以获得抗铝毒基因型。

2. 种植牧草和绿肥

在低 pH、高铝土壤中种植牧草和绿肥能降低土壤中的活性铝含量。这主要是因为牧草和绿肥有利于土壤中腐殖质大量积累。而土壤中腐殖质的大量积累，特别是胡敏酸的形成是降低土壤铝毒的重要因素。由于禾本科牧草 C/N 高，不利于腐殖质化的进行，因此种植禾本科牧草对土壤活性铝的降低作用不如豆科牧草。

3. 增施磷肥、硅酸

增加营养液中磷的浓度可以大大减轻铝的毒害。其原因可能是在营养液中一部分磷与铝结合生成磷酸铝盐沉淀，降低了介质中铝的浓度，从而减轻铝的毒害作用；另外也可能是由于在植株内部铝与磷形成沉淀，降低了铝的毒害。

4. 增施有机肥

施用有机肥能极显著地降低土壤酸度和活性铝浓度。一是因为有机物分解产生的腐殖质和有机酸等能与铝形成相当稳定的螯合物，从而降低土壤活性铝含量；二是因为有机物的施用可以增加土壤有机质，使得土壤固持铝的能力增强，减轻了铝的活性，从而削弱了土壤铝毒。

5. 提高土壤钙水平

钙是维持生物膜的稳定和功能所必需的元素，铝胁迫下，增加钙的供应可以减轻铝对植物的毒害。然而，增加钙的供应来缓解铝毒害只是暂时的方法。因为传统的石灰施用法只处理了表土层，心土层的铝离子活性仍然没有变化。

6. 接种菌根剂

由于某些菌根具有缓解铝毒害的作用，同时自然界中均存在菌根，有菌根的自然植被对一定程度的铝毒害具有一定的抵抗力，菌根真菌应用于酸性土壤中可有效降低铝对植物的毒害作用。

四、雾霾危害对油菜结实器官形成的影响

（一）雾霾危害

雾霾天气对油菜的危害主要表现在以下几个方面。

1. 光照不足影响光合产物积累

雾霾天气时，阳光寡照，空气相对湿度为 80%～90%，空中浮游着大量极细微的尘粒或烟粒，空气流动性差，且持续时间较长，有效水平能见度小于 10km，因此，对阳光具有严重的遮盖作用，从而致使油菜遭遇寡照现象，进而影响油菜的光合作用。由于缺少阳光，植物的光合作用无法顺畅进行，难以积累并合成有效营养物质促进油菜的生长，从而引起油菜生育期延迟或晚熟，造成生产减产。

2. 低温使植株生长发育不良

雾霾发生后，还会引起环境温度持续走低，影响油菜的生长发育与产量的形成。

3. 病害发生严重

雾霾发生时，空气湿度较大，为病菌孢子囊的萌发提供了适宜的生长环境，可引发白锈病、霜霉病等病害的集中发生与流行。

4. 呼吸作用受抑制使产量降低

雾霾空气中的粉尘颗粒抑制油菜的呼吸作用。而且厚重的尘粒遮盖叶片，还会使油菜得不到充足的光照，导致光合作用不能正常进行，从而影响油菜的形态建成。营养生长的不利导致油菜生育后期生长发育受到阻碍，造成油菜结实器官形成及发育受损或延迟，从而其产量下降、品质降低。

（二）雾霾防治措施

1. 选育适应雾霾天气的油菜新品种

雾霾天气最大的特点是低温寡照，严重影响了植物的生长发育，因此培育适合雾霾天气生长的耐弱光、耐低温的油菜品种是减轻雾霾对油菜危害的有效措施。

2. 改变肥水管理方式

雾霾天气期间，尽量不进行浇水与施肥，切忌大水漫灌。铺设软管微喷，形成膜下软管微喷的浇水方式。保证浇水后天气晴朗，提前备水且尽量保证水温在13℃以上。减少化肥尤其氮肥的施用，适量增施磷钾肥、生物肥及腐熟有机肥等，有利于提高植株的抗寒性。推进水肥一体化灌溉技术，如果植株发育不好，则应施腐殖酸类肥料和水溶性复合肥料，待开春后，地温和气温上升后再视植株的长势情况，冲施硝酸钾等化肥。

3. 叶面喷施进行病虫害防治

在晴好天气的上午，可以用3%尿素、2%磷酸二氢钾、3%米醋的混合液喷施叶面，或用3%磷酸二氢钾及硼、钙、稀土等中微量元素，配合百菌清、多菌灵、氢氧化铜（可杀得 3000）、霜霉威、氨基酸寡糖等药剂喷施叶面。轮换用药，每隔10～15d叶面喷施一次进行病虫害防治，减少病虫害发生对油菜生长发育的影响。

4. 推广秸秆生物反应堆技术

采取栽培畦下埋秸秆，建内置式秸秆生物反应堆，或应用垄沟铺秸秆等秸秆反应堆改革技术。秸秆生物反应堆技术具有加温和提高土壤肥力的功能，是一项节水节肥的减排低碳环保新技术。

第三节　油菜管理措施不当与油菜结实器官形成

一、播种或移栽期推迟

（一）对油菜结实器官形成的影响

播种期是影响作物生长发育和产量的重要因素。油菜播种期与产量密切相关。

因此，在生产中要求适期早播，有利于油菜秋发，培育冬前壮苗。如播种过早，则病虫害加重，冬前营养生长过旺，易造成冬前现蕾和抽薹，一旦遇到冬季低温，容易遭受冻害，影响结实器官的形成和发育，导致产量降低；如播种过晚，则冬前营养生长不足，造成苗小，苗弱，弱苗率高，也易遭受冻害，有效花芽数目减少，结实器官形成受阻碍而影响油菜产量。

采取育苗移栽方式，如果移栽过晚，油菜在苗床上出现高脚苗，或者在苗床上抽薹，就会降低油菜的越冬抗寒性，造成油菜移栽后根系没有扎稳而被冻死，或者冬前抽薹、开花，冻害严重，造成油菜大幅度减产。

（二）防治措施

适期播种和移栽是获得油菜高产的关键栽培措施之一。不同地区、不同的耕作制度，油菜的适宜播种期也不同。但冬性及半冬性品种适时早播，充分利用季节、营养生长期增长，有利于发挥品种的潜力、获得高产。播种温度一般在日平均气温 20℃ 为宜，油菜的适宜播期应综合考虑气候、种植制度、品种特性、病虫情况、前茬作物等情况来确定。

1. 当地的温度条件

油菜播种出苗，幼苗期要求气温为 15～22℃。确定播期时，除考虑播种当时的温度外，还要考虑播后与移栽后气温下降的快慢问题。使油菜移栽后，至少还有 40～50d 的有效生长期才能进入越冬（3℃ 以下）。即要求长足 7～8 片以上的绿色大叶，保证安全越冬，来年早发。

2. 栽培制度

依据当地的栽培制度，作物换茬衔接情况来考虑适宜播种期是平衡周年生产、提高总体效益、保证油菜高产的关键。特别在三熟制或多熟制生产中，要考虑茬口衔接，同时要考虑有足够的苗龄。应根据前茬作物的收获期确定油菜的播期和移栽期，依据移栽期来确定播种期。大面积栽培的，要搭配品种，分期分批育苗。较晚熟的品种先播，早熟品种迟播。

3. 品种特性

白菜型品种一般春性强，早播易引起提早开花，降低产量，宜适当迟播。甘蓝型品种一般冬性较强，早播能发挥品种特性，使其生长旺盛，枝叶繁茂，且冬前不易早花。适当早播有利。

4. 病虫害的发生情况

早播的油菜，由于气温相对较高，病害和虫害较迟播为重。特别是病毒病与播种期关系最为密切，其趋势是早播的病重，迟播的无病或病轻，差别十分明显。

病毒的感染又与蚜虫为害程度有关。甘蓝型品种较能抗病，可适当早播，白菜型抗病力弱，宜迟播。长江流域甘蓝型油菜直播期宜为 9 月 15～30 日，育苗田为 9 月 10～20 日。黄淮西北部较寒冷地区播期可适当提前。

二、播种质量差或者密度过大

（一）对油菜结实器官形成的影响

油菜播种整地大都采用浅旋耕，耕作层浅，不能精耕细作、整墒保苗，造成出苗不整齐，苗少、苗弱、苗势差。或者不及时间苗、定苗，密度过大或者过低，群体不协调。油菜产量由单位面积株数与单株产量形成，单株产量由每株角数×角粒数×粒重构成，因此合理的群体结构是油菜高产稳产的关键措施之一，过稀、过密都会影响油菜产量。过高的密度，致使单株发育不良，分枝部位上升，单株角果数、角粒数和千粒重均有所下降，并且茎秆纤细，植株偏高，同时田间郁蔽造成通风透光差，倒伏严重，还极易感染油菜菌核病，产量降低。

（二）防治措施

1. 合理密植

要求在单位面积上有较适宜的群体结构。根据土壤肥力和播期确定合适的密度，使油菜群体、个体得到充分协调发挥，达到增产的目的。中等肥力田块，直播密度一般控制在每亩 2.5 万株左右，高等肥力的田块种植密度每亩 1.2 万～1.5 万株，肥力较低或播种较迟时，密度可扩大至每亩 3 万～3.5 万株，机械化收获田密度一般在每亩 4 万株左右。合理密植还可以使油菜株型更为紧凑、角果成熟期更加一致，从而提高油菜的宜机收性。

2. 及时间苗、定苗

油菜出苗后，应及时间苗、疏苗，防止出现高脚苗。3～5 片真叶时定苗。油菜苗期易受地上、地下害虫为害，应及时进行检测，如发现虫害，及时喷药防治。

三、施肥不得当

（一）对油菜结实器官形成的影响

养分比例失调，会影响油菜结实器官的形成。如不施肥、施肥不足、偏施氮肥或者不重视硼肥的施用等均会不同程度地对结实器官形成产生一定影响。生产上习惯于偏施氮肥，忽视磷、钾肥及有机肥等的协调配施，造成土壤有机质含量低，氮、磷、钾比例失调。由于氮素代谢旺盛，油菜营养生长量过大，过早封行，加上过大的密度，形成高湿的田间小气候，易加剧菌核病的发生，且易倒伏而减产。同时，因磷钾供应不足，也易造成油菜角粒数少，千粒重下降。

（二）防治措施

1. 促控结合，平衡施肥

根据苗情长势，及时施肥或者喷施植物生长调节剂。油菜具有需肥量大、耐肥性强的特点。施肥必须结合不同地区的生产实际和油菜本身的需肥特性，制定合理的施肥标准，采用可行的施肥技术，平衡各元素施用量，对油菜的生长发育合理促控。施肥以掌握早发稳长、不早衰、不贪青晚熟为原则，地力肥沃，油菜长势强，应少施薹肥。土壤肥力差，油菜苗长势弱，或者前期施肥不足的田块要抓紧追肥，要早施、重施。干旱地缺水，要水肥结合，以水促肥，及时发挥肥效。

2. 增施硼肥

油菜除了追施氮肥外，还需要增施硼肥。防治油菜缺硼症，首先要在冬前施好有机肥，重视施用油菜腊肥，增加土壤有机质和有效硼的含量。腊肥春用，使油菜在需硼的高峰期——蕾薹期有足够的硼素和各种营养元素的供应。其次，可采用硼砂根外喷施，将硼砂用少量热水溶化，配成 0.2% 硼砂水溶液，在大田苗期和蕾薹期各喷施一次。

四、施药不得当

（一）对油菜结实器官形成的影响

油菜施药不得当主要是除草剂没有合理使用，导致油菜产生药害，直接或间接对油菜生长及结实器官形成产生不良影响。生产中常见的药害有以下几种。

乙草胺施用过量，容易对油菜产生药害，特别是在施药后土壤湿度过大的情况下药害更重。有试验结果表明，正常情况下，在油菜播种后苗前用 50% 乙草胺乳油 1050ml/hm^2 进行土壤封闭处理对油菜安全，而用 1.5 倍或 2 倍药量的油菜苗期叶片皱缩卷曲，生长受到抑制。在地势低洼、地下水位高的直播油菜田，用 50% 乙草胺乳油 1200ml/hm^2，油菜即出现药害，施药后 50d，植株明显矮小，叶片变紫色，呈匙状，叶面积为正常叶片的 20%；严重药害植株在施药后 60～70d 死亡，死苗率达到 16.6%。

油菜田使用 30% 草除灵悬浮剂与 10% 吡喃草酮复配不当时，也会对油菜造成一定的药害。受药害的油菜抽薹推迟，薹顶难以抽出，较同期移栽油菜推迟 5～7d。出现薹茎顶部 2～3 张或 3～4 张外叶黏合在一起，呈荷叶状将顶芽包合在内，致使主茎顶端呈现肚大、下部细小的"花瓶"状，开花推迟，花期缩短。成熟期畸形株株高降低，根颈膨大呈球状，分枝数、角果数少，千粒重下降。重症株的受害分枝角果密集着生，开花期呈鸡冠花状，籽粒充实后，分枝被压弯呈龙头状，早衰明显，平均单株角粒数比正常株少 2.48 个，千粒重下降 0.63g。轻症株单株生产力比正常株下降 10.8%，重症株单株生产力比正常株下降 35.6%。

油菜受胺苯磺隆药害后，植株生长缓慢，根系减少，株高、叶片生长受抑，分枝增多，叶片多而狭长，植株矮小畸形，严重的植株生长点枯死，甚至死苗，严重影响了后期油菜的产量。

油菜在抽薹结角期施用烯草酮等吡喃唑酮类药后，容易产生药害。由于该时期油菜对此类药比较敏感，进入生殖生长阶段后施用这类除草剂会出现白化现象，并导致油菜开花结实不良。

（二）药害防治措施

1. 掌握好施药时期

有的除草剂避免施用时间过早，在油菜耐药性差的幼苗期特别是 1～2 叶危险期施药，直播油菜应在菜苗 4～6 叶期施药。油菜在抽薹结角期对烯草酮等吡喃唑酮类药比较敏感，不宜再施用烯草酮。

2. 掌握好施药方法

均匀喷雾，不重喷、不漏喷，不能超量用药，施药后做好沟系配套工作，保证下雨时及雨后田间无积水。

3. 掌握好用药量

如乙草胺用药过量，容易对油菜产生药害，特别是在施药后土壤湿度过大的情况下药害更重；油菜对异噁草松的耐性也不太强，用量稍大油菜即可能出现叶片白化、生长受抑制等药害症状。

4. 注意田间沟系配套

要特别注意配套田间三沟，保证下雨时田水能够及时排出，雨后田间不长时间积水，不积明水。

5. 注意除草剂适用的油菜类型

注意除草剂适用的油菜类型，如胺苯磺隆主要适用于甘蓝型油菜田，白菜型和芥菜型油菜田慎用。二氯吡啶酸在甘蓝型和白菜型油菜田使用比较安全，不能在芥菜型油菜田使用，否则易产生药害。芥菜型油菜对草除灵高度敏感，这类油菜田不能施用。

6. 农艺措施

及时摘除薹顶，可以促进分枝生长、提高角果数与角粒数，弥补药害损失。

五、后期灌水

（一）对油菜结实器官形成的影响

油菜生长后期特别是开花以后，对于有灌溉条件的田块，要根据油菜长势在干旱时进行灌溉补水。于终花期灌水一次，可以延长花期，提高油菜的结荚、结实率，促进油菜结实器官形成发育，籽粒充实饱满。如果一次灌水过多，一旦遇到大雨或者大风，容易形成渍涝灾害，导致油菜缺氧烂根和倒伏，降低植株抗性，倒伏严重，同时田间湿度过大，导致油菜菌核病等病害流行，倒伏后的油菜植株荫蔽，影响通风透光，结实器官的形成发育受抑。

（二）防治措施

控制灌水量。由于油菜生育后期植株较高，遇风易发生倒伏。因此，灌水量要适当控制，一次不宜过多，要少量多次，干旱田块每亩灌水 40m³ 左右即可。

（执笔人：张书芬　朱家成　曹金华）

主要参考文献

曹金华, 朱家成, 张书芬, 等. 2014. 覆盖对土壤温度及甘蓝型油菜丰油 10 号抗寒性和产量的影响. 中国油料作物学报, 36(2): 213-218.

傅廷栋. 2013. 油菜科学研究与生产有关问题的思考. 中国作物学会油料作物专业委员会第七次会员代表大会暨学术年会综述与论文集, 11: 1-5.

官春云. 2013. 优质油菜生理生态和现代栽培技术. 北京: 中国农业出版社.

刘后利. 1987. 实用油菜栽培学. 上海: 上海科学技术出版社.

宋丰萍, 胡立勇, 周广生, 等. 2009. 地下水位对油菜生长及产量的影响. 作物学报, 35(8): 1508-1515.

万延慧, 年海, 严小龙. 2001. 大豆种质耐低磷与耐铝毒部分指标及其相互关系的研究. 植物营养与肥料学报, 7(2): 199-204.

王汉中. 2007a. 我国食用油供给安全形势分析与对策建议. 中国油料作物学报, 29(3): 347-349.

王汉中. 2007b. 我国油菜需产形势分析及产业发展对策. 中国油料作物学报, 29(1): 101-105.

许耀照, 曾秀存, 方彦, 等. 2014. 盐碱胁迫对油菜种子萌发和根尖细胞有丝分裂的影响. 干旱地区农业研究, 4(32): 14-19.

殷艳, 王汉中, 廖星. 2009. 2009 年我国油菜产业发展形势分析及对策建议. 中国油料作物学报, 31(2): 259-262.

张学昆, 陈洁, 王汉中, 等. 2007. 甘蓝型油菜耐湿性的遗传差异鉴定. 中国油料作物学报, 29(2): 204-208.

Armiger W H, Foy C D, Fleming A L, et al. 1968. Differential tolerance of soybean varieties to an acid soil high in exchangeable aluminum. Agron J, 60(1): 67-70.

Delhaize E, Ryan P R. 1995. Aluminum toxicity and tolerance in plants. Plant Physiology, 107(2): 315-321.

Foy C D, Chaney R L, White M S. 1978. The physiology of metal of toxicity in plants. Annu Rew Plant Physiol, 29: 511-566.

Lazof D B, Goldsmith J G, Rufty T W, et al. 1994. Rapid uptake of aluminum into cells of intact soybean root tips. A micro analytical study using secondary ion mass spectrometry. Plant Physiol, 106(3): 1107-1114.

Sierra J, Noël N, Dufour L, et al. 2003. Mineral nutrition and growth of tropical maize as affected by soil acidity. Plant Soil, 252: 215-226

von Uexkull H R, Mutert E. 1995. Global extent development and economic impact of acid soils. Plant Soil, 171(1): 1-15.

第十章 栽培技术措施与油菜结实器官形成

第一节 栽培技术要素

一、品种特征

不同类型油菜或相同类型的不同品种，在相同的温光条件下，其营养生长和生殖生长表现不同，同一品种在不同生态条件下的表现也有差异。一般来说，甘蓝型油菜在我国大部分地区种植能够高产稳产。但在春油菜产区，尤其是西部高寒地区仍以种植芥菜型油菜和白菜型油菜较多，特别是生育期短的白菜型早熟品种，可适应春种夏收或夏种秋收（官春云，2013）。

二、播种期

我国长江流域的冬油菜主产区适宜的播种期一般在 9 月，过早播种会出现早薹早花，易遭冻害，过迟播种个体生长量小也容易遭受冻害，同时花芽分化少，成熟期不易获得高产。不同的栽培模式也可以弥补播期的影响，以往的"秋发冬壮"栽培模式（赵合句等，1989）就是通过在苗床上育苗，通过精细管理形成大壮苗，前茬收获后进行移栽，这种模式既弥补了播期的影响，同时能获得高产。

三、种植密度

以往在我国长江流域的冬油菜主产区主要以移栽为主，其中"三发"栽培技术都是依据移栽油菜提出的，包括"冬壮春发"、"冬春双发"和"秋发"，特别是 20 世纪 80 年代提出的"秋发"栽培还带动生产上对稀植高产种植模式的试验与开发，多年的生产实践也证明"秋发"栽培是油菜取得高产的一条有效途径。油菜的角果由花芽发育而来的，一般在现蕾前分化的花芽多为有效花芽，而现蕾后分化的花芽多是无效的，秋发苗播期早，前期生长量大，分化的花芽多，单株角果数多，最终产量较高，但这种栽培方式要求氮肥投入多，否则个体优势得不到充分发挥，在这种栽培方式下群体的开花期叶面积指数在 3.8～4.2 比较适宜，最终达到 3000～3750kg/hm^2 的高产指标（赵合句等，2002；冷锁虎等，2004）。如果密度过大，则开花期叶面积指数和结实期角果皮面积指数过大，田间透光通风能力差，同时地上部生长量过大，将会抑制地上部的光合产物向根系输送，从而抑制根系的生长，后期容易出现倒伏或脱肥早衰等不良症状。

随着从事农业劳动人口的紧缺，移栽油菜费工费时的缺点日益突出，生产上对油菜轻简化栽培技术的需求日益迫切。统计资料显示，2007~2011年全国油菜育苗移栽和直播平均面积分别为381.7万hm²和321.4万hm²，其中直播油菜面积占45.7%，并有逐渐增加的趋势（周广生等，2013）。由于移栽油菜播期早，密度低，因此前期需肥量比较大，否则难以达到高产要求的角果数水平，从以往研究结果看，移栽油菜产量超过3500kg/hm²，其氮肥用量均在300kg/hm²以上（喻义珠等，1997；左青松等，2014），氮肥用量高，氮素利用效率低（Barlog and Grzebisz，2004；Rathke et al.，2006；左青松等，2011）。华中农业大学试验结果表明，在270kg/hm²氮肥用量时，30×10⁴株/hm²和45×10⁴株/hm²的密度处理，群体角果数达到60.0×10⁶个/hm²以上（表10-1），成熟期角果皮面积指数为4.32~4.46（表10-2），两者均达到以往移栽油菜高产群体的指标要求（凌启鸿，2000），其产量超过3500kg/hm²，因此适当提高密度，可以达到"以密减氮"的效果。由于适当密植，冠层相对紧凑，便于机械化收获，密度小单株主茎粗，主茎含水量较高，同时密度低使下部低效分枝比例大，受光能力差，不容易脱水，导致成熟期全株含水量高，而水分含量对机械化收获损失影响较大（左青松等，2014）。因此，为了适应油菜轻简化栽培技术中机械收获的要求，与传统稀植要求相比，油菜种植要适当增加密度，从而达到"以密适机"的效果。

表 10-1 不同处理下产量和产量构成差异

密度/（×10⁴株/hm²）	产量/（kg/hm²）	单株角果数	群体角果数/（×10⁶个/hm²）	每角粒数	千粒重/g
15	3189.6 bc	358.0 a	53.7 ef	17.8 a	3.342 a
30	3659.6 a	218.4 c	65.5 ab	17.0 ab	3.277 a
45	3772.4 a	152.6 e	68.7 a	16.8 bc	3.273 a
60	3244.5 b	112.7 g	67.7 a	15.5 de	3.086 b
75	2828.6 d	85.5 i	64.1 b	14.5 f	3.039 b

表 10-2 不同处理植株农艺性状、光合面积和透光率差异

密度/（×10⁴株/hm²）	根颈直径/cm	分枝起点/cm	光合面积		透光率	
			初花期叶面积指数	结实期角果皮面积指数	初花期	结实期
15	2.27 a	48.0 e	3.30 e	3.72 def	10.1 cd	22.7 c
30	1.80 c	66.4 d	3.72 cd	4.21 ab	7.4 ef	18.1 de
45	1.60 de	78.1 c	3.94 bc	4.34 a	6.1 fgh	16.4 ef
60	1.43 fg	86.6 b	4.18 ab	4.09 abc	4.7 gh	13.9 fg
75	1.17 h	94.5 a	4.32 a	4.00 bcd	4.2 h	11.6 g

注：同一列中不同小写字母表示处理间差异在 $P<0.05$ 水平上显著

四、养分运筹

油菜植株高大，籽粒中 N 和 P 含量比较高，茎枝中 K 含量较高，因此，N、

P、K营养的供给对油菜的生长发育及最终产量和品质影响很大，研究油菜的养分运筹及其对产量的影响愈来愈被人们所重视。另外，硼是油菜生长发育过程中不可缺少的微量元素，它作为油菜植株体的构成成分并没有多大意义，但它在代谢中所起的作用是不可低估的。自从发现施用硼肥能够防止油菜"花而不实"以来，硼的施用受到了普遍的重视。

（一）氮肥

氮素营养对油菜产量及产量构成因素的调节作用很大。郁寅良等（2001）研究指出，在施纯氮 225～315kg/hm² 时，随着施氮量的增加，产量先增后减，在施纯氮 270kg/hm² 的基础上增加氮肥用量，对千粒重产生明显的负效应，而且过多施肥会延长生育期，影响后作。油菜产量的构成因素中，以单株有效角果数对产量影响较大，在单株有效角果数中，以第 1 次分枝和第 2 次分枝有效角果变幅较大，而又以第 2 次分枝的有效角果数影响最大。不同施氮量对第 2 次有效分枝数有极显著的影响，氮肥对角果数的变化最大（朱洪勋等，1995；袁卫红，2001，2002；黄永菊等，1996；冷锁虎，2000，2003；胡立勇等，2002）。左青松等（2008）通过对不同氮肥条件下'扬油 4 号'籽粒中氮素积累的研究表明，增施氮肥对籽粒充实阶段后期氮素的积累起明显促进作用。

华中农业大学（2007～2009）氮肥用量及其追施比例试验表明（表 10-3），在追施一次薹肥模式下，不同氮肥基肥追肥比例影响免耕直播与移栽油菜成熟期各农艺性状及经济系数。在总施氮量为 180kg/hm² 及 270kg/hm² 的条件下，免耕移栽与直播油菜成熟期株高、根颈粗、第 1 次分枝数及生物学产量均随追肥比例的增加而增加，经济系数随追肥比例增加而下降。基追比为 4∶6 处理的各农艺指标测定值最高；基追比为 6∶4 处理的经济系数最高；基追比为 5∶5 处理的各农艺指标及经济系数居中。说明在免耕模式下，在总施肥量确定的条件下，增加薹肥施肥比例有利于免耕油菜最终形成较好的农艺性状，但不利于经济系数的提高。

表 10-3　氮肥基追比对油菜农艺性状的影响

氮肥用量/（kg/hm²）	基追比	株高/cm		根颈粗/cm		第 1 次分枝数		生物学产量/g		经济系数	
		移栽	直播	移栽	直播	移栽	直播	移栽	直播	移栽	直播
180	6∶4	144.7	139.7	2.00	1.53	9.6	8.7	47.2	38.3	0.361	0.312
	5∶5	150.7	145.0	2.06	1.55	14.7	12.3	61.4	43.8	0.332	0.297
	4∶6	157.6	151.7	2.21	1.75	17.6	15.7	69.0	55.4	0.287	0.219
270	6∶4	154.6	148.7	2.14	1.82	10.7	9.5	57.0	50.7	0.337	0.218
	5∶5	158.4	153.3	2.18	1.86	16.0	14.9	67.2	56.5	0.320	0.217
	4∶6	168.9	160.5	2.45	2.09	18.7	17.1	82.9	64.1	0.210	0.167

当总氮为 180kg/hm² 施肥水平下（表 10-4），免耕移栽油菜基追比为 5∶5 处理的单株角果数显著高于基追比为 6∶4 及 4∶6 处理；基追比为 4∶6 处理的每角粒数及千粒重高于 6∶4 及 5∶5 处理；基追比为 5∶5 处理的单株产量及实际产量显著高于 6∶4 及 4∶6 处理。当总氮量为 270kg/hm² 施肥水平下，基追比为 5∶5 处理的单株角果数显著高于 6∶4 及 4∶6 处理；每角果粒数及千粒重在不同处理间差异不显著；基追比为 5∶5 处理的单株及实际产量显著高于 6∶4 及 4∶6 处理。免耕直播油菜各产量构成因素及产量在不同基追比处理条件下的变化与移栽类似。

表 10-4　氮肥基追比对稻茬免耕油菜产量性状的影响

氮肥用量/ (kg/hm²)	基追比	单株角果数		角果粒数		千粒重/g		单株产量/g		小区产量/（kg/hm²）	
		移栽	直播	移栽	直播	移栽	直播	移栽	直播	移栽	直播
180	6∶4	291	204	20.3	21.3	2.88	2.75	17.01	11.96	3197	3012
	5∶5	321	234	21.1	20.8	3.01	2.67	20.39	12.99	3759	3333
	4∶6	251	182	24.5	22.5	3.23	2.96	19.86	12.12	3416	3066
270	6∶4	326	233	21.4	19.1	2.76	2.49	19.23	11.07	3071	2702
	5∶5	385	272	20.4	18.2	2.74	2.47	21.49	12.24	3311	3173
	4∶6	287	222	21.3	18.7	2.85	2.58	17.41	10.69	2943	2757
F_P										68.0**	42.7**
F_R										35.9**	38.9**
$F_{P×R}$										8.7**	7.0**

注：F_P、F_R 和 $F_{P×R}$ 分别表示总氮、基追比效应及总氮与基追比互作效应；*和**分别表示差异在 0.05 和 0.01 水平

互作分析表明（表 10-4），无论是移栽还是直播，纯氮用量与基追比处理对小区实际产量影响均达到极显著水平，且总纯氮用量对小区实际产量的效应均高于基追比处理效应，二者正互作效应达到极显著水平。由此说明，油菜在免耕栽培模式中，氮的基肥与追肥均起着重要作用。基肥可促进油菜建立高质量个体，为后期的吸水、吸肥及生长发育奠定良好基础，追肥可保证生长后期不脱肥，利于籽粒发育充实。田间生长调查表明，在氮肥用量偏低情况下，基追比为 6∶4 时，后期浅绿，呈脱肥症状，导致每角粒数与千粒重下降；基追比为 4∶6 时，前期油菜个体较小、生长量不足，影响花芽分化，导致单株角果数下降。在氮肥用量偏高情况下，基追比 6∶4 生长旺盛，油菜抽薹、开花提前，油菜单株角果数下降；基追比为 4∶6 时，油菜生殖生长期间营养生长过旺，单株角果偏低，导致经济系数下降。

（二）磷肥

由于磷素直接参与碳水化合物的转化和运转，同时也参与氨基化、脱氨基、

转氨基及脱羧基作用，影响氨基酸和蛋白质的分解和合成。因此，在其他条件良好的情况下，提高磷素营养水平，对于油菜的生长发育有良好的影响。油菜各器官含磷量的分布，在秋季主要是叶子，直到开花末期，叶中磷变化都较小。茎的含磷量在抽薹期有所增加，花期最高，后又下降，花、角果和种子的含磷量，自开花期后迅速增加，根系的磷在各个时期都很少。

中国农业科学院油料作物研究所（2006）通过盆栽试验研究不同品种对磷肥的响应（表10-5），结果表明，增施磷肥的6个甘蓝型油菜品种的生长量较不施磷肥的增加8.33～14.79倍，其中双低常规品种'中双6号'、双低杂交品种'中油杂2号'和普通双高品种'中油821'增幅大于杂交品种'中油杂1号'、常规品种'中双7号'和'中双4号'。说明不同油菜品种苗期生长对磷的反应存在显著差异。

表10-5　磷肥对不同品种苗期干物重和成熟期产量的影响

品种	苗期				成熟期			
	干物重/（g/株）		（NK+P）/NK	NK/（NK+P）/%	单株产量/（g/株）		（NK+P）/NK	NK/（NK+P）/%
	NK+P	NK（CK）			NK+P	NK（CK）		
中油杂1号	0.541	0.058	8.33	10.72	5.66	0.27	19.96	4.77
中油杂2号	0.563	0.039	13.44	6.92	4.66	0.18	24.89	3.86
中双7号	0.533	0.045	10.84	8.44	4.39	0.25	16.56	5.69
中双4号	0.507	0.047	9.79	9.27	4.82	0.26	17.54	5.39
中双6号	0.521	0.033	14.79	6.33	4.83	0.07	68.00	1.45
中油821	0.537	0.036	13.92	6.70	5.85	0.16	35.56	2.74

6个不同类型油菜品种磷肥施用效果显示（表10-5），在氮钾基础上增施磷肥的单株籽粒产量增加16.56～68.00倍，品种间差异显著。普通双高油菜品种'中油821'和常规双低品种'中双6号'分别增产35.56倍和68.00倍，杂交双低品种'中油杂1号'和'中油杂2号'分别增产19.96倍和24.89倍，常规双低品种'中双7号'、'中双4号'分别增产16.56倍和17.54倍。显然，'中双6号'和'中油821'对施磷反应敏感，而'中双7号'、'中双4号'和双低'中油杂1号'较耐低磷，'中油杂2号'则居于二者之间。

（三）钾肥

油菜植株体内含钾量较高，是需钾较多的作物之一，其需钾量为谷类作物的3倍，氮钾需求量的比约为1∶1（张学斌等，2002）。因此施用钾肥对油菜的产量和品质都有显著的影响。鲁剑巍等（2001）研究表明：油菜缺钾导致生育期推迟，生长缓慢，植株矮小，绿叶数少，叶面积小，绿色度降低，越冬期易受冻萎蔫，生长后期易感病菌，籽粒产量下降。单玉华等（1998）研究表明，施钾可增加其根、茎等营养器官的物质积累并促进干物质由营养器官向籽粒的转移。增施钾肥主要促进分枝尤其是中、下位分枝的生长，分期施钾肥对干物质积累的效应优于一次性基施。虽然钾在油菜体内的移动性较大，但各生育时期内，油菜植株的含钾浓度比氮的变幅小，在油菜成熟时，钾主要分配在茎秆和果壳中，种子含钾率变动为 0.66%～1.11%，且比其他器官含钾率低，钾肥对种子含钾率的影响较小。

扬州大学 2006 年对钾素积累试验结果表明，不同施钾条件下每角籽粒中钾素积累量总体变化趋势是前期积累速率较小（图 10-1），积累量增加较缓慢；中期积累速率较快，积累量增加迅速；后期积累速率又减小。积累量达到峰值后略有下降。各施钾处理都表现为相似的趋势，随施钾量的增加每角籽粒的钾素积累量逐渐增加，但在花后 34d 之前各处理钾素积累量差异很小；随着籽粒的进一步生长差异逐渐增大，如在花后 44d，K_0 条件下籽粒中的钾素积累量为 0.91mg/角，K_{120}、K_{240} 条件下分别为 0.95mg/角、0.96mg/角，分别比 K_0 处理增加了 4.4%和 5.5%。

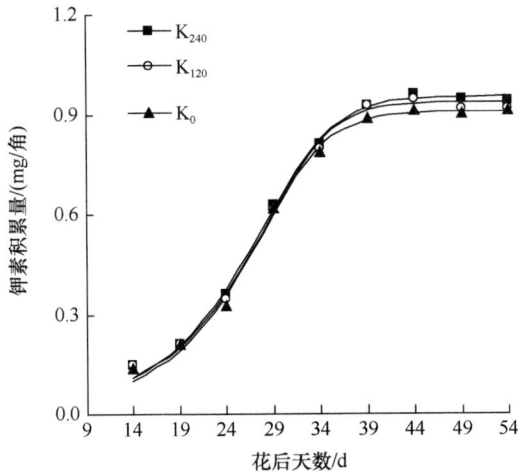

图 10-1　钾肥处理下籽粒中钾素积累量变化

（四）硼肥

硼是一种不可缺少的微量元素，自从发现施用硼肥能够防止油菜花而不实以来，硼的施用受到了普遍的重视。随着研究的深入，硼素的生理机制已逐渐被阐明。硼对花粉、花粉粒中生殖核的分化、子房和胚珠的分化发育、受精过程及胚的发育都是必需的。因此缺硼容易导致油菜、"花而不实"。油菜开花以后，硼的积累剧增，在花蕾、角果中硼的相对含量都远较营养器官为高，表明油菜在生殖器官生长发育阶段需硼量较多，这时硼的多少，对生殖器官的形成和发育有重要影响。

有关硼肥施用对油菜产量及其构成因素的影响已有许多研究。陈刚等（2005）

研究表明施硼后每株角果数和每角粒数增加是油菜施硼增产的主要原因；薛建明等（1995）、吕晓男等（2000）、李志玉等（2003）通过田间试验研究指出，油菜施硼能显著提高油菜籽产量。华中农业大学等（2008）单位通过对湖北省油菜施硼效果研究，表明施硼对油菜的营养生长及产量构成因素均有促进作用，30 个试验点施硼平均增产油菜籽 428kg/hm²，平均增产率 19.2%，70%的试验增产效果显著，增产量超过 500kg/hm² 的试验点占 26.7%；土壤有效硼含量与施硼效果呈极显著负相关；按照不施硼产量相对于施硼处理的 90%作为判断标准，土壤有效硼临界值比 20 年前第二次土壤普查时确立的临界值有所提高。

第二节 栽 培 制 度

不同的栽培制度会涉及油菜茬口的安排、田间小气候的形成等，因此不同的栽培制度对油菜结实器官的形成也有较大的影响。

一、直播与移栽

（一）直播

我国北方春油菜一直采用直播方式。由于直播油菜操作简单，同时直播油菜一般密度相对较大，也适合油菜机械化收获的需求。近几年在我国南方长江流域的冬油菜主产区直播油菜面积逐年增加。据农业部统计资料显示，目前我国直播油菜面积已接近 5000 万亩。直播油菜个体生长量小，分化的花芽少，但由于群体密度相对较大，合理栽培技术措施的应用是保证直播油菜获得高产的基础。

（二）移栽

我国长江流域冬油菜主产区适宜的播种期一般在 9 月，9 月播种至冬至前后开始进入越冬期，冬前生产量有近 3 个月的生长时间，个体生物量积累量相对较大，后期单株分化的花芽数多，通常移栽油菜密度较小，如果密度过大，会导致后期群体过大，田间通风透光能力差，反而不利于后期的植株生长。但是移栽油菜费工多，近几年移栽油菜密度有下降趋势，密度降低，要保证后期的群体生长量，生产上往往加大肥料的投入，肥料投入多，会导致肥料利用率下降，同时会带来环境污染等问题（曹仁林和贾晓葵，2001）。

二、轮作方式

（一）轮作原理

轮作是指在同一块田地上，有顺序地在季节间或年间轮换种植不同的作物或复种组合的一种种植方式。油菜具有叶大、花多的特点，在油菜整个生育期中，叶片的新生与衰老不断更替，直到成熟时几乎全部脱落。叶花脱落的总量与气候、土壤、施肥量及品种特性等有密切关系。

中国农业科学院油料作物研究所（1978）研究水田冬播作物油菜、大麦及绿肥作物苕子种植后土壤理化性状的差异。其中以麦类和油菜来说，从地下部分讲，油菜为圆锥形主根系作物，根系比较发达，入土较深，可达 50～100cm。麦类为须根系作物，根系比较集中在土表层。从地上部分讲，油菜的株型高大，通风通气良好，而麦类密集丛生，地面较荫蔽。这两类作物的活动结果，对土壤物理结构等性状起着不同的影响。据调查测定结果，麦田土壤田间自然结构大于 5mm 的较油菜田多 10.7%～11.4%，麦田土壤容重比油菜田大 0.08g/cm³，麦田孔隙度比油菜田土壤少 3.08%，见表 10-6。

表 10-6　不同冬作物对土壤物理性状的影响

处理	土壤容重/（g/cm³）	孔隙度/%	最大毛管持水量/%	非毛管空隙/%
油菜（连作两年）	1.230	53.78	34.43	19.35
大麦（连作两年）	1.312	50.70	34.30	16.40
苕子（连作两年）	1.200	54.91	36.97	17.94
休闲田	1.216	54.31	36.92	17.39

注：油菜、大麦施肥一致，均在收获时取土分析测定

据多块田的分析结果表明，油菜田收获后土壤水解氮和速效磷及氮化细菌均比大麦田明显增加。平均百克土中，油菜田水解氮比大麦田增加 1.1mg，比苕子田少 0.28mg；土壤速效磷，油菜田较大麦田高 13.3mg，较苕子田高 9.2mg。另外，油菜田土壤氮化细菌较大麦田高得多。而氮化细菌是一种有益的土壤微生物，能把土壤中植物不能直接吸收利用的有机氮化物分解为易被植物吸收的氮，因而种植油菜有明显改善水田土壤有效氮、磷的供应状况。

（二）轮作方式

在一年多熟制的轮作制中，油菜是一个用地与养地相结合的好茬口。根据我国不同地区的作物布局，与油菜种植相关的轮作方式主要有稻油轮作、稻稻油轮作和油烟轮作。

1. 稻油轮作

南方长江流域的油菜主产区主要是以稻油轮作形式进行种植。该方式轮作一方面由于种植油菜可以改良土壤、培肥地力，从而减少水稻的氮肥投入，另一方面水旱轮作能有效减少油菜的病害发生，特别是油菜菌核病的发生。油菜田间残留菌核通过水田的浸泡，下季油菜的菌核病发病率明显降低。华中农业大学于

2008～2010 年通过对武穴市、黄冈市两种类型田（棉花-油菜连作田和水稻-油菜连作田中）中油菜菌核病的发生动态调查，结果表明：棉花-油菜连作田的子囊盘数量明显高于水稻-油菜连作田，水旱轮作可以有效控制病害。

2. 稻稻油轮作

稻稻油轮作主要集中在我国的江西、湖南及湖北部分地区，该地区复种指数高，季节茬口相对更为紧张，油菜一般采用育苗移栽方式，而该地区的直播油菜通常会因为茬口偏迟从而影响产量。

3. 油烟轮作

我国南方油菜主产区如湖南、云南等地，烟草种植面积比较大，烟草一般 5 月种植，9 月前后收获，油菜与烟草的茬口刚好可以衔接。由于油菜是一种养地作物，烟草与油菜轮作可有效减少种植烟草过程中化肥的投入，从而可以提高烟草品质。

三、套作方式

（一）套作原理

套作是指一年内，在同一土地上的前茬收获之前，播种或移栽后茬作物的种植方式，是我国农作物种植制度的重要组成部分。其主要特点是两种作物生育期、播种期及收获期均不同（陈东林，2007），但又有一定时间的共生期，通过作物不同组合、搭配，构成多作物、多层次、多功能复合群体结构，有效发挥有限土地、空间资源的生产潜力，取得较单作更大的经济效益（龚军等，2007）。套作包括套播和套栽两种模式。

我国人多地少，人均耕地面积不足 867m^2，因此提高农作物总产量必须通过提高单位面积产量的途径来实现。我国南方热量资源"一季有余、二季不足"及"两季有余、三季不足"的大部分地区实行合理套作，可缓解茬口矛盾，充分利用当地的光热资源，提高土地利用率，提高单位面积产量，从而提高农作物总产（陈东林，2007）。具体地讲，套作栽培技术具有如下意义。首先，套作可以缓解季节矛盾。套作是在前茬成熟前就播种后茬，能充分利用生长季节，变一收为两收，变两收为三收。例如，棉-油两熟区、稻稻油三熟区，由于季节矛盾，前茬作物成熟迟，则后茬作物播种迟，形成恶性循环，影响产量。通过套种能够早种、早收，使两迟变为两早，克服了秋赶夏、夏赶秋的恶性循环，既有利于夏田作物播前整地、施肥、适时播种，也能避开秋季干旱、低温对秋作的影响。其次，提高复种指数，增加农作物总产量及产品多样性。在热量资源一季（熟）有余、两季（熟）不足，或两季（熟）有余、三季（熟）不足的地区，前茬腾茬时间迟，后茬作物温、光资源不足，产量低而不稳定，形成大量冬闲田（雷海霞等，2011）。但套作模式能延长后茬作物生长期，增加后茬产量，提高了土地复种指数，作物总产及产品多样性增加（索朝合等，2008）。另外，套播技术还可省去苗床，套播节省的面积可种其他作物，增加作物产量。目前，已经进行大面积推广应用的油菜套作栽培技术主要有棉田套栽油菜栽培技术、棉田套播油菜栽培技术、晚稻套播油菜栽培技术。以上油菜套作栽培技术在示范、推广过程中，农民普遍反映其针对性强、实用性好、简单易行、增效明显，农民种植油菜积极性提高，减少了长江流域冬闲田的面积。

套作的增产原理主要有以下几点。

1. 充分利用温、光、水、土地等资源

套作延长了作物生长时间，能更好地利用土壤养分和水分，提高土地利用率（何世龙和艾厚煜，2001）。例如，麦-豆套作土地当量比（LER）可达134.9%，土地利用率提高34.9%。近年迟熟粳稻、棉花栽培面积扩大，成熟期推迟，稻油茬口矛盾突出。已有的研究表明，在一定共生期内，采用稻-油套作、棉-油套作能利用水稻、棉花收获前的温-光资源，油菜可增加2～3片叶，利于形成冬前壮苗、安全越冬并分化更多花芽，从而获得较高产量。

2. 减轻自然灾害

不同作物对自然条件和不良环境的适应性、抵抗力不同。套作可缓和或减轻自然灾害带来的损失。棉-油套作可利用棉秆起到防风保湿的作用，越冬期冻害程度明显轻于常规栽培油菜。油菜秋播时遇旱频率较高，套作可利用前茬和田间较高湿度使后茬油菜早苗齐苗，有效解决迟苗缺苗问题。

3. 边际效应

边际效应增产在作物生产中普遍存在。套作模式中，由于作物在株高、叶型、播种时间上不一致，边际效应更明显。在棉田套作油菜栽培模式中，预留行未种植油菜，太阳光能部分直接照射地表，光照充足，地温、气温较高，空气湿度较低，对边行生长十分有利，边际优势强。

（二）套作方式与方法

目前生产上与油菜相关的套作方式主要有棉田套播油菜、晚稻套播油菜及秋马铃薯套作油菜。相关的套作方法主要有以下几点。

1. 合理搭配作物的种类和品种

套作存在前后作共生问题，所以应根据当地自然条件（光、热资源）和生产条件（水、肥、农用劳力），依据作物特性进行合理搭配，以充分利用温、光资源，

减轻作物共生期内争水、争肥、争光的矛盾。选择适宜当地种植的丰产品种，协调好作物共生期矛盾，前茬尽量早熟、丰产，以缩短共生期（陈东林，2007）。后茬作物容易形成高脚苗，应据此进行适宜品种筛选。

2. 适当进行种子处理

油菜套播栽培模式中如共生期较长，易导致后茬油菜线苗而形成弱苗，降低产量。适当的药剂处理种子能预防油菜高脚苗、弱苗的发生而增加产量。例如，水稻套播油菜，用多效唑或稀效唑提前处理油菜种子不仅能避免形成高脚苗，而且能起到壮苗增加产量的作用（刘雪基等，2010；陈有兴，2006；王建芬和徐建新，2004）。

3. 适期播种，合理密植

套作是为了充分利用前茬收获前的温、光、水资源。如播期偏迟，效果较差，则达不到增产的目的。如播期过早，共生期长会导致后茬作物弱苗，同样不利于增产。因此适期播种除应考虑气候条件外，还应考虑适宜的共生期。研究表明，稻油套播模式中，油菜如播种过早则易形成高脚苗，不利高产；如播种过迟，则失去套作作用，导致单株角果数不足、产量下降（周青等，2004）。

合理密植是充分利用地力和阳光，适时调节植株个体与群体生长发育的矛盾，获得后茬油菜高产的有效措施之一。套作后茬作物时，应考虑前茬作物收获时的伤苗、凹塘烂种、土壤墒情等因素，一般要比常规播种增加一定比例的播种量。

4. 配套的田间管理措施

田间管理是作物获得高产的关键。油菜套作与常规栽培存在差异，故管理也有其差异性。油菜套作模式在田间管理上尤其要做好以下几点。

（1）健全沟系　油菜套作模式中，建立配套的田间沟系，尤其是稻田套播油菜。建立配套沟系既是排水降渍保苗的抗灾措施，又是干旱时提高灌水质量的手段，更是覆土盖籽、护根及提高保墒能力的重要措施。因此，前茬作物腾茬后要及时开好田间沟系。

（2）科学管水　套作模式除按常规水外，应重视后茬油菜的播前灌水和共生期间管水措施。稻田在套作油菜前，如土壤墒情较差，可灌一次"跑马水"，以保持田间土壤水分呈饱和湿润状态，利于提高油菜种子发芽率和幼苗整齐度。土壤湿度低，不利于发芽；土壤湿度高，易闷种烂芽，且不利于前茬水稻的收获。

（3）优化肥料运筹　套作模式中，如底肥施用不便，可在前茬作物腾茬后早施、重施基苗肥，促进油菜早发快长，保证安全越冬。在油菜套作模式中，因肥料大部分施于土壤表层，故后茬油菜的施肥模式应与常规施肥存在差异。后茬油菜的磷、钾、硼肥可作基苗肥一次性施用；氮肥可采用"少食多餐"的原则，以提高肥料利用率。

（4）化学除草　由于油菜套作模式翻耕整地困难，杂草发生早、数量多、草相复杂，草害比常规栽培严重，因此，要根据苗情和草情及时进行化学除草，这也是油菜套作模式能否取得成功的关键技术之一。

四、耕作方式

（一）免耕

1. 技术原理

油菜免耕栽培技术，是指在前茬作物收获后，不经过耕翻整地，在消灭杂草和简单整平田块后，直接在板田上播种或移栽油菜，使油菜达到高产的一套轻简化栽培技术。该技术具有省工省力、节本增效等优势，故而该技术的示范推广有利于提高农户种植油菜的积极性，稳步扩大油菜种植面积，增强油菜综合生产能力。

长江流域油菜产区的播种移栽期往往与水稻、棉花茬口发生矛盾；且该产区常出现的秋旱或阴雨天气，以及由于冷浸田、土壤黏重导致的翻耕整地困难也常延误油菜播种移栽期。采用免耕栽培模式，既可节省劳力，加快秋播进度，还可缓解茬口矛盾、土壤黏重及湿害等问题，提高播栽质量，从而有利于培育冬前壮苗而获得油菜高产（王法宏等，2003）。其他油菜产区尤其是干旱地区，油菜生产多年来一直沿用平翻、重肥、耕作整地作业，土壤风蚀、水蚀、养分流失严重。该产区推广油菜免耕栽培技术，结合秸秆还田，可降低劳动力消耗，减少风蚀、水蚀，提高土壤肥力，增强油菜抗旱能力，提高油菜生产的经济效益和生态效益（林蔚刚等，2007）。在干旱年份，当油菜育苗和移栽无法进行时，应大力推广油菜免耕技术，起到以播代育、降低干旱损失的作用。

目前，已经进行大面积推广应用的油菜免耕栽培技术主要有稻田油菜免耕移栽技术、稻田油菜免耕直播技术。以上油菜免耕栽培技术在示范、推广过程中，农民普遍反映其针对性强、实用性好、简单易行、增效明显，极大地提高了农民种植油菜的积极性。

1）改良土壤、培肥地力、保护环境，可实现用地与养地的结合

油菜免耕栽培促进了土壤内外环境的物质和能量，水、肥、气、热协调，并通过环境网络效应，强化了环境与生物区系间的缓冲调节力，也增加了土壤的代谢性和可塑性。因此，从持续效应来讲，油菜免耕栽培可防止土壤退化。

油菜免耕是防止水土和肥料的流失、提高土壤保墒能力的有效措施之一。土壤自然落干不但保墒、保肥效果好，还能显著增加土壤有机碳储量，明显提高土壤有机质含量，改善土壤结构；实施少免耕栽培可以提高10%左右的水资源利用

效率（高焕文等，2003；郭新盛，2000），尤其在干旱地区或干旱年份，必须尽量减少翻动土壤，以减少土壤水分蒸发。油菜免耕田块保持了原来的土层结构和毛管孔道，加上土壤中动植物活动和腐烂的残留空隙，形成相互连通的通透体系，有利于油菜根系吸收土壤深层的养分及水分。

2）油菜免耕栽培可以获得较高产量

各地多年的研究、示范及推广表明，油菜采用免耕栽培模式同样可以获得较高的籽粒产量，因而经济效益显著提高（官春云等，1992）。归纳起来，其原因主要有以下几点。

（1）易保证油菜适宜的播种（移栽）期　采用免耕栽培可使油菜的播种期和移栽期适当提早，从而可延长冬前有效生长期，充分利用光、温、水资源形成越冬壮苗。例如，在长江流域两熟或三熟制稻作区，中稻或晚稻收获后，土壤黏重，尤其在秋季连绵阴雨条件下，翻耕整地困难，常常延误油菜播种移栽期，即使勉强翻耕，整地质量也差，播种、移栽油菜的发根难度增加，易造成大量死苗或僵苗。因此，在秋雨多、冷浸田、黏重泥田、湿害重、季节紧的地区，油菜采用免耕栽培技术，不但能有效地解决迟播（栽）、湿害等问题，而且免耕油菜具有早出苗、早成活、油菜群体密度大的优势，可充分利用主花序角果而获得较高的籽粒产量。

（2）利于提高油菜播种（移栽）质量　耕翻田块如土壤黏重，翻耕整地质量差，难于保证播栽质量，且遇到干旱年份油菜出苗、活棵困难；移栽规格与质量，且免耕油菜田没有许多土壤大空隙，根系与土壤结合紧密，油菜没有"吊根"现象。因此，免耕油菜种子发芽率高、活棵快、苗齐，易于满足高产条件下较高的群体密度的要求。

（3）抗旱防潮　免耕油菜土壤耕作层没有翻动，土壤结构未受破坏，毛细管上下相通，深层水分可通过土壤毛细管顺利到达表土层，供植株生长的需要，提高了抗旱能力。土层不乱，保持了土壤原来的物理状态和已经形成的根孔、虫孔及裂缝等渗透系统，只要保证深沟高厢，土壤多余的水分即可随地表径流及时流出田外，排湿能力相对较强，因此，可避免油菜在生长期间遭受渍害。

（4）有利于保证油菜种植密度　具有适宜栽植密度是获得油菜高产的前提，由于传统育苗移栽方式的时间紧、任务重，尤其在干旱年份，还要浇大量的定根水，劳动强度大，且从事农业的青壮劳力正在减少，因此，移栽密度一般每公顷不足 9 万株，达不到高产指标每公顷 12 万～15 万株的要求。低密度种植条件下，油菜形成了大量低效能的下位分枝，特别是稻茬油菜，由于移栽迟，有效分枝数更少，从而限制了油菜产量的提高。而油菜免耕栽培降低了劳动强度并减少了用工量（官春云，2012），同时，土壤保墒性能好，移栽油菜成活率、直播油菜成苗率明显提高，易保证全苗，从而为油菜高产奠定了较好的基础。

（5）利于培育冬前壮苗　免耕油菜因前茬肥料残存表土较多，表土肥力较高，表土层温度提高快，水、肥、气、热协调，有利于油菜冬前生长而达到冬壮春发。已有的研究表明，稻茬油菜采用免耕栽培模式较翻耕栽培模式的返青成活一般能提早2～3d，冬前绿叶数目可增加1～2片。

3）节本增效，生产效率提高

免耕油菜栽培模式操作简便、省工省力，有利于农机技术的推广与应用，从而可降低油菜的生产成本，易于调动农民种植油菜的积极性，并稳定油菜种植面积（陈社员等，1998）。

（1）操作简便、省工省力、效率高　油菜采用传统的翻耕栽培需要经过翻耕整地，尤其在长江流域两熟或三熟制稻作区，稻田土壤翻耕整地困难、质量差，如遇秋季连阴雨，翻耕整地更困难，费工、费时。油菜采用免耕栽培模式无需翻耕整地，不仅减少了劳力投入，而且简化了劳作环节，效率提高，尤其是免耕直播油菜省去了育苗、移栽等环节，劳动强度更小，效率更高。

（2）有利于农机技术推广应用　免耕油菜因群体密度大、个体较小、茎秆较细、分枝数目下降，成熟期适合机械收获。尤其是免耕直播油菜采用机械直播机可完成机械化灭茬、开沟、播种、施肥、盖籽等一系列工序，工作效率显著提高。没有油菜直播机械的地方可采用人工撒播与小型开沟机相结合的方式，人工施肥、播种后小型开沟机在适耕期也可完成开沟、覆土、盖籽、盖肥等一系列工序，工作效率也显著提高。

2. 免耕方法

油菜采用免耕栽培，因土壤耕作层没有翻动，油菜生育后期的根系易出现缺气早衰的现象而影响产量。所以，要健全田间排灌系统，尤其是稻田免耕油菜，以达到保根防早衰的目的。与翻耕油菜相比，免耕油菜尤其要保证"三沟"质量，做到播栽前开好"三沟"，深沟高畦、沟沟相通、排灌方便。在油菜适宜的播种、移栽期，当土壤含水量和田土软硬适中时，应抢时除草、播种、移栽。播栽时要合理密植，因免耕油菜一般比翻耕油菜春发差，第1次分枝及第2次分枝数目少，故需适当增加密度以弥补个体发育不足而获得较高的产量。防治杂草是免耕油菜高产的关键（王国槐等，2010），宜采用综合措施进行防除，如合理轮作换茬、覆土除草、中耕除草及化学防除等。在肥料运筹上因免耕田块有效养分集中在表层，前期供肥能力较强，但后期容易出现脱肥早衰，故而要坚持基肥与追肥并重（基肥、追肥以1：1为宜）的原则（韩自行等，2011），基肥可增施土杂肥，追肥可按照"早施苗肥、腊肥春用、重施薹肥"的原则进行。免耕栽培油菜密度相对较高，花期易诱发菌核病，故应及时进行菌核病的测报与防治。

目前，在油菜免耕栽培技术推广过程中仍存有以下问题：①有些农户受种植习惯的影响，不按照免耕栽培的具体要求进行操作，导致关键栽培技术不到位。尤其是不能适时播种导致出苗率、成苗（株）率不高；也有的播种量偏大，导致苗挤苗、苗荒苗和线苗；大田免耕移栽株数不足，也限制了免耕移栽油菜产量的提高；免耕模式下的肥水管理和病、虫、草害防治不到位等问题普遍存在，也会影响油菜免耕生产水平的进一步提高。②油菜免耕栽培模式中的机械化生产普及率较低。目前，油菜机械开沟效果比较理想，因其经济、快速，在油菜免耕栽培中已得到广泛应用，但与油菜免耕栽培相适应的机械化播种、机械化收获的普及率仍然较低，需要加大科研及示范推广力度。

（二）垄作

垄作是在高于地面的土上栽种作物的一种耕作方式。在 20 世纪 40 年代，国内外就已经有了垄作的相关研究，其增产效应主要是：更有利于有益微生物的活动，增加了有效养分，从而更有效地协调土、水、肥、气、热、光、温等关系，为作物生长发育创造一个良好的生态环境（黄庆裕，1995）。谢德体等（1994）研究认为，免耕垄作改善了土壤结构，为土壤微生物活动创造了良好环境，促进了土壤生物化学过程的进行，使土壤酶活性、呼吸作用强度及纤维素分解能力增加，反过来这些作用又促进了土壤中的养分代谢，提高土壤肥力，为作物生长发育创造了良好的条件。魏朝富等（1989）研究认为，垄作免耕促使土壤非腐殖物质转化为腐殖质并同氧化铁铝等物质结合（腐殖质是团聚土粒的主要有机胶结剂），使土壤有机无机复合度提高，形成良好的土壤结构。

垄作摆栽是近年来在江苏部分地区受到重视推广的一种栽培方法，目前已有一些相关报道（黄卫平等，2012；刘翠莲等，2013）。江苏地区特别是江苏南部雨水较多，不适于冬季作物油菜和小麦的生长。而采用垄作的方法，可以有效地解决根系附近土壤含水量较高的问题；而且采用垄作摆栽技术，可以大幅度提高油菜移栽的效率，减少油菜移栽的工耗，适应我国农村劳动力不足的现状。这种栽培方式通过减少生产成本，增加产量的途径，增加了农民的收益，调动了农民种植油菜的积极性。溧阳市 2009～2011 年采用垄作摆栽与常规移栽的产量进行对比，结果如表 10-7 所示。2009 年、2010 年和 2011 年垄作摆栽的单产分别比常规平作移栽高 309kg/hm²、358.5kg/hm² 和 406.5kg/hm²，增产幅度为 13.16%、15.26% 和 19.32%。

表 10-7　常州溧阳市 2009～2011 年垄作摆栽与常规平作移栽产量的差异

年份	垄作摆栽			常规平作移栽		
	调查户数	调查面积/hm²	实收单产/（kg/hm²）	调查户数	调查面积/hm²	实收单产/（kg/hm²）
2009	115	12.12	2656.5	115	12.79	2347.5
2010	115	11.51	2707.5	115	11.56	2349.0
2011	290	27.43	2511.0	230	24.54	2104.5

扬州大学（2013～2014 年）试验结果显示：垄作摆栽方式能显著提高籽粒产量（表 10-8）。由表 10-8 可见，垄作摆栽处理的籽粒产量为 3877.2kg/hm²，比对照（常规平作移栽）高 952.2kg/hm²，增产幅度为 32.55%，差异达显著水平。比较两个处理的产量构成因素可以看出，垄作摆栽处理的角果数、每角粒数和千粒重都要高于对照，其中以角果数增加的幅度最大，增加 8.87×10⁶ 个/hm²，增幅为 23.81%，差异达显著水平；千粒重增加的幅度其次，增加 0.205g，增幅为 4.69%，差异也达显著水平；每角粒数增加的幅度最小，增加 0.44 粒，增幅为 2.47%，但差异未达显著水平。可见油菜采用垄作摆栽方式主要是通过增加角果数而增加籽粒产量，提高千粒重也有一定作用，增加每角粒数的作用很小。

表 10-8　垄作摆栽与对照间籽粒产量及其构成因素的差异

处理	产量/（kg/hm²）	角果数/（10⁶ 个/hm²）	每角粒数/粒	千粒重/g
垄作摆栽	3877.2 a	46.52 a	18.23 a	4.572 a
对照（常规平作移栽）	2925.0 b	37.65 b	17.79 a	4.367 b

注：同一列中不同小写字母给示处理间差异在 $P<0.05$ 水平上显著

（三）翻耕

长期连续免耕会导致土壤过分板结，土壤养分难以释放，而相对于免耕而言，翻耕可增加土壤的通透性，有利于土壤养分释放等。因此一般生产上常采用免耕与翻耕相结合从而保证土壤的高适应性。

第三节　油菜高产高效栽培管理技术

油菜从播种到种子成熟要经过种子发芽、出苗、幼苗生长、现蕾、抽薹、开花、结角、种子发育成熟等阶段，在这一过程中，按其生育特点和对栽培管理的要求不同，可分为 4 个生育时期：即苗期、蕾薹期、开花期、结角成熟期。

一、苗期管理技术

苗期是指从出苗期至现蕾期的一段时间。油菜种子播种后，子叶出土展平时称为出苗。油菜的子叶在种子中是折叠在一起的，发芽后就逐渐展平。全田有 75% 的幼苗子叶展平即为出苗期。拨开主茎顶端 2～3 片真叶可见到幼小的花蕾即为现蕾，全田有 75% 的植株现蕾即为现蕾期。油菜在苗期叶片丛生或匍匐，主茎一般不伸长或伸长不明显。这一阶段经历的时间相当长，并且亦因品种特性的不同而有差异。同一地区，冬性强的晚熟品种苗期长，春性强的早熟品种苗期短。冬油菜苗期约占全生育期的 3/5，春油菜约占全生育期的 2/5。油菜全生育期的长短变化主要由这一时期决定。

油菜苗期从种子萌发开始，进行根、叶、茎节等营养器官的生长，以后开始花芽分化进入营养生长与生殖生长同时并进的时期，但这个时期生殖生长占的比例很小，而以营养生长占绝对优势。所以生产上常常以苗期作为油菜的营养生长期，而以现蕾期作为油菜生殖生长开始的标志。

冬油菜苗期要经过一段越冬期（3~3℃），在这个时期内菜苗叶片生长几乎停止，至第二年开春后再恢复生长，称为返青。长江流域越冬期开始的时间一般在"冬至"节前后，这时一般也是甘蓝型油菜花芽分化的时期，是油菜由营养生长转入生殖生长的重要时期。可见，油菜越冬期间表面上看，叶片生长停滞，实际上对产量有重要的影响。

我国长江流域冬油菜以往采用移栽方式比较多，一般在9月适宜播期条件下播种，10月底或11月初进行移栽，这种移栽模式稳产性比较好，并且容易获得高产。但是目前生产上随着农村劳动力转移，直播油菜面积迅速扩大。本节苗期栽培技术主要结合近期对直播油菜的试验结果进行总结并提出初步的一些栽培技术措施。

（一）施足基肥、早施苗肥

5叶期是油菜苗期的生理转折期，5叶期之前出叶速度比较快，一般2~4d出一片叶，这一时期以扩大光合面积为主，氮素代谢占优势，因此这一阶段要以促进为主。而到5叶期后是壮苗充实期，出叶速度减慢，5~8d出一片叶，这一时期以积累营养物质为主，氮素代谢比例下降，而碳素代谢比例上升，要适当加以控制。在高产栽培条件下，油菜一生中施N量较高，超过$3000kg/hm^2$的高产田块其纯氮用量为$240~270kg/hm^2$，为了保证前期有充足的氮肥供应，一般基肥中氮肥的用量占总施N量的50%左右。磷肥一般全作基肥，每亩折合P_2O_5 8~10kg，钾肥1/2作基肥，每亩施氯化钾5~7.5kg。苗肥一般施用总氮量20%的尿素，施用时期在11月中下旬，如果临近越冬前施用，容易使油菜进入越冬期时水分含量高，易遭冻害。

（二）及时抢播、间苗、补苗

一般而言，长江流域的直播油菜往往受茬口限制播种期相对较迟，例如，一些双季稻地区包括湖南、江西及湖北的部分地区；另外稻油轮作区的油菜在我国油菜总种植面积中占的比例较大，而近年来生产上对水稻的高产和超高产研究比较多，其中延长水稻生育期是水稻获得高产的有效途径，特别是长江流域下游地区，水稻收获一般都会在11月，这时候直播油菜已严重影响产量，同时由于播期迟，冬前生长量小，冻害的风险进一步增加。及时抢播，争取更多的冬前生长时间，促进植株分化更多花芽，争取获得高产。

（三）保持适宜的土壤含水量

油菜种子在适宜的温度、水分条件下，发芽出苗要经历以下4个阶段。①吸水阶段：种子发芽前，首先要吸收水分，一般吸水量要达种子自身质量的 60%以上才能正常发芽，此时种子的体积比原来增加一倍。②发芽阶段：种子吸足水分后，胚根开始伸长形成幼根，并突破种皮，露出白色的根尖。③幼根活动阶段：幼根不断向下生长，在根尖端以上出现许多白色的根毛。④子叶展平阶段：当幼根上长出根毛后，胚轴向上伸长，将两片子叶顶出土面，子叶的颜色则由原来的淡黄色转变为绿色，并逐渐展平，即为出苗。

油菜出苗首先要保证适宜的土壤墒情，如土壤墒情较足，能满足幼苗出土的，一般不进行灌水。如果墒情过低，生产上则要采取适量浇水，保持表土层湿润，以满足出苗对水分的需求，出苗后应停止浇水。

（四）多效唑（烯效唑）促壮

研究和生产试验表明，在油菜苗期喷施多效唑，对提高油菜苗素质有明显的作用。油菜苗 3～4 叶期喷施多效唑，能明显抑制幼苗的纵向生长，与对照相比，苗高缩短 20.2%～37.4%，缩茎段缩短 28.9%～59.8%，叶柄缩短 30.7%～47.2%。进一步测定，叶片的细胞液浓度提高 0.8%～1.5%，水势下降 0.29～3.45bar。单株干重虽比对照略有减少，但干重与鲜重的比值、根冠比、叶片厚度都比对照明显增加，叶绿素含量提高 17.5%～29.2%。喷施多效唑后，菜苗的根系活力也有所提高，根系的伤流量比对照增加 1/3～1/2。可见苗期喷施多效唑能促进菜苗生长健壮。多效唑的施用量与施用时期有一定的关系，一般在油菜 3～4 叶期每亩施用 15%的多效唑 40～50g。施用时期早的，施用量要少些；施用时期迟，施用量可多些。另外，菜苗长势差时，施用量要适当控制，而菜苗生长旺盛，施用量也应适当增加。

近年来关于多效唑的残留问题逐渐引起了人们的重视（赵敏等，2007），多效唑对水体污染程度较小，大部分残留在土壤中（土壤、水体中残留量分别为 58.7%和 2.9%），其在表土中的残留量大于深层土壤（靳万贵等，1995；奚富海等，1995），且淋溶性较差，具有明显的二次控长作用（陶龙兴等，1995；黄海，1995），还可能影响第 3 茬作物的生长（于凤义和张萍扬，1996）。而烯效唑对光解反应敏感，在土壤中残留少，生物效应减弱速度较快，对作物二次控长效果较小（陶龙兴等，1995）。因此，目前油菜生产上促壮生长调节物质多选用烯效唑。

二、蕾薹期管理技术

蕾薹期是指从现蕾期至初花期的一段时间。当全田 75%的植株开花称为初花期。油菜蕾薹期是一生中生长最快的时期，在油菜现蕾后或现蕾的同时，主茎基部节间开始伸长，称为抽薹。当全田 75%的植株主茎伸长达 10cm 时（春油菜 5cm）为抽薹期。现蕾与抽薹的关系因油菜类型的不同而有不同的表现。一般白菜型油菜先现蕾后抽薹，现蕾前叶片丛生在一起，看不出茎的伸长；甘蓝型和芥菜型油菜一般现蕾和抽薹同时进行，现蕾之前基部茎段开始缓慢伸长，现蕾后主茎生长加快，节间明显可见。

蕾薹期的长短受多种因素的影响。现蕾抽薹后如温度高，蕾薹期短，反之则长。春性品种现蕾和抽薹均早，处于较低的温度条件下，所以一般蕾薹期长；冬性品种蕾薹期相对较短。蕾薹期的长短直接影响植株器官的发展，对产量也有重要的影响。蕾薹期太短，油菜生长不旺，植株营养体较小，分枝少，也限制了生殖器官的生长，对高产不利。

蕾薹期的生育特点是营养生长与生殖生长同时进行，但营养生长处于最旺盛的时期，而生殖生长由弱转强，所以仍以营养生长占优势。营养生长表现在绿色面积（叶片数和单叶面积）迅速扩大，主茎伸长增粗，至蕾薹期后期，第1次分枝逐渐出现。生殖生长表现为花蕾发育长大，花器数量急剧增加，至初花期达高峰。

（一）平头高度及其应用

油菜抽薹后，薹高与植株上部短柄叶的相对位置有3种情况。在抽薹初期，薹的高度明显低于上部短柄叶，呈"缩头状"；以后随着薹高的增加，与上部短柄叶平齐，呈"平头状"，处于"平头"时植株的高度称"平头高度"；而当薹的高度超出上部短柄叶时则呈"冒尖状"。

平头高度的高低与植株的生长状况密切相关。弱苗、小苗由于生长量小，上部短柄叶小，一般薹高10～20cm就冒尖，因此平头高度小，表明N肥不足，苗体长势弱，要适当施肥促进。春旺苗叶片肥大，冒尖迟，平头高度高，薹高要达40～50cm以上才冒尖，表明N素施用过多，植株生长过旺，要适当控制其生长。春后壮苗，植株生长稳健，叶长适中，平头高度一般在30～40cm。因此平头高度可作为诊断油菜春后生长是否健壮的一种形态指标。

（二）蕾薹期的主攻目标和技术关键

油菜蕾薹期是根系、茎秆、分枝快速生长时期，在这一阶段形成强根、壮秆、多枝是高产栽培的主攻目标。要达到这一目标，必须确保春季稳长。春稳的油菜苗叶片数较多，叶面积适宜，光合活性强，形成的光合产物多，因而植株体内积累的干物质多，这是促进根系快速扩展、茎秆健壮充实、分枝良好生长的物质基础。如生长过旺，群体过分繁茂，叶面积过大，甚至出现疯长的情况，将会严重抑制根系的扩展，促使茎秆基部节间过分伸长，使群体中无效分枝生长过多，最终导致群体内部通风透光条件恶化，群体结构极不合理，蕾、花、角大量脱落，抗病、抗倒伏能力大大下降。但如苗期生长量不足，春季生长又较差，在田间密度较小的情况下会因群体茎枝数少、角果数不足而严重影响产量。因此要求春季稳长是以苗期良好生长为前提的。此阶段具体管理技术如下。

1. 追施返青肥

油菜进入返青期，气温逐渐升高，生长速度加快，冬前施肥较少的田块，这时土壤中速效性养分含量迅速下降，特别是 N 素，亟需补充返青肥才能满足油菜快速生长的需要。施用返青肥主要是弥补冬肥的不足，在长势差、绿叶数少的田块施用，起到接力肥的作用。但因气温尚未稳定，施用量不宜过多，否则在遇倒春寒的情况下冻害严重。而对生长势较强、发根好、绿叶数多而生长不平衡的田块，要"捉黄塘促平衡"，促进小苗、弱苗的生长，达到全田生长平衡。对前期施肥较多，返青期长势强劲而整齐一致的田块一般不需要施用返青肥。

2. 追施抽薹肥

抽薹肥有三方面的作用：一是满足油菜蕾薹期对肥料的需求。蕾薹期植株的吸肥量迅速增加，需要大量的无机营养。二是促进营养器官的生长。蕾薹期是根系、花薹、分枝、叶片生长最快的时期，施肥可以促进其生长，从而搭好丰产的架子。三是增加一次有效分枝数和角果数。抽薹肥能明显促进第 1 次分枝的生长，从而显著增加角果数，解决一般栽培水平下角数不足的主要矛盾，还能兼顾每角粒数的增加和粒重的提高。

抽薹肥的施用时间和用量要根据油菜苗长势和地力来决定。冬养苗和冬壮苗基础较差，抽薹期苗体较小，抽薹肥一般要适当早施、重施。当油菜始薹时即可施用，每亩可施尿素 7.5～10kg。秋发冬壮大苗，田间密度小，冬前基础肥力好，开春后如长势不减，叶片大，薹肥要适当推迟施用，以免造成基部节间过分伸长，无效生长过多、群体过大。一般可等苗体明显落黄、基部大叶变黄脱落或薹高 20～30cm 时施用。施用量可适当大些，一般每亩可施用尿素 10～12kg。另外，油菜抽薹期也是吸收 K 肥的高峰时期，可根据情况每亩施用 5～7.5kg 氯化钾。

3. 水分管理

油菜蕾薹期因植株生长量大，需要大量的水分，生产上应尽量满足水分供应。但南方及长江流域一般春雨较多，土壤含水量较高，往往影响油菜根系的扩展，使根系吸收能力下降，甚至出现早衰现象。田间湿度过大，也有利于病害的发生，因此在冬前开沟的基础上，春后应及时清沟理墒，降低田间湿度。

4. 中耕松土

春季中耕松土可以提高土壤温度，增加土壤通气性，加速土壤养分的释放，有利于油菜春季稳长。油菜春发过猛时，通过深中耕可切断部分根系而抑制油菜徒长。中耕结合培土，对于加速田间排水、防止倒伏也有一定的作用。

三、开花期管理技术

开花期是指初花期至终花期的一段时间。一般 20～30d。全田有 75%的花序停止开花称为终花期。全田 75%的花序开始开花称为盛花期。开花期的长短因品种、气候和栽培措施的不同而有明显的差异。花期温度高，开花期短，一般早熟品种开花持续时间长，晚熟品种开花迟，开花持续时间短，开花集中。肥料充足，生长旺盛，开花迟，开花数量多，花期长；肥料不足，生长瘦小，开花早，开花数量少，花期也短。冬油菜开花期长短与生育期长短的关系不明显，而春油菜的花期长短则与生育期长短呈正相关。

油菜进入初花期，大量开花形成角果，其主茎上的叶片都已出齐，叶片数最多，叶面积达到最大值，而至盛花期，主茎下部叶片的功能几乎结束，根、茎的生长也基本停止，因而初花期至盛花期是以营养生长为主向以生长殖生长为主转化的时期，盛花以后，生殖生长占绝对的优势。油菜的花期虽然较短，但是决定角数、粒数的重要时期。

（一）施好花肥

油菜始花以后约经过 50 多天才能成熟，在这一时期仍需要吸收大量的营养元素，特别是 N 素。经测定油菜花角期吸 N 量占一生总吸 N 量的 35%～40%。因此必须看苗施用花肥。油菜的花肥是在始花前施用的肥料，对增加群体中二次分枝数、增加单株角果数及提高油菜角果的光合强度、增加每角粒数、提高千粒重都有明显的作用。但花肥的施用量应根据苗情和地力等因素决定。

秋发冬壮油菜，在落黄抽薹后适量施用薹肥的基础上，薹壮枝粗，如开花前生长稳健，估计前期肥料已经退劲，可增施一次花肥，每亩施尿素 5～7.5kg，在开花前或初花期施用。如春发旺长，薹肥施用量又较大，在开花前长势未减，一般不需施用花肥。春发不足的油菜，前期肥料少，群体较小，开花时长势差，可轻施一些花肥，每亩施尿素 2～3kg，对这类苗不宜施用过多，否则会造成贪青迟熟，最终粒重、含油率和品质都会下降。

（二）保持适宜的土壤湿度

油菜开花期是需水量最多的时期，要求土壤有较高的含水量，一般田间持水量在 70%以上才能满足开花期的需要，低于 60%时就影响产量的形成。在角果发育阶段对水分的要求有所下降，田间持水量只要 60%左右即可。但是开花期及后期结角成熟期水分过多，会使根系早衰，根系的活力显著下降，导致叶片过早脱落。田间湿度过高也会导致病害严重发生。因此要及时清沟理墒，排除田间过多的水分。

（三）防治病虫

开花期主要的虫害有蚜虫、潜叶蝇等，如大量发生应及时防治。主要的病害是菌核病，菌核病近年来发生比较严重，大发生的年份对产量会产生严重的影响。有的田块发病植株达 90%，减产 30% 以上，并且也导致品质的下降。菌核病在植株上的发生部位可以是茎秆、分枝、角果，植株发病后抗倒伏能力下降，常会发生倒伏。一般在开花期雨水较多的年份发病更重，生产上可在初花期和盛花期用药进行防治。

四、结角成熟期管理技术

结角成熟期是指从终花期至成熟期的一段时间。一般 30～35d。全田有 75% 的角果呈枇杷黄色时或主轴中部角果内种子开始变色为成熟期。这一时期的生理活动包括角果体积的增大、幼胚发育、种子体积的增大、油分和其他营养物质的积累等过程，因而几乎全是生殖生长，营养生长已经全部停止。油菜进入结角成熟期是直接形成产量的关键时期。结角成熟期的长短主要受气候、土壤水分等影响，这一时期气温高，天气晴朗，成熟期早，时间短；如天气阴雨，土壤水分高，成熟延迟，后期施用 N 肥过多，也会造成成熟期推迟。

油菜花角期的主攻目标是减少阴角、脱落和空秕率，提高结角率、结籽率和粒重。其中心环节是保持花角期有较大的光合势，尽可能地延长花角期，以便形成较多的光合产物供给角果、籽粒的发育。终花以后，在植株冠层的上部形成了一个庞大的结角层，油菜光合器官发生了变化，由角果皮替代了前期的叶片，这是油菜与其他大田作物显著不同之处。在结角层中包含了油菜所有的产量构成因素，这一时期是直接形成产量的关键时期。其主要栽培技术如下。

（一）及时清沟理墒

终花期以后冠层比例逐渐增加，后期雨水不及时处理可能会引起植株倒伏。油菜的倒伏有两种情况。根倒：根部发生倒伏，一般在大风大雨的情况下，土壤湿软而发生。茎倒：茎秆折断而倒伏，一般在密度大、播种过迟或发生严重的病害时发生。

（二）适时收获时期确定

油菜收获可分为人工收获、半人工（或半机械）收获及机械收获。人工收获或半人工（或半机械）一般在全田 70% 角果变黄时开始人工割倒，晾晒 4～5d 开始人工脱粒或捡拾脱粒机进行捡拾脱粒。

机械收获分为分段收获和联合收获。分段收获是在全田 70% 角果变黄时先由割晒机将植株割倒，晾晒 4～5d 机械捡拾脱粒。这种收获方式的优点主要包括以下 3 点：①腾茬早，分段收获捡拾脱粒时间与联合收获相比要早 3～5d；②损失率较低，由于割倒后植株脱水快，便于脱粒，一般损失率为 5%～6%；③秸秆易粉碎，割倒后植株脱水快，捡拾脱粒时含水率相对较低，特别是主茎部分与联合收获相比脱粒时含水率低。分段收获的缺点是机器两次下田，机收成本高。联合收获是割倒脱粒一次完成，其优点是机器一次下田，省时省工。联合收获的缺点是腾茬迟、秸秆不易粉碎、损失率较高。以往认为联合收获过程中收获时期不易过迟，收获过迟炸角落粒比较多，收获损失率降低，同时收获过迟可能会引起粒重及籽粒品质下降。2012～2014 年华中农业大学研究结果显示，当角果完全黄熟时收获，损失率较低，其损失率可控制在 8%以内（表 10-9）。不同收获时期产量、损失率、植株水分含量及籽粒品质变化如表 10-9～表 10-11 所示。

表 10-9　不同收获时期油菜产量和产油量及损失率

收获时期（月/日）	小区产量/（kg/hm²）	机收产量/（kg/hm²）	产油量/（kg/hm²）	产量总损失率/%
5/5	3092.07 c	2603.46 d	1030.67 d	15.80 a
5/10	3309.69 b	2889.75 c	1209.64 c	12.69 b
5/12	3338.79 ab	3007.42 b	1276.51 b	9.93 c
5/14	3420.12 a	3156.66a	1333.00 a	7.70 d
5/17	3321.46 ab	3088.87 ab	1302.72 ab	7.00e
5/19	3317.99 ab	3063.82 ab	1292.64 ab	7.66 d

注：同一列中不同小写字母给示处理间差异在 $P<0.05$ 水平上显著

表 10-10　不同收获时期油菜不同部位水分含量（%）

收获时期（月/日）	籽粒	角果皮	主花序和分枝	主茎上部	主茎基部
5/5	35.82 a	69.68 a	72.17 a	81.99 a	85.84 a
5/10	24.14 b	40.29 b	58.99 b	79.52 b	83.90 ab
5/12	16.23 c	21.06 c	43.89 c	77.83 b	82.32 bc
5/14	13.28 d	13.19 d	32.39 d	74.50 c	80.6 1c
5/17	11.12 e	10.70 e	24.88 e	62.28 d	75.30 d
5/19	9.13 f	8.94 f	18.27 f	47.03 e	66.51 e

注：同一列中不同小写字母给示处理间差异在 $P<0.05$ 水平上显著

表 10-11　不同收获时期油菜千粒重和籽粒品质

收获时期（月/日）	千粒重/g	结籽率/%	含油率/%	氮含量/%	碳含量/%	碳氮比 C/N
5/5	3.38 b	35.33 a	39.59 b	3.84 a	56.53 b	14.74 a
5/10	3.57 a	13.75 b	41.86 a	3.76 a	58.07 ab	15.47 a
5/12	3.67 a	3.31 c	42.44 a	3.78 a	58.77 a	15.55 a
5/14	3.64 a	—	42.23 a	3.80 a	58.13 a	15.31 a
5/17	3.61 a	—	42.17 a	3.81 a	57.93 ab	15.20 a
5/19	3.61 a	—	42.19 a	3.82 a	58.10 a	15.22 a

注：同一列中不同小写字母给示处理间差异在 $P<0.05$ 水平上显著

（执笔人：左青松　冷锁虎　吴江生）

主要参考文献

蔡常被. 1978. 水田油菜用地养地初步调查研究. 湖北农业科学, (8): 12-13.

曹仁林, 贾晓葵. 2001. 我国集约化农业中氮污染问题及防治对策. 土壤肥料, (3): 3-6.

陈东林. 2007. 浅谈间作、套种和带状种植. 粮经栽培, (6): 17-18.

陈刚, 年夫照, 徐芳森, 等. 2005. 硼、钼营养对甘蓝型油菜产量和品质影响的研究. 植物营养与肥料学报, 11(2): 243-247.

陈社员, 官春云, 王国槐. 1998. 稻田三熟制油菜简化栽培技术研究 II. 稻板田撒播油菜的播期、品种、播种量和播种方式. 中国油料作物学报, 20(2): 37-42.

陈有兴. 2006. 稻田套播油菜生育特点及栽培技术. 农业与技术, 26(3): 149, 176.

丁颜敏. 2010. 两种耕作制度下油菜菌核病的发生规律及生防菌盾壳霉应用研究. 武汉: 华中农业大学硕士学位论文: 12-24.

高焕文, 李问盈, 李洪文. 2003. 中国特色保护性耕作技术. 农业工程学报, 19(3): 1-4.

龚军, 曹国, 赵立辉, 等. 2007. 马铃薯与胡萝卜套作栽培措施的多目标模糊优化分析. 安徽农业科学, 35(28): 8771-8772, 8775.

官春云. 2013. 优质油菜生理生态和现代栽培技术. 北京: 中国农业出版社: 70-72.

官春云, 田森林, 王国槐, 等. 1992. 冬油菜稻板田免耕移栽的研究. 作物杂志, (4): 28-29.

郭新盛. 2003. 谈保护性耕作技术. 农业科技与信息, (7): 35.

韩自行, 张长生, 王积军, 等. 2011. 氮肥运筹对稻茬免耕油菜农艺性状及产量的影响. 作物学报, 37(12): 2261-2268.

何世龙, 艾厚煜. 2001. 玉米、马铃薯套作模式评价. 作物杂志, (3): 18-20.

胡立勇, 王维金, 吴江生. 2002. 氮素对油菜角果生长及结角层结构的影响. 中国油料作物学报, 24(3): 29-32.

黄海. 1995. 多效唑在苹果树体的残留及其在抑制生长中的作用. 果树科学, 12(3): 165-167.

黄庆裕. 1995. 水稻垄作栽培的关键技术及其效应分析. 广西农业科学, (4): 151-152.

黄卫平, 葛家颖, 狄田荣, 等. 2012. 油菜免耕摆栽稻草全量还田高产高效技术的探讨. 上海农业科技, (1): 52-53.

黄永菊, 赵合句, 王玉叶. 1996. 施肥水平对优质油菜生长发育及产量的影响. 湖北农业科学, (2): 25-30.

晋晨. 2015. 垄作摆栽油菜的增产机制及适宜密度和薹肥施用时期研究. 扬州: 扬州大学硕士学位论文: 16-17.

靳万贵, 周遗品, 马富裕. 1995. 多效唑在棉花上残留量的初步研究. 石河子农学院学报, 32(4): 27-30.

雷海霞, 陈爱武, 张长生, 等. 2011. 共生期与播种量对水稻套播油菜生长及产量的影响. 作物学报, 37(8): 1449-1456.

冷锁虎, 惠飞虎, 左青松, 等. 2003. 施 N 对宁杂 1 号各枝序角果性状的调控. 中国油料作物学报, 25(4): 60-63.

冷锁虎, 左青松, 戴敬, 等. 2004. 油菜高产群体质量指标研究. 中国油料作物学报, 26(4): 38-44.

李志玉, 廖星, 涂学文, 等. 2003. 氮、磷、钾、硼配合对油菜品种产量、品质的影响. 湖北农业科学, (6): 33-37.

林蔚刚, 吴俊江, 董德健, 等. 2007. 阿根廷作物免耕体系的研究现状. 作物杂志, (4): 83-85.

凌启鸿. 2000. 作物群体质量. 上海: 上海科学技术出版社: 387-457.

刘翠莲, 刘雪基, 莫淳, 等. 2013. 稻茬油菜免耕摆栽覆草高产栽培技术的示范表现及其优势. 现代农业科技, (1): 68-69.

刘雪基, 蔡建华, 刘翠莲, 等. 2010. 稻田套播油菜的技术优势和高产高效配套技术. 江苏农业科学, (3): 108-109.

鲁剑巍, 陈防, 刘冬碧, 等. 2001. 施钾水平对油菜生物量积累和子粒产量的影响. 湖北农业科学, (4): 49-51.

吕晓男, 陆允甫, 毛东明. 2000. 浙中红壤有效硼水平及油菜硼素营养. 土壤肥料, (1): 30-31.

单玉华, 王炎, 冷锁虎. 1998. 施钾对油菜分枝生产力及子粒品质的影响. 江苏农学院报, 19(2): 39-42.

沈金雄, 李志玉, 廖星, 等. 2006. 磷对甘蓝型油菜产量及矿质营养吸收与积累的影响. 作物学报, 32(8): 1231-1235.

孙家刚, 左青松, 石剑飞, 等. 2007. 油菜籽粒中钾素积累过程的初步研究. 中国油料作物学报, 29(4): 448-451.

索朝合, 曲文祥, 刘庆鹏. 2008. 向日葵、西瓜套种高产栽培模式. 内蒙古农业科技, (2): 88.

陶龙兴, 王熹, 俞美玉. 1995. 烯效唑和多效唑在土壤中的残留的比较研究. 农药, 34(3): 19-20.

王法宏, 冯波, 王旭清. 2003. 国内外免耕技术应用概况. 山东农业科学, 6(11): 49-53.

王国槐, 官春云, 陈社员, 等. 2010. 免耕直播油菜田主要杂草发生规律及其防治的研究. 科技与产业, (37): 37-38, 55.

王建芬, 徐建新. 2004. 稻套油轻型栽培技术的研究与应用. 上海: 上海农业科技, (6): 54.

魏朝富, 高明, 车福才, 等. 1989. 垄作免耕水稻土团聚性的研究. 西南农业大学学报, 11(1): 17-20.

奚富海, 叶庆福, 沈惠聪. 1995. 油菜叶片对多效唑的吸收及体内和土壤中的残留. 中国油料, 17(1): 33-35.

谢德体, 陈绍兰, 魏朝富, 等. 1994. 水田不同耕作方式下土壤酶活性及生化特性的研究. 土壤通报, 25(5): 196-198.

薛建明, 杨玉爱, 叶正钱, 等. 1995. 长江中下游油菜主栽品种的缺硼反应. 浙江农业学报, 7(3): 196-201.

于凤义, 张萍扬. 1996. ^{14}C-PP333 在土壤及作物中的残留. 核农学报, 10(3): 173-176.

郁寅良, 吴正贵, 吴玉珍, 等. 2001. 密度和施肥水平对双低油菜'苏油 1 号'产量及分枝习性的影响. 中国油料作物学报, 23(1): 41-45.

喻义珠, 张梅生, 杨正山, 等. 1997. 杂交油菜超高产栽培技术研究. 中国油料, 19(4): 28-32.

袁卫红. 2002. 不同施氮水平对两系杂交油菜两优 586 产量及经济性状的影响. 中国油料作物学报, 24(2): 50-52.

张学斌, 寇长林, 王继印, 等. 2002. 不同土壤供钾水平与油菜钾肥效应的研究. 作物杂志, (1): 14-16.

赵合句, 李光明, 李英德, 等. 1989. 油菜秋发高产技术. 中国油料, (3): 58-60.

赵合句, 张春雷, 李光明, 等. 2002. 油菜高产规律研究与应用. 湖北农业科学, (6): 45-48.

赵敏, 邵凤赟, 周淑新, 等. 2007. 植物生长调节剂对农作物和环境的安全性. 环境与健康杂志, 24(5): 370-372.

周广生, 左青松, 廖庆喜, 等. 2013. 我国油菜机械化生产现状, 存在问题及对策. 湖北农业科学, 52(9): 2153-2156.

周青, 唐忠明, 高平. 2004. 稻田套播小麦的生长发育特点及配套栽培技术. 安徽农业科技, 32(5): 869-870.

朱洪勋, 李贵宝, 张翔, 等. 1995. 高产油菜营养吸收规律及施用氮磷钾对产量及品质的影响. 土壤肥料, (5): 34-37.

邹娟, 鲁剑巍, 廖志文, 等. 2008. 湖北省油菜施硼效果及土壤有效硼临界值研究. 中国农业科学, 41(3): 752-759.

左青松, 葛云龙, 刘荣, 等. 2011. 油菜不同氮素籽粒生产效率品种氮素积累与分配特征. 作物学报, 37(10): 1852-1859.

左青松, 黄海东, 曹石, 等. 2014a. 不同收获时期对油菜机械收获损失率及籽粒品质的影响. 作物学报, 40(4): 650-656.

左青松, 蒯婕, 杨士芬, 等. 2015. 不同氮肥和密度对直播油菜冠层结构及群体特征的影响. 作物学报, 41(5): 788-795.

左青松, 石剑飞, 冷锁虎, 等. 2008. 施 N 对'扬油 4 号'油菜籽粒和果壳中 N 素积累的影响. 扬州大学学报(农业与生命科学版), 29(1): 75-78.

左青松, 杨海燕, 冷锁虎, 等. 2014b. 施氮量对油菜氮素积累和运转及氮素利用率的影响. 作物学报, 40(3): 511-518.

Barlog P, Grzebisz W. 2004. Effect of timing and nitrogen fertilizer application on winter oilseed rape (*Brassica napus* L.) Ⅱ. Nitrogen uptake dynamics and fertilizer efficiency. Agron Crop Sci, 190: 314-323.

Rathke G W, Behrens T, Diepenbrock W. 2006. Integrated nitrogenmanagement strategies to improve seed yield, oil content and nitrogen efficiency of winter oilseed rape (*Brassica napus* L.): a review. Agric Ecosyst Environ, 117: 80-108.